职业院校机电类专业中高职衔接系列教材(中职)

西门子 S7-1200 PLC 应用技术

主　编　刘伦富　陈沁汝　刘志华

副主编　王　帆　张道平

参　编　刘立兵　李亚林　蔡继红　任华玲

马廷花　王翠霞　张全洲

西安电子科技大学出版社

内容简介

本书共有6个项目，23个学习任务，具体内容包括：西门子 S7-1200 PLC 的基本结构，博途软件的基本应用方法，应用 PLC 基本编程指令控制电动机运行的方法及常用传感器与 PLC 的连接和检测，西门子 S7-1200 PLC 的功能指令、FC 和 FB 函数及步进指令的应用，应用触摸屏与 PLC 控制电动机运行、PLC 控制步进电机及 S7-1200 PLC 间的以太网通信方法。全书基于职业岗位需求，以工程实践为主线，以任务驱动引领教学，精选教学内容，内容全面、综合，深入浅出，实操性强。

本书可作为中等职业学校机电技术、电气自动化、工业机器人应用技术等专业相关课程的教材，也可作为电工技能培训教材。

图书在版编目（CIP）数据

西门子 S7-1200 PLC 应用技术 / 刘伦富，陈沁汝，刘志华主编.
西安：西安电子科技大学出版社，2024.11. -- ISBN 978-7-5606-7450-6

Ⅰ. TM571.61

中国国家版本馆 CIP 数据核字第 202434D8W3 号

策　　划　秦志峰　杨丕勇
责任编辑　张　玮
出版发行　西安电子科技大学出版社（西安市太白南路2号）
电　　话　（029）88202421　88201467　　邮　　编　710071
网　　址　www.xduph.com　　电子邮箱　xdupfxb001@163.com
经　　销　新华书店
印刷单位　咸阳华盛印务有限责任公司
版　　次　2024年11月第1版　　2024年11月第1次印刷
开　　本　787毫米×1092毫米　1/16　　印　张　12
字　　数　280千字
定　　价　35.00元

ISBN 978-7-5606-7450-6

XDUP 7751001-1

*** 如有印装问题可调换 ***

职业院校机电类专业中高职衔接系列教材（中职）

编审专家委员会名单

主　任： 黄邦彦(武汉船舶职业技术学院　院长、教授)

副主任： 章国华(武汉船舶职业技术学院　副教授)

张道平(湖北信息工程学校　高级讲师)

易法刚(武汉市东西湖职业技术学校　高级讲师)

程立群(武汉市电子信息职业技术学校　高级讲师)

杨亚芳(武汉市仪表电子学校　高级讲师)

周正鼎(武汉机电工程学校　讲师)

编委委员： (按照姓氏拼音顺序排列)

毕红林(武汉市东西湖职业技术学校)

程立群(武汉市电子信息职业技术学校)

贺志盈(武汉机电工程学校)

侯守军(湖北信息工程学校)

李碧华(宜都市职业教育中心)

李世发(宜都市职业教育中心)

李习伟(湖北信息工程学校)

刘伦富(湖北信息工程学校)

罗文彩(武汉市仪表电子学校)

邵德明(湖北城市职业学校)

沈　阳(武汉机电工程学校)

杨成锐(宜城市职业高级中学)

杨亚芳(武汉市仪表电子学校)

易法刚(武汉市东西湖职业技术学校)

张道平(湖北信息工程学校)

张凤姝(宜昌机电工程学校)

周正鼎(武汉机电工程学校)

前　言

PLC 是工业自动化控制领域的重要设备。西门子 S7-1200 PLC 采用模块化设计，功能齐全，结构紧凑，可根据使用要求灵活扩展。S7-1200 PLC 具有符合工业通信标准的以太网接口和全集成工艺功能。因此，西门子 S7-1200 PLC 作为中小型电气自动控制系统的控制器，广泛应用于工业生产自动控制的各个领域。

本书共有 6 个项目，23 个学习任务。项目一“认识西门子 PLC”，介绍了西门子 S7-1200 PLC 的基本结构；项目二“认识 TIA 博途软件”，介绍了博途软件的基本应用方法；项目三“西门子 S7-1200 PLC 的初级应用”，通过 5 个任务介绍了应用 PLC 基本编程指令控制电动机运行的方法及常用传感器与 PLC 的连接和检测；项目四“西门子 S7-1200 PLC 的中级应用”，通过 9 个任务介绍了西门子 S7-1200 PLC 的功能指令、FC 和 FB 函数及步进指令的应用；项目五与项目六“西门子 S7-1200 PLC 的高级应用”介绍了应用触摸屏与 PLC 控制电动机运行、PLC 控制步进电机及 S7-1200 PLC 间的以太网通信方法。全书编写力求做到技术理论先进、内容实用、实操性强，突出实践能力和创新素质的培养，有利于理论与实践一体化的课堂教学，是一本教、学、做合一的教材。

本书贴近教学实际与工程生产实践，坚持知行合一，将西门子 S7-1200 PLC 的编程方法和应用技能融为一体，以强化学生的实践技能。本书在编写过程中力求体现以下特色：

(1) 体现工程实践的应用性。本书选取的工程实践应用案例，由简单到复杂，将编程指令与工程应用、程序调试等相结合，对接职业岗位标准和岗位需求，注重学生实践能力的培养。

(2) 体现新模式。本书采用项目形式编排知识点，以工程实践为主线，以任务驱动引领教学，将专业理论知识融于各个任务中，理实融合，突出“做中教、做中学”的职业教育特色。每个任务提出了职业岗位应知应会目标，指导学生有的放矢地学习。

(3) 图文并茂。各种实操图片或安装接线图充分体现出职业教育中过程性、操作性的内容，克服了枯燥、难以理解的单一文字描述，适合职教学生阅读，能帮助学生轻松入门。

(4) 项目五和项目六“西门子 S7-1200 PLC 的高级应用”旨在拓展学生在自动控制领域的视野，提高学生对自动控制装置的综合应用能力，帮助学生蓄力前行。

本书由湖北信息工程学校刘伦富、湖北省荆门职业学院陈沁汝和湖北省宜都市职业教育中心刘志华担任主编，湖北省京山市中等职业技术学校王帆和湖北信息工程学校张道平担任副主编，参与编写的还有湖北省荆门职业学院刘立兵、李亚林，湖北信息工程学校蔡继红、任华玲、马廷花、王翠霞，成都巧思科技有限公司张全洲。在编写本书的过程中，编者参阅了国内外出版的有关教材和资料，在此对相关作者一并表示衷心感谢！

由于编者水平有限，书中不妥之处在所难免，恳请读者批评指正，不胜感谢！

编　者

2024 年 8 月

目 录

项目一 认识西门子 PLC 1
任务 1 西门子 PLC 介绍 1
任务 2 西门子 PLC 安装与调试 9

项目二 认识 TIA 博途软件 18
任务 1 安装 TIA 博途软件 18
任务 2 TIA 博途软件的使用 26

项目三 西门子 S7-1200 PLC 的初级应用 39
任务 1 三相异步电动机连续运行控制 39
任务 2 三相异步电动机正反转控制 42
任务 3 三相异步电动机单键起停控制系统 49
任务 4 S7-1200 PLC 控制鼓风机系统 54
任务 5 S7-1200 PLC 控制自动打包系统 60

项目四 西门子 S7-1200 PLC 的中级应用 69
任务 1 三台电机运行控制系统 69
任务 2 车库出入检测系统 73
任务 3 三挡电炉加热系统 79
任务 4 天塔之光控制系统 86
任务 5 基于 FC 的三台电动机星三角降压起动控制系统 92
任务 6 基于 FB 的三台电动机星三角降压起动控制系统 102
任务 7 小车行程控制系统 109
任务 8 自动开关门控制系统 117
任务 9 十字路口交通信号灯控制系统 122

项目五 西门子 S7-1200 PLC 的高级应用(一) 127
任务 1 昆仑通态触摸屏与组态软件的认识 127

任务 2　用触摸屏控制电动机可逆运行……143

项目六　西门子 S7-1200 PLC 的高级应用(二)……151
任务 1　步进电机的认识与检测……151
任务 2　步进电机控制系统的设计与调试……159
任务 3　基于 S7 通信的两台异地电机同时起动和停止……174

参考文献……184

项目一

认识西门子 PLC

任务 1 西门子 PLC 介绍

任务描述

可编程序逻辑控制器(Programmable Logic Controller，PLC)是 20 世纪 60 年代发展起来的现代工业自动化控制装置，广泛应用于机械、冶金、化工、交通、电力、军工等各个领域的自动控制系统中。PLC 编程方法简单易学，其使用的梯形图编程语言和表达方式与我们熟悉的继电接触器电路图相似。

本任务的要求：认识西门子 PLC 以及掌握 S7-1200 PLC 的结构和外端子功能。

职业岗位应知应会目标

(1) 了解 PLC 的发展历程、组成和工作过程。
(2) 熟练掌握 S7-1200 PLC 的结构和外端子功能。
(3) 掌握西门子 PLC 型号的意义。
(4) 了解 S7-1200 PLC 的 CPU 性能技术指标。

相关知识

1. PLC 的发展历程

20 世纪 60 年代，工业控制主要采用继电器、接触器、开关(或按钮)等组成的继电接触器控制系统控制电动机的起动、反向、调速与停车等操作。这种以硬接线方式构成的继电接触器控制系统至今仍在使用，但它有一些固有的缺点：一是这种系统利用布线逻辑来实现各种控制，需要使用大量的机械触点，系统运行的可靠性差；二是当生产工艺流程改变时需要改变大量的硬件接线，需要耗费许多人力、物力和时间；三是体积大、耗能多；四是功能局限性大，例如，它不具有现代工业控制系统所需要的数据通信、网络控制和运动控制等功能。

1968 年，美国通用汽车公司(GM)在激烈的市场竞争中，为适应汽车生产工艺不断更新的需要，提出了保留继电接触器控制系统控制容量大的优点，用编程逻辑代替继电接触器控制系统的硬连线逻辑。

1969 年，美国数字设备公司(DEC)根据上述要求研制出世界第一台可编程控制器，并在 GM 公司的汽车生产线上首次应用成功，取得了显著的经济效益。当时人们把它称为可编程序逻辑控制器(PLC)。这一新技术的出现，开创了工业控制的新局面。

随着微电子技术的发展以及大规模集成电路(LSI)和微处理器在 PLC 中的应用，可编程控制器的功能不断增强，它不仅能执行逻辑控制、顺序控制、计时及计数控制，还增加了算术运算、数据处理、通信等功能，PLC 更多地具有了计算机的功能，并成为主导的通用工业控制器。目前，PLC 发展趋向于小型化、网络化、兼容性和标准化。

图 1-1 所示是常用的几种 PLC 的外形。

(a) 汇川 EASY301-0808TN　　(b) 西门子 S7-1200　　(c) 三菱 FX$_{3U}$-32M

图 1-1　几种常用的 PLC 外形

2. PLC 的结构

1) PLC 的外部结构

如图 1-2 所示是已经拆卸了上、下两盖板的西门子 S7-1200 PLC 的 CPU 模块外形与结构，它主要由输入端子、输出端子、PLC 供电电源接线端子、状态指示灯、通信接口等组成。

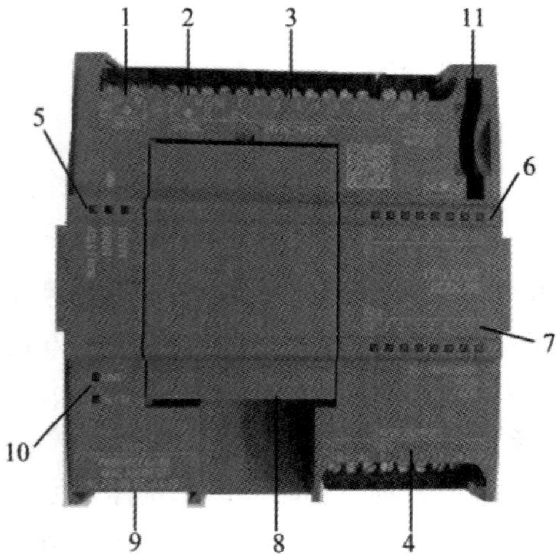

1—PLC 供电电源端子；
2—PLC 对外 24 V DC 供电端子；
3—输入端子；
4—输出端子；
5—PLC 工作状态指示灯；
6—PLC 输入状态指示灯；
7—PLC 输出状态指示灯；
8—信号板安装处(安装时拆除该盖板)；
9—PROFINET 以太网接口；
10—通信状态指示灯；
11—存储器插槽

图 1-2　S7-1200 PLC 的 CPU 模块外形与结构

S7-1200 PLC 目前有 CPU 1211C、CPU 1212C、CPU 1214C、CPU 1215C 和 CPU 1217C 等系列 CPU 模块，CPU 模块的具体型号可通过编程软件和西门子官网查找，它们的型号不同但 CPU 面板和基本结构相似。

(1) STOP/RUN 指示灯。STOP/RUN 指示灯为橙色时指示 STOP 模式，为绿色时指示 RUN 模式，绿色和橙色交替闪烁指示 CPU 正在起动。

(2) ERROR 指示灯。ERROR 指示灯为红色闪烁状态时指示有错误，如 CPU 内部错误、存储卡错误或组态错误(模块不匹配)等；红色非闪烁状态指示硬件出现故障。

(3) MAINT 指示灯。MAINT 指示灯在每次插入存储卡时闪烁。

(4) I/O(输入/输出)状态指示灯。I/O 状态指示灯指示各数字量输入或输出的信号状态。

(5) 通信状态指示灯。CPU 模块上有 PROFINET 以太网通信接口，可实现以太网通信。绿色的 Link 灯点亮表示连接成功，黄色的 Rx/Tx 灯点亮表示正在进行数据传输。

(6) 信号板。拆卸下 CPU 上的盖板可安装一个信号板，通过信号板可以在不增加空间的前提下给 CPU 增加数字量或模拟量的 I/O 点数。图 1-3 所示是信号板及安装方法，先用螺钉旋具轻轻拆下 CPU 上方信号板的盖板，再将信号板连接器和 CPU 上的插口孔对齐，用力将其压入到位。

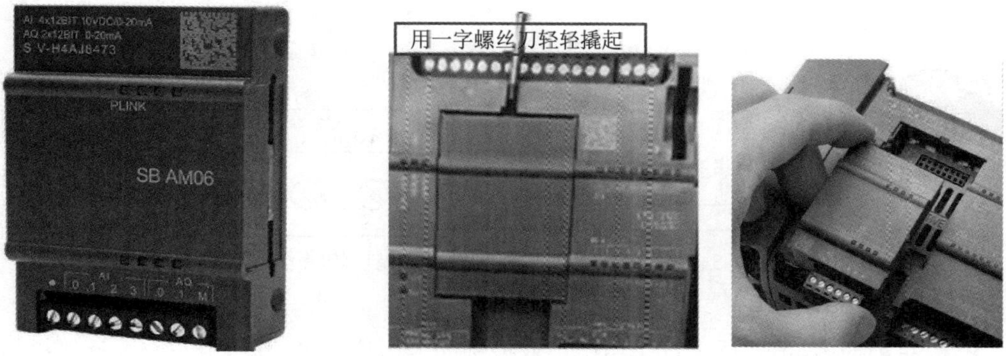

(a) 信号板　　(b) 安装信号板

图 1-3　信号板及安装方法

目前，信号板有多个品种，主要有数字量输入、数字量输出、数字量输入/输出、模拟量输入和模拟量输出等。

(7) PROFINET 以太网接口。PROFINET 是基于工业以太网的现场总线，是开放式的工业以太网标准，它使工业以太网的应用扩展到了控制网络最底层的现场设备。工业以太网是现场总线发展的趋势。

通过以太网通信协议 TCP/IP，S7-1200 PLC 提供的集成 PROFINET 接口可用于与编程软件 STEP7 通信以及与 SIMATIC HMI 精简系列面板通信，或与其他 PLC 通信。此外它还通过开放的以太网通信协议 TCP/IP 和 ISO-on-TCP 支持与第三方设备通信。该接口的 RJ-45 连接器具有自动交叉网线功能，数据传输速率为 10 Mb/s 或 100 Mb/s，能实现快速、简单、灵活的工业通信。图 1-4 所示为 S7-1200/1500 系列 PLC 与计算机进行数据通信的线缆(一般网线)及安装。

(a) S7-1200/1500 系列 PLC 的通信线缆　　(b) 安装通信线缆

图 1-4　S7-1200/1500 系列 PLC 的通信线缆及安装

(8) PLC 接线端子。如图 1-5 所示是 S7-1200 PLC 的 CPU 1212C 模块的端子功能图，图中标识 为 PLC 供电电源接线端子，接入 24 V 直流电，L+ 端接电源正极。标识 为 PLC 对外供电接线端子，可为传感器供电，也可作为连接开关、按钮等数字量输入信号的供电电源。“24VDC INPUTS”为数字量信号输入接线端子，“ANALOG　INPUTS”为模拟量信号输入接线端子，“24VDC OUTPUTS”为输出信号接线端子。

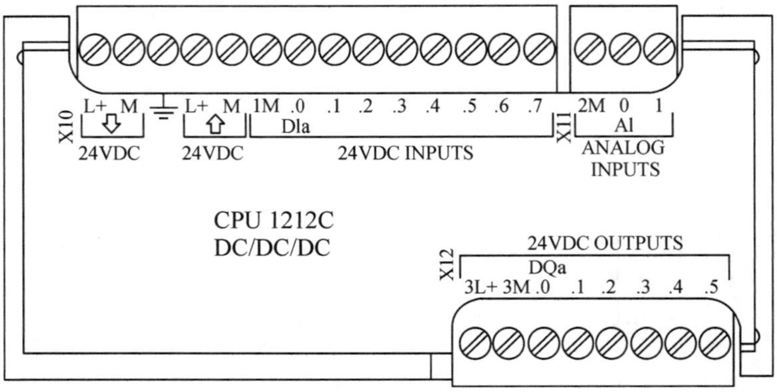

图 1-5　S7-1200 PLC 的 CPU 1212C 模块的端子功能图

2) PLC 的内部结构

PLC 品种繁多，但实质上都是用于工业控制的专用计算机，其组成与一般计算机相似，主要由 CPU 模块、存储器、输入/输出(I/O)模块、电源模块及通信接口组成。PLC 的内部结构框图如图 1-6 所示。

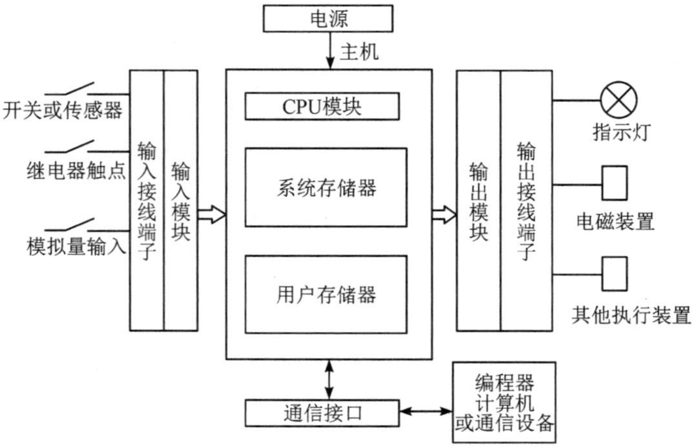

图 1-6　PLC 内部结构框图

(1) CPU 模块。CPU 即中央处理器，是 PLC 的控制中枢，由运算器、控制器和寄存器等组成。CPU 主要完成的工作有：PLC 本身的自检；以扫描方式接收来自输入单元的数据和状态信息，并存入相应的数据存储区；执行监控程序和用户程序，进行数据和信息处理；输出控制信号，完成指令规定的各种操作；响应外部设备(如可编程终端、计算机)的请求，指挥用户程序的执行。

(2) 存储器。PLC 中的存储器包括系统存储器和用户存储器，主要用于存放系统程序、用户程序和工作状态的各种数据，就像仓库用来存放各种器材一样。

(3) 输入/输出模块。PLC 的控制对象是工业生产过程，PLC 与生产过程的联系是通过 I/O 模块来实现的。输入模块的作用是接收各种外部控制信号，输出模块的作用是根据 PLC 运算结果驱动外部执行机构。

(4) 电源模块。PLC 的电源模块供给 CPU、存储器、输入/输出模块等所需的直流电源，是整个 PLC 的能源供给中心。

(5) 通信接口。通信接口是 PLC 与外界进行通信的通道，如与计算机及其他通信设备之间的通信，PLC 与计算机连接进行用户程序的编写、修改与调试等。

3. PLC 的工作过程

PLC 采用循环扫描的工作方式，其工作过程主要分为三个阶段：输入采样阶段、程序执行阶段和输出刷新阶段。PLC 的工作过程如图 1-7 所示。

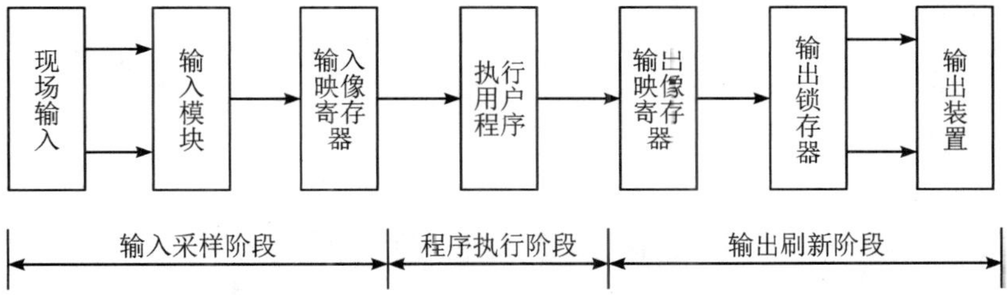

图 1-7 PLC 的工作过程

(1) 输入采样阶段。PLC 在开始执行程序之前，首先按顺序将所有输入端子信号读入输入映像寄存器中存储，这一过程称为采样。PLC 在运行程序时，所需要的输入信号取自输入映像寄存器中的信息。在一个工作周期(毫秒级)内这个采样结果的内容不会改变，只有到下一个输入采样阶段才会被刷新。

(2) 程序执行阶段。PLC 按顺序进行扫描，即从上到下、从左到右地扫描每条指令，并分别从输入映像寄存器、输出映像寄存器及辅助继电器中获得所需的数据进行运算和处理，再将程序执行的结果写入输出映像寄存器中保存。但该结果在全部程序未被执行完毕之前不会送到输出端子上。

(3) 输出刷新阶段。在执行完用户所有的程序后，PLC 将输出映像寄存器中的内容送到输出锁存器中输出，以驱动用户设备。

PLC 循环执行上述三个阶段，每循环一次的时间称为一个扫描周期，PLC 扫描周期为毫秒级。PLC 在一个工作周期中，输入采样阶段和输出刷新阶段的时间一般为毫秒级，程序执行时间因用户程序的长度不同而不同，容量为 1 KB 的程序所需扫描时间一般为 10 ms 左右。

4. PLC 的编程语言

PLC 通常采用面向控制过程的编程语言，这些编程语言主要有梯形图、语句表、顺序功能图和高级语言等。

1) 梯形图

梯形图是一种图形编程语言，它沿用了继电器的触点、线圈、串/并联等术语和图形符号，并增加了一些特殊功能符号，如图 1-8(a)所示是西门子 PLC 梯形图编程语言。梯形图语言比较形象、直观，对于熟悉继电接触器控制线路的电气技术人员来说，很容易接受，且不需要学习专门的计算机知识。因此，在 PLC 编程中，梯形图是最基本、最普遍的编程语言。

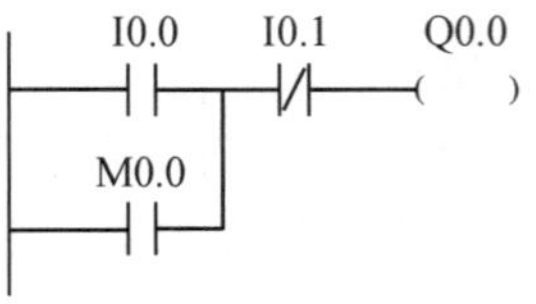


```
A   I0.0
O   M0.0
AN  I0.1
=   Q0.0
```

(a) 梯形图　　(b) 语句表

图 1-8　西门子 PLC 梯形图与语句表

2) 语句表

语句表又称指令表，它用助记符来表达 PLC 的各种功能，如图 1-8(b)所示是 PLC 编程的语句表。它类似于计算机的汇编语言，但比汇编语言更通俗易懂。现在基本上不采用指令语句表进行编程，而是通过计算机使用梯形图来编程。

3) 顺序功能图

顺序功能图是一种采用工艺流程图进行编程的语言，对于工厂中从事工艺设计的技术人员来说，用这种方法编程非常方便。图 1-9 所示为顺序功能图。

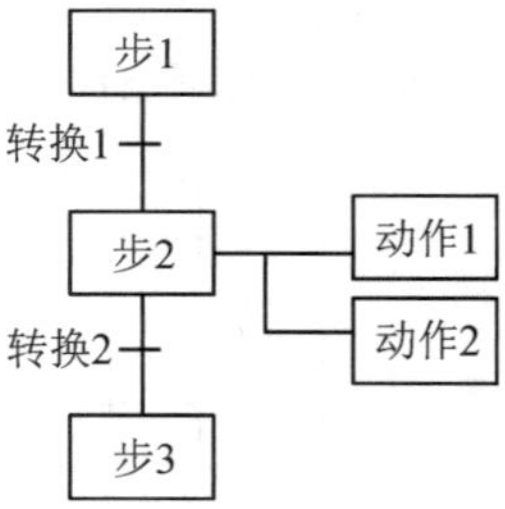

图 1-9　顺序功能图

4) 高级语言

在一些大型 PLC 中，为完成一些较为复杂的控制，采用功能很强的微处理器和大容量存储器，将逻辑控制、模拟控制、数值计算与通信功能结合在一起，配备 C 语言等计算机语言，使 PLC 具有更强的功能。

本书只使用梯形图和顺序功能图讲授西门子 PLC 的编程方法。

5. 西门子 PLC 的型号

西门子 S7-1200 PLC 的品种比较丰富，各型号 PLC 的供电电源和输入/输出类型有所不同。例如，CPU 1212C DC/DC/RLY 型西门子 S7-1200 PLC 的供电电源采用 24 V 直流，输出驱动需 24 V 直流，输出类型为继电器输出。西门子 PLC 型号的意义如图 1-10 所示。

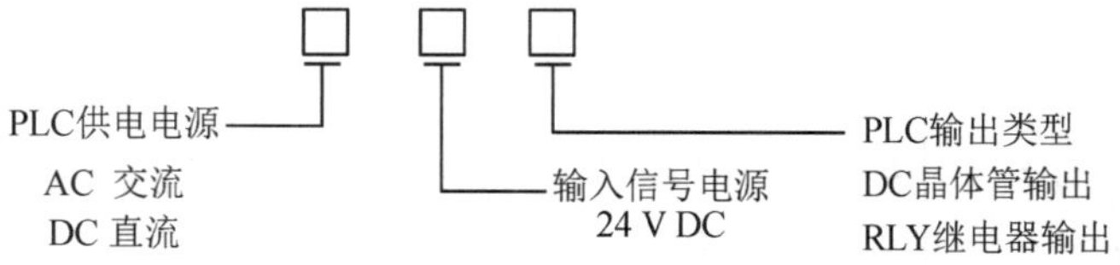

图 1-10　西门子 PLC 型号意义

6. S7-1200 PLC 系列 CPU 的性能技术指标

西门子 S7-1200 PLC 是小型 PLC，广泛应用于自动化设备中，其 CPU 的性能技术指标见表 1-1。

表 1-1　S7-1200 PLC 系列 CPU 的性能技术指标

<table>
<tr><th rowspan="2">性能指标</th><th colspan="5">型　号</th></tr>
<tr><th>CPU 1211C</th><th>CPU 1212C</th><th>CPU 1214C</th><th>CPU 1215C</th><th>CPU 1217C</th></tr>
<tr><td>CPU</td><td colspan="4">DC/DC/DC，AC/DC/RLY，DC/DC/RLY</td><td>DC/DC/DC</td></tr>
<tr><td>尺寸/cm</td><td colspan="2">90 × 100 × 75</td><td>110 × 100 × 75</td><td>130 × 100 × 75</td><td>150 × 100 × 75</td></tr>
<tr><td>工作存储器容量/KB
装载存储器容量/MB
保持性存储器容量/KB</td><td>50
1
10</td><td>75
1
10</td><td>100
4
10</td><td>125
4
10</td><td>150
4
10</td></tr>
<tr><td>集成数字量 I/O
集成模拟量 I/O</td><td>6 路输入/4 路输出
2 路输入</td><td>8 路输入/6 路输出
2 路输入</td><td>14 路输入/10 路输出
2 路输入</td><td colspan="2">14 路输入/10 路输出
2 路输入/2 路输出</td></tr>
<tr><td>过程映像存储器容量/B</td><td colspan="5">1024(输入)和 1024(输出)</td></tr>
<tr><td>位存储器容量/B</td><td colspan="2">4096</td><td colspan="3">8192</td></tr>
<tr><td>信号扩展模块数量/个</td><td>无</td><td>2</td><td colspan="3">8</td></tr>
<tr><td>信号板数量/个</td><td colspan="5">1</td></tr>
<tr><td>最大本地 I/O 数量/个(数字量)</td><td>14</td><td>82</td><td colspan="3">284</td></tr>
<tr><td>最大本地 I/O 数量/个(模拟量)</td><td>3</td><td>19</td><td>67</td><td colspan="2">69</td></tr>
<tr><td>通信模块数量/个</td><td colspan="5">3(左侧扩展)</td></tr>
<tr><td>高速计数器</td><td>3 路</td><td>5 路</td><td>6 路</td><td>6 路</td><td>6 路</td></tr>
<tr><td>单相高速计数器</td><td>3 个，100 kHz</td><td>3 个，100 kHz
1 个，30 kHz</td><td>3 个，100 kHz
3 个，30 kHz</td><td>3 个，100 kHz
3 个，30 kHz</td><td>4 个，1 MHz
2 个，100 kHz</td></tr>
<tr><td>正交相位高速计数器</td><td>3 个，80 kHz</td><td>3 个，80 kHz
1 个，20 kHz</td><td>3 个，80 kHz
3 个，20 kHz</td><td>3 个，80 kHz
3 个，20 kHz</td><td>3 个，1 MHz
3 个，100 kHz</td></tr>
<tr><td>脉冲输出</td><td colspan="5">最多 4 路，CPU 本体可输出 100 kHz，通过信号板可输出 200 kHz(CPU 1217 最多支持 1 MHz 的输出)</td></tr>
<tr><td>存储卡类型</td><td colspan="5">SIMATIC 存储卡(选件)</td></tr>
<tr><td>实时保持时间/天</td><td colspan="5">通常为 20 天，40℃时最少 12 天</td></tr>
<tr><td>PROFINET 以太网通信端口/个</td><td colspan="3">1</td><td colspan="2">2</td></tr>
<tr><td>实数数学运算执行速度/(μs/指令)</td><td colspan="5">2.3</td></tr>
<tr><td>布尔运算执行速度/(μs/指令)</td><td colspan="5">0.08</td></tr>
</table>

7. PLC 的分类与应用

1) PLC 的分类

PLC 的类型很多，分类方法也不同。一般根据控制规模，PLC 可分为微型机、小型机、中型机和大型机等。控制规模是以 PLC 的输入/输出点数之和来衡量的，I/O 总点数在 64 点以下的，称为微型机；在 256 点以下的，称为小型机；在 1024 点以下的，称为中型机；在 1024 点以上的，称为大型机。点数多的 PLC，功能相应较强。

2) PLC 的应用

(1) 数字量控制，可代替继电器实现顺序逻辑控制、定时控制、计数控制等。

(2) 运动控制。PLC 使用专用的运动控制模块，对直线运动或圆周运动的位置、速度和加速度进行控制，可实现单轴、双轴、三轴和多轴位置控制。

(3) 闭环过程控制。闭环过程控制是指对温度、压力和流量等连续变化的模拟量的闭环控制。PLC 通过模拟量 I/O 模块，可实现模拟量和数字量之间的相互转换，并对模拟量实行闭环 PID 控制。

(4) 数据处理。目前，PLC 已具有数学运算、数据传送、转换、排序、查表和位操作等功能，可以完成数据的采集、分析与处理。

(5) 通信联网。PLC 可与外设、PLC、其他工业控制设备、上位机、工业网络设备等进行通信，实现远程的 I/O 控制。

目前，PLC 已经成为工业控制的标准设备，它的应用几乎覆盖了所有的工业企业，包括机械、汽车、冶金、石油、化工、轻工、纺织、交通、电力、电信、采矿、建材、食品、造纸、军工、家电等各个领域。

任务实施

1. 识读西门子 S7-1200 PLC 系列 CPU 型号

识读西门子 S7-1200 PLC 系列 CPU 型号的意义，填入表 1-2。

表 1-2 西门子 S7-1200 PLC 系列 CPU 型号的意义

CPU 型号	电源电压	DI 输入电压	DQ 输出电压
DC/DC/DC			
DC/DC/RLY			
AC/DC/RLY	交流 220 V		

2. 识读西门子 CPU 1212C 外端子功能

识读西门子 S7-1200 PLC 的 CPU 1212C 外端子功能，填入表 1-3。

表 1-3 西门子 CPU 1212C 外端子功能

端子标识	功 能	端子标识		功 能
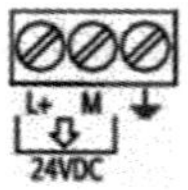		DQa	3L+	
			3M	
			Q0.0～Q0.7	
		DIa	1M	
			I0.0～I0.7	

3. 识读面板指示灯的功能

识读面板指示灯功能，列举两个指示灯的功能，填入表 1-4。

表 1-4　例举指示灯的功能

指 示 灯	功　能

任务评价

对任务的完成情况进行评价，评价标准见表 1-5。

表 1-5　任 务 评 价

评价内容	评 价 标 准	配分	扣分
理解 PLC 的工作过程	不能说明 PLC 的工作过程，扣 10 分	10	
识读 PLC 型号	不会识读 PLC 型号的含义，扣 10 分	10	
观察 PLC 结构，说明外端子功能	(1) 不能说明电源端子功能，每项扣 5 分； (2) 不能说明输入/输出端子功能，每项扣 10 分	45	
说明各指示灯的功能	不能说明各指示灯的功能，每个扣 5 分	35	
安全文明生产	如违反安全文明生产要求，酌情扣 10～40 分，情节严重者，可判本次技能操作训练为零分或取消本次实训资格		

思考练习题

1. PLC 是____________________的简称，是一种现代工业自动化控制装置。

2. 西门子 S7-1200 PLC 的 CPU 模块主要由________、________、PLC 供电电源接线端子、状态指示灯和_______接口等组成。

3. PLC 的内部结构主要由_______、________、_______、电源模块及通信接口组成。

4. PLC 采用__________的工作方式，其工作过程主要分为三个阶段：_________阶段、_______阶段和_________阶段；PLC 不断地循环执行这三个阶段，每循环一次的时间称为___________，PLC 扫描周期为_______数量级。

5. PLC 如按控制规模分类，是以 PLC 的输入/输出______来衡量的。

任务 2　西门子 PLC 安装与调试

任务描述

西门子 S7-1200 PLC 是该公司新一代小型 PLC，其具有灵活的扩展性，可扩展通信模块、信号模块、信号板和端子板，从而增强 PLC 的功能。

本任务的要求：能按图 1-11 所示安装扩展 S7-1200 PLC，并通电调试。

图 1-11　S7-1200 PLC 扩展图

职业岗位应知应会目标

(1) 掌握 S7-1200 PLC 的 CPU 扩展组件的安装和拆卸方法。
(2) 掌握 S7-1200 PLC 系列的输入/输出接线方法。
(3) 掌握 S7-1200 PLC 的安装与通电调试。

相关知识

1. PLC 安装

1) PLC 安装要求

S7-1200 PLC 尺寸较小，易于安装，可以有效地利用空间。安装时应注意以下几点：

(1) S7-1200 PLC 可水平或垂直安装在面板或 DIN 标准导轨上。

(2) S7-1200 PLC 采用自然冷却方式，要确保其安装位置的上、下部分与邻近的设备及控制柜外壳间至少留出 25 mm 的空间安装距离。

(3) 当采用垂直安装方式时，其允许的最大环境温度要比水平安装方式低 10℃，此时要确保 CPU 被安装在最下面。

2) 通信模块的安装

S7-1200 PLC 最多可以增加 3 个通信模块和 1 个通信信号板，如 CM1241-RS232、CM1241-RS485、CP1241-RS232、CP1241-RS485、CB1241-RS485。通信模块如图 1-12 所示。通信信号板安装在 CPU 的面板上，如图 1-3 所示。通信模块(CM 或 CP)安装在 CPU 模块的左边，如图 1-13 所示是 CPU 通信模块的安装插口图，其安装方法：先用螺钉旋具轻轻拆下 CPU 左侧的总线盖板，再将通信模块总线连接器的插针与 CPU 上的插口孔对齐，用力将两个单元推压在一起，直到插针卡入到位，然后将该组合单元整体安装到 DIN 导轨上。

图 1-12　通信模块

(a) 拆下 CPU 总线盖板　　(b) CPU 通信模块插口

图 1-13　CPU 通信模块安装插口

RS485 和 RS232 通信模块提供了点对点的串行通信连接。STEP 7 工程软件组态系统提供了扩展指令或库功能、USS 驱动协议、Modbus RTU 主站协议和 Modbus RTU 从站协议，用于串行通信的组态和编程。

3) 信号模块的安装与拆卸

相对于信号板(SB)，信号模块(SM)可为 CPU 系统扩展更多的 I/O 点数。信号模块包括数字量输入模块、数字量输出模块、数字量输入/输出模块、模拟量输入模块、模拟量输出模块、模拟量输入/输出模块等。图 1-14 所示是常用的信号模块。

(a) 数字量扩展模块 SM1223 DC/RLY　　(b) 模拟量扩展模块 SM1234 AI/AQ

图 1-14　常用的信号模块

在 CPU 安装了通信模块并整体安装到 DIN 导轨上后才能安装信号模块。信号模块安装在 CPU 模块的右边，如图 1-15 所示是信号模块(SM)的安装方法。首先用螺钉旋具轻轻拆下 CPU 右侧的总线盖板，将信号模块(SM)安装到 DIN 导轨上，再推出信号模块(SM)总线连接器，用力将信号模块(SM)推入到 CPU 接线器中并卡入到位，完成电气与机械连接。

(a) 拆下 CPU 右侧总线盖板　　(b) 推出 SM 总线连接器　　(c) SM 推入到 CPU 接线器

图 1-15　信号模块(SM)的安装方法

拆卸信号模块(SM)，可在不卸下CPU或其他信号模块的情况下进行。拆卸信号模块(SM)的方法如图1-16所示，用螺钉旋具按下信号模块(SM)总线连接器并用力向右推，使总线连接器缩回，再拉出SM下方的DIN导轨卡夹，从导轨上松开SM并向上转动，使其脱离导轨即可。

图1-16　信号模块(SM)的拆卸方法

4) 端子板的拆卸与安装

生产实践中当CPU损坏需要更换时，可不用拆除端子板的接线，直接卸下端子板安装到更换后的CPU上。拆卸CPU端子板之前要断开电源，端子板的拆卸方法如图1-17所示。将螺钉旋具插入端子板中间的槽中，轻轻撬起端子板顶部，使其与CPU分离，抓住端子板并将其从CPU上卸下。

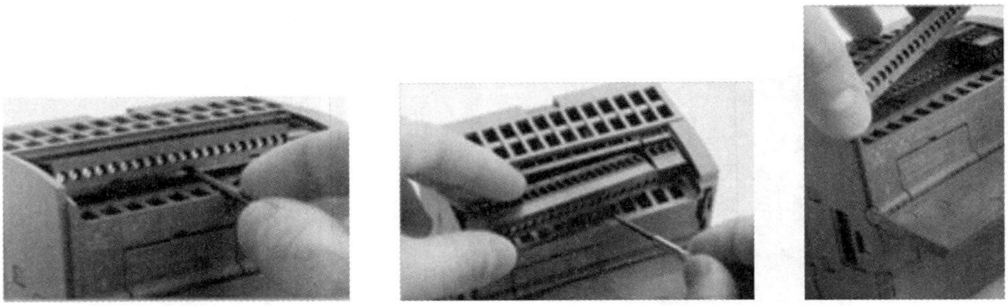

(a) 螺钉旋具插入端子板中间槽　　(b) 撬起端子板顶部　　(c) 取下端子板

图1-17　端子板拆卸方法

端子板安装方法比较简单，将端子板与其连接单元上的插针对齐，用力按下端子板并稍稍转动端子板，直到完全卡入到位。

2. PLC的输入/输出接口电路

PLC 在执行程序过程中需调用外部各种控制信号，如各种数字量(开关量)或模拟量等都是通过输入接口电路进入PLC的，程序执行的结果通过输出接口电路控制外围设备。输入/输出接口电路一般都通过光电隔离把PLC和外部电路隔开，以提高PLC的抗干扰能力。

1) 输入接口电路

输入接口电路的供电电源主要有24 V直流(DC)输入、220 V交流(AC)输入两大类。用户外部输入设备可以是无源触点，如按钮、行程开关、主令开关等，也可以是有源器件，如传感器、接近开关、光电开关等。

如图1-18所示是24 V DC输入接口电路原理图，直流电源可由PLC外部提供，如西门子PLC；有的由PLC内部提供，不需要另配直流电源，如三菱PLC。当PLC外部输入开关接通时，输入指示灯发光，光电耦合器驱动内部电路工作。图中R_1、C及R_2组成输入滤波电路，以消除高频干扰。光电耦合器与外部电路实现电隔离。输入信号通过输入电路进入 PLC 内部供 PLC 程序调用。

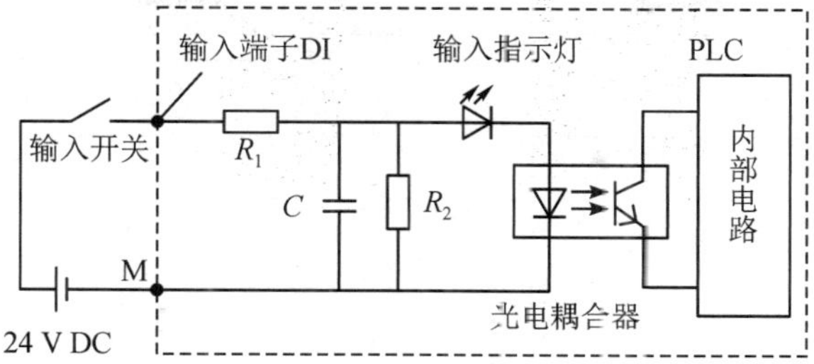

图 1-18 24 V DC 输入接口电路原理图

2) 输出接口电路

PLC 通过输出接口电路向现场控制对象输出控制信号。为适应不同负载的需要，各类 PLC 的输出接口电路主要有继电器输出和晶体管输出两大类，如图 1-19 所示。

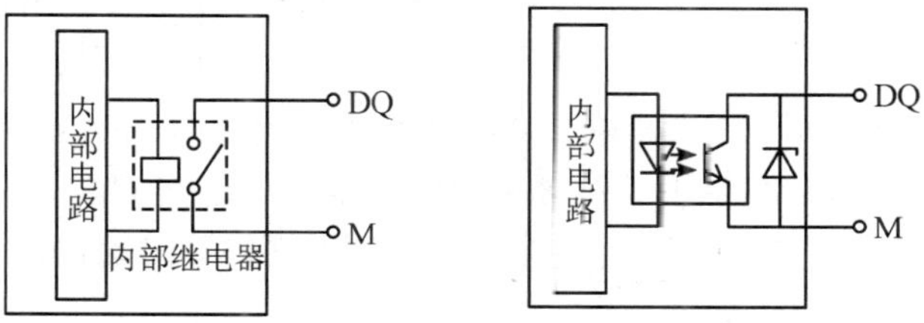

(a) 继电器输出 (b) 晶体管输出

图 1-19 输出接口电路的主要形式

(1) 继电器输出。在图 1-19(a)中，当 PLC 输出接口电路中的继电器受内部电路驱动使线圈得电时，其触点闭合，外接负载形成回路使负载正常工作，同时输出指示灯亮，表示该输出点接通。继电器输出适用于交直流负载，使用方便，负载电流可达 2 A，可直接驱动电磁阀线圈。由于触点使用寿命有限，因此在输出点需要频繁通、断的场合(如脉冲输出等)应选用晶体管输出电路。

(2) 晶体管输出。晶体管输出的负载电流约为 0.5 A，响应时间小于 1 ms，负载只能选择 36 V 以下的直流电源。

3. PLC 输入/输出端子的接线方式

1) 输入端子的接线方式

图 1-20 所示是 S7-1200 PLC CPU 1214C 的输入/输出端子接线图，输入端数字量(按钮、开关等)输入回路有一个公共端(汇集端)1 M，其所有输入点为一组，共用一个公共端和一个电源，这是一种汇点式输入接线方式，接线方便、经济。图 1-20 中“L+ ↑ M ”接线端可为传感器提供 24 V DC 电源，传感器的输出端可连接到 DIa 或 DIb 任意输入端子上。西门子 PLC 的传感器一般采用高电平输出型。

2) 输出端子的接线方式

根据输出端与外部用户设备所采用电源的情况，可采用分组与汇点式相结合的方式进行接线，如图 1-20 所示的输出接线。DQa 和 DQb 可采用两种不同的电源电压种类(AC 或 DC)或等级供电；如两组电源相同，可将它们的公共端 1L、2L 连接起来构成一组进行汇点式接线。

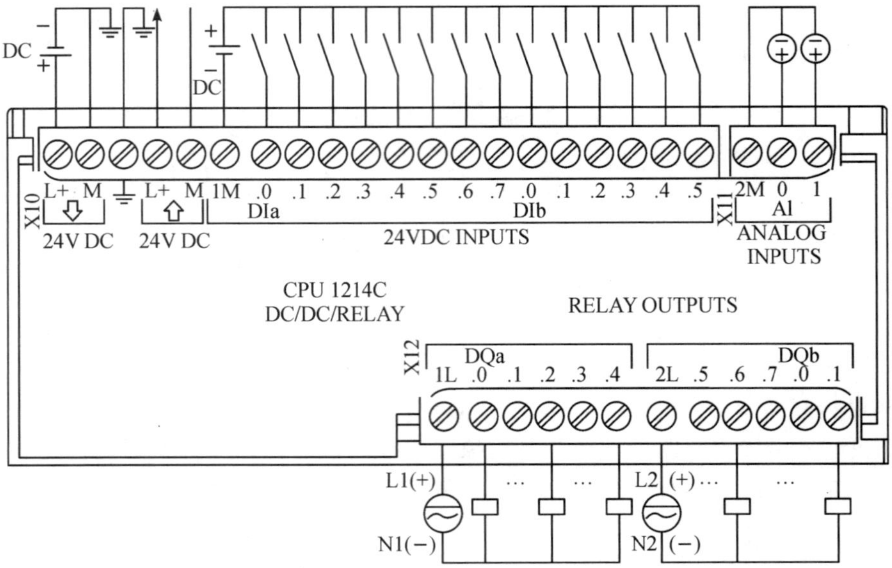

图 1-20　S7-1200 PLC CPU 1214C 输入/输出端子接线图

注意：如果输出端驱动的是正反转接触器的线圈，则在 PLC 的程序中采用软件互锁的同时，在 PLC 的外部也应采取硬件互锁措施，以防止它们同时动作，造成短路事故。

4. PLC 输入/输出的软元件

由输入/输出接口电路可以看出，输入信号的作用实质上是控制或触发 PLC 的输入接口电路使之工作。为了编程方便，我们把 PLC 内部这种电路称为编程元件，或“软元件”，它在 PLC 内部实质上是电子线路及存储器(编程时只考虑编程元件，不考虑内部电路或结构)。考虑到工程技术人员的习惯，软元件可用继电接触器控制系统(电路)中的类似名称命名，如输入继电器、输出继电器、辅助(中间)继电器、定时器等。

1) 输入继电器(I)

输入继电器(I)是 PLC 从机外接受控制信号的接口，它实质上是输入接口电路。每个输入继电器都与相应的 PLC 输入端相连，即每个输入端对应一个输入继电器。如图 1-21 所示，输入端子 I0.0 对应输入继电器 I0.0。每个输入继电器有无数对常开(动合)触点和常闭(动断)触点供编程时使用。输入继电器的线圈只能由外部信号来驱动，不能由内部程序(指令)驱动。在编写程序时，用输入继电器的常开触点和常闭触点表示输入继电器的状态。因此，编写梯形图时只能出现输入继电器的常开、常闭触点，而不能出现输入继电器的线圈，如图 1-22 所示。

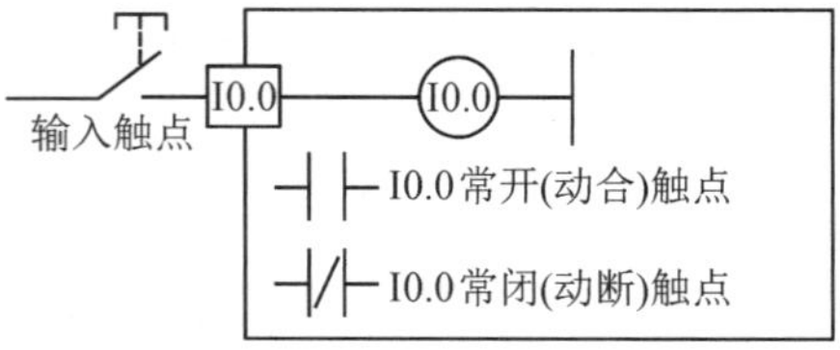

图 1-21　输入继电器电路

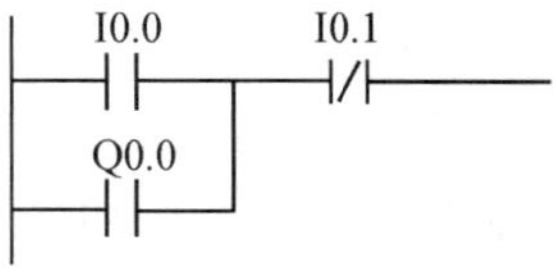

图 1-22　输入继电器在编程中的使用

西门子 PLC 输入继电器编号采用八进制，如 I0.0～I0.7。

2) 输出继电器(Q)

输出继电器(Q)是 PLC 向机外负载输出信号的端口，它与输出端子是一一对应的，是 PLC 中唯一具有外部触点且能驱动外部负载的继电器。因此，输出继电器(Q)的触点分对外输出触点和内部触点两种。对外输出触点(如继电器触点、晶体管等输出元件)接到 PLC 的输出端子上，且为常开触点，如图 1-23 所示，输出继电器 Q0.0 对外输出触点 Q0.0(常开)与 PLC 的输出端子相连；内部触点分为常开、常闭触点，可供程序重复调用无数次。输出继电器的线圈只能由程序驱动，当继电器的线圈被驱动时，其对应的触点动作：常开触点闭合，常闭触点断开。输出继电器的对外常开触点闭合时，机外负载就会被驱动，但对外常开触点不在梯形图中表示出来。梯形图中只表示被驱动的输出继电器线圈和内部常开、常闭触点，如图 1-24 所示，梯形图中的 I0.0 是输出继电器 Q0.0 的工作条件，当 I0.0 接通时，Q0.0 线圈被驱动置 1(线圈得电)，此时 PLC 对外输出触点闭合，驱动外部负载工作；同时内部常开触点 Q0.0 闭合，驱动输出继电器 Q0.1 的线圈置 1。当 I0.0 断开时，Q0.0 复位(线圈失电)，内部常开触点 Q0.0 恢复断开状态，Q0.1 复位。

西门子 PLC 输出继电器编号采用八进制，如 Q0.0～Q0.7。

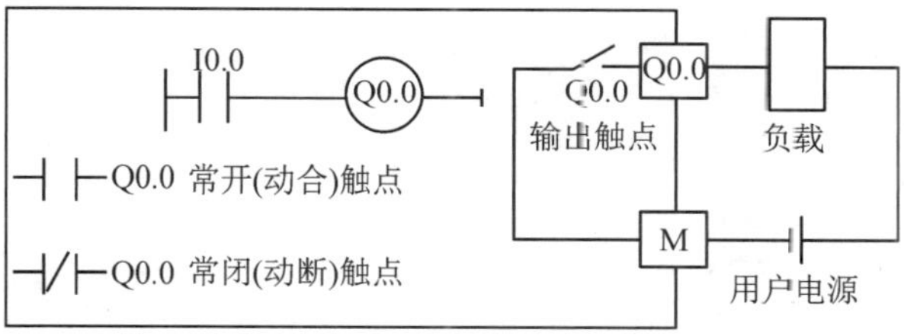

图 1-23　输出继电器端口(电路)

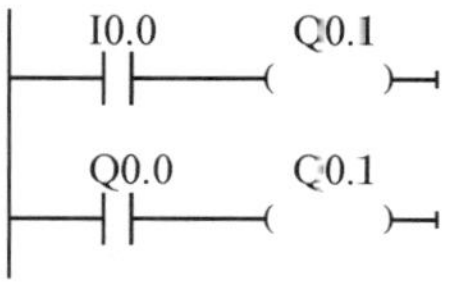

图 1-24　输出继电器在编程中的使用

上述图中┤├(常开触点)、┤/├(常闭触点)是 PLC 内的软触点，在编程时可以重复使用。─○─ 或 ┤( )├ 是软继电器的线圈，人工绘制 PLC 梯形图或功能图时一般采用前者，后者是 PLC 编程软件中的线圈符号。

任务实施

1. 安装西门子 S7-1200 PLC

在 DIN 导轨上安装西门子 CPU 1214C AC/DC/RLY、通信模块 CM1241-RS485(或 CM1241-RS232)及数字量信号扩展模块 SM1223 DC/RLY，将安装步骤与操作要领填入表 1-6 中。

表 1-6　西门子 S7-1200 PLC 安装步骤与操作要领

序号	安装部件名称	操 作 要 领	备注
1			
2	固定 DIN 导轨	在配电板上按工艺要求固定 DIN 导轨	
3			
4			

2. 西门子 S7-1200 PLC 的调试

(1) 接线。按图 1-25 所示的接线图连接 PLC 的输入端及电源线。

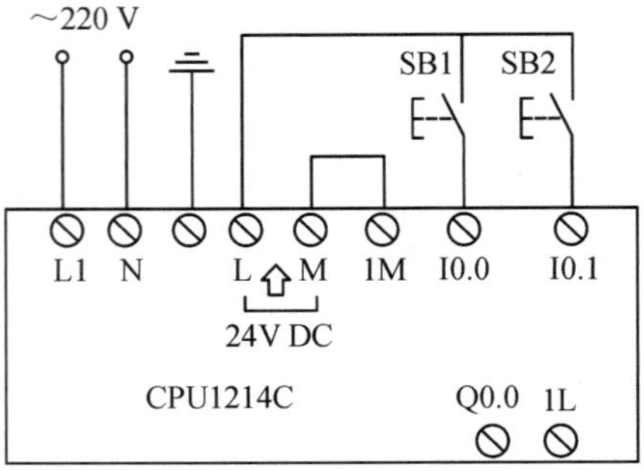

图 1-25 PLC 输入端及电源接线图

(2) 自检。根据图 1-25 所示的接线图，检查 CPU 电源端接线是否正确，检查输入按钮接线是否正确。自检正确后申请指导教师复核，无误后上电。

(3) 程序输入。由指导教师输入图 1-26 所示的 PLC 程序。用键盘输入地址 I0.0、I0.1、Q0.0 时，电脑显示为 %I0.0、%I0.1、%Q0.0。

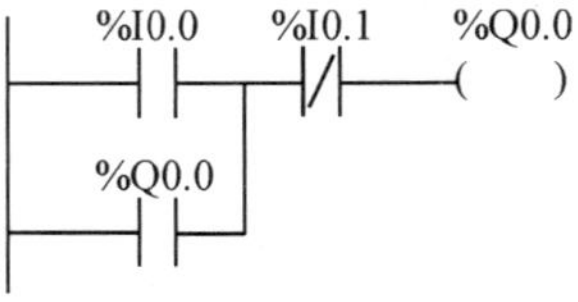

图 1-26 PLC 程序

(4) 通电调试。通电前，应清理安装板上的杂物及线头等，保障试验安全、可靠。通电调试必须在教师的指导、监护下进行。

分别按下 SB1、SB2，观察输入点 I0.0、I0.1 和输出点 Q0.0 指示灯的发光情况，并填入表 1-7。PLC 有信号输入或输出时，对应的指示灯均应发光。

表 1-7 通 电 调 试

操作	现　　象	说明原因
按下 SB1		
松开 SB1		
按下 SB2		

任务评价

对任务的完成情况进行评价，评价标准见表 1-8。

表 1-8　任务评价

评价内容	评价标准	配分	扣分
输入/输出接线方式的理解	不能说明 PLC 输入/输出接线方式，扣 10 分	10	
S7-1200 PLC 的安装	(1) 不认识通信模块、信号扩展模块，每个扣 5 分； (2) S7-1200 PLC 的安装步骤不正确，每步扣 5 分； (3) 安装方法不正确，扣 10 分	40	
按电路图接线	接线错误或未按图接线，每错一处扣 10 分	40	
通电调试	不会调试或未记录调试现象，扣 10 分	10	
安全文明生产	如违反安全文明生产要求，酌情扣 10～40 分，情节严重者，可判本次技能操作训练为零分或取消本次实训资格		

思考练习题

1. 外部控制信号通过________________进入 PLC，PLC 又通过____________向现场控制对象输出控制信号，完成自动控制任务。

2. 西门子 PLC 的输出主要有______和______两种类型。

3. PLC 的输出端有多个负载，如电磁铁、线圈、信号灯等。如果线圈需要采用交流 220 V 供电，信号灯采用直流 24 V 供电，请以 CPU 1214C AC/DC/RELAY 为例，画出输出端的接线图。

项目二

认识 TIA 博途软件

任务 1 安装 TIA 博途软件

任务描述

本任务要求：根据应用软件的安装方法完成 TIA Portal(博途)V16 软件的安装。

职业岗位应知应会目标

(1) 了解博途软件的安装要求。
(2) 掌握 TIA Portal V16 软件的安装方法。
(3) 了解一般应用软件的安装方法。

相关知识

1. 博途软件安装要求

为保证计算机能顺利安装并能流畅运行博途软件，安装时对计算机作如下要求。

(1) 硬件：4 核以上处理器，至少 8 GB 内存，不小于 15 英寸宽屏的显示器且图形分辨率不低于 1920 × 1080。

(2) 计算机操作系统：TIA Portal V16 要求 Windows10 及以上操作系统。

(3) 安装前注意事项：关闭杀毒软件和防火墙，关闭电脑中正在运行的应用程序；安装时一定要以管理员身份运行可执行文件；为了避免在安装过程中多次出现“是否重新起动计算机”的提示，安装前应删除注册表(若未找到此注册表项，则此步略过)。

具体删除方法如下：

使用快捷键“Win + R”打开运行界面，输入“REGEDIT”，单击“确定”，如图 2-1 所示。

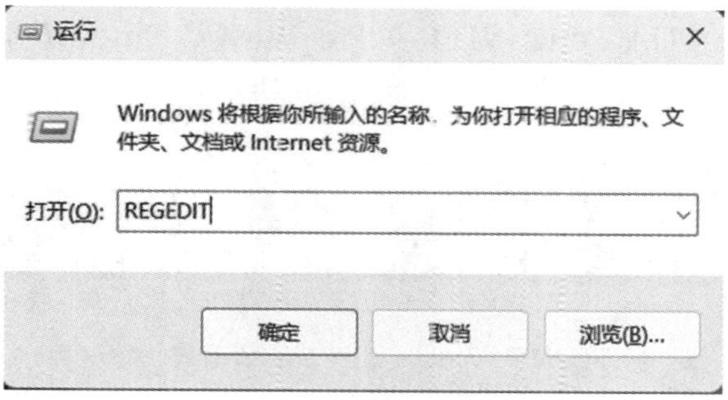

图 2-1 运行界面

如图 2-2 所示，在打开的界面中找到“PendingFileRenameOperations”，单击右键选择删除。

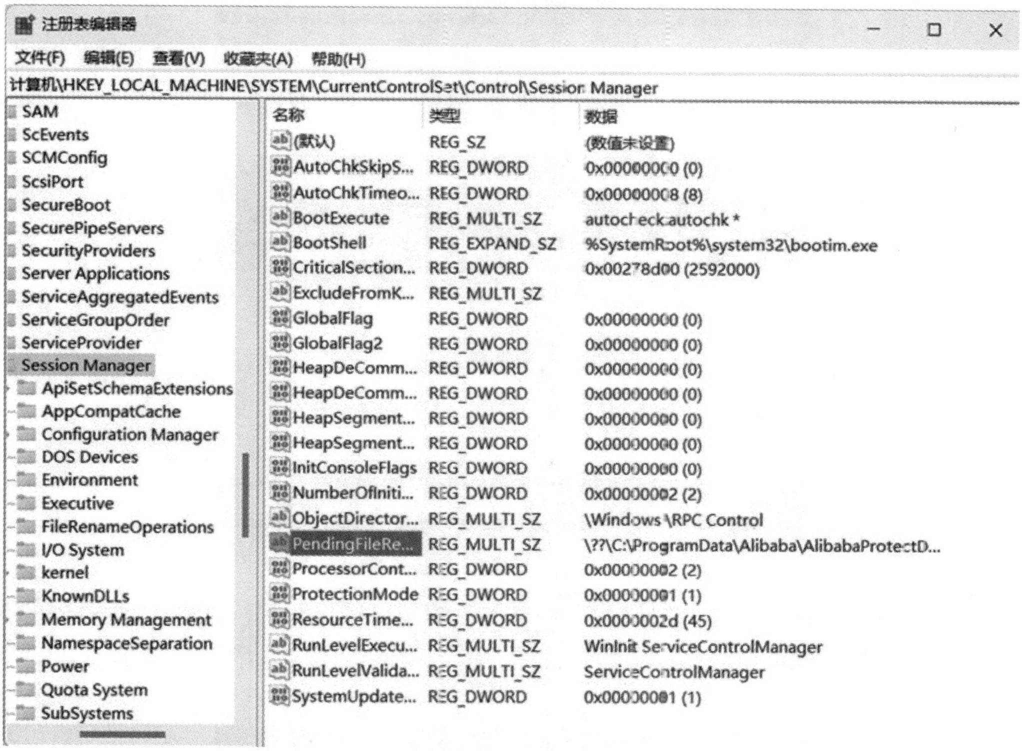

图 2-2 删除界面

在确认删除界面，点击“是”，如图 2-3 所示。

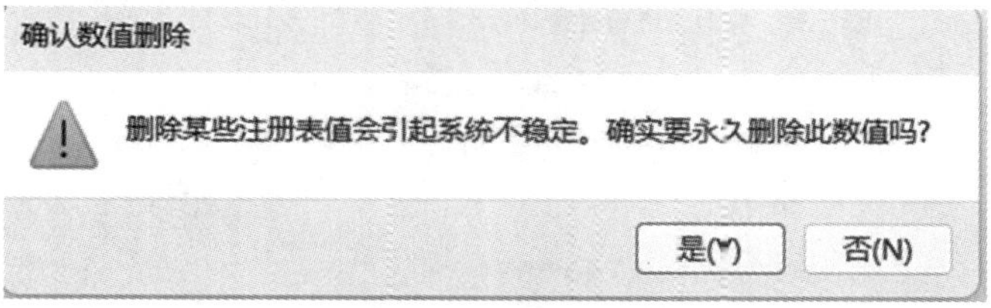

图 2-3 确认删除界面

2. 博途软件安装步骤

完成上述准备工作后，就可以安装博途软件了。

(1) 鼠标右键单击“TIA_Portal_STEP_7_Pro_WINCC_Pro_V16”，选择“以管理员身份运行”，进入欢迎界面，点击“下一步”，如图 2-4 所示。

图 2-4 安装步骤(1)

(2) 进入安装语言选择界面，如图 2-5 所示，单击“下一步”。

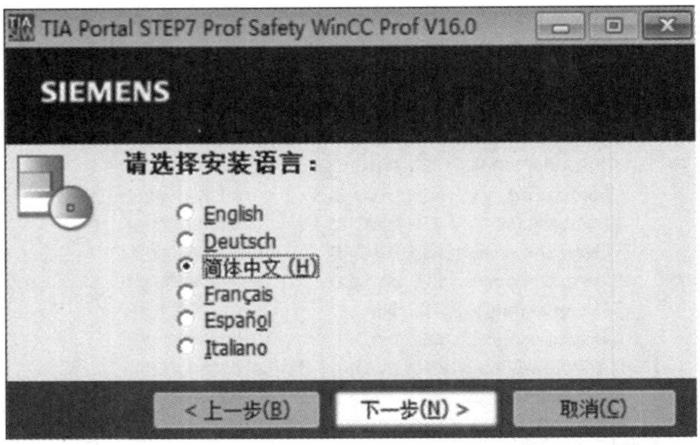

图 2-5 安装步骤(2)

(3) 在出现的界面中，单击“浏览”可以更改解压路径，即解压到除 C 盘以外的其他磁盘内。然后勾选“退出时删除提取的文件”，单击“下一步”，如图 2-6 所示。

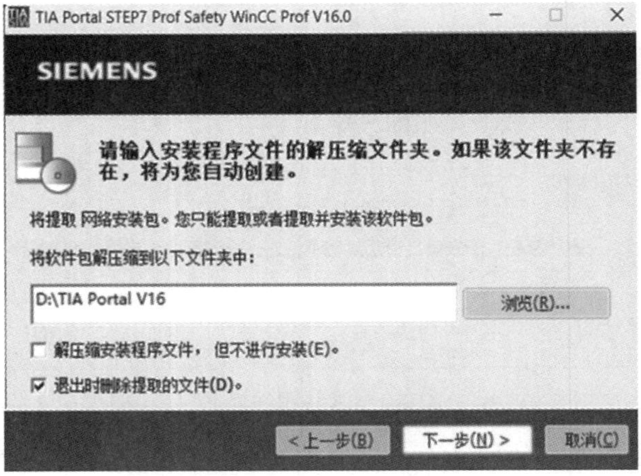

图 2-6 安装步骤(3)

(4) 进入解压缩界面，如图 2-7 所示。

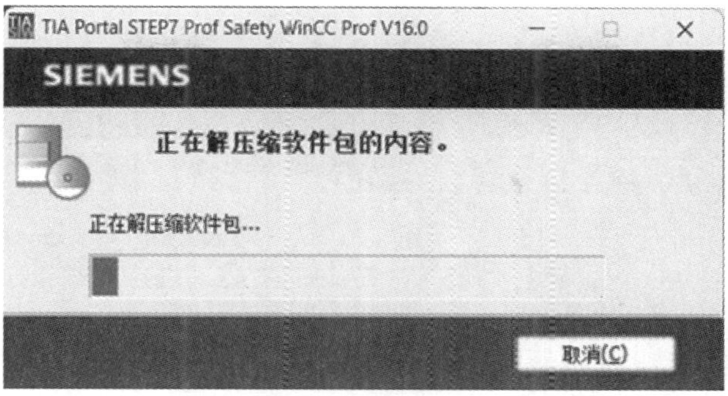

图 2-7　安装步骤(4)

(5) 进入安装语言界面，单击“下一步”，如图 2-8 所示。

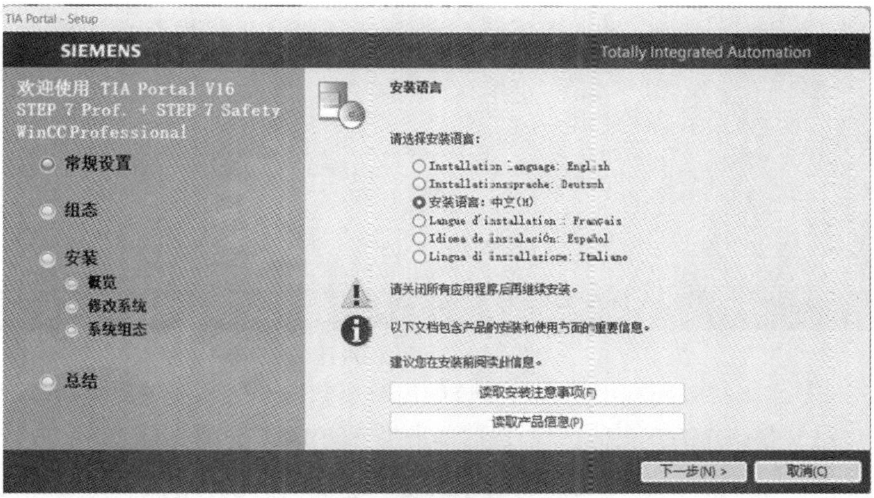

图 2-8　安装步骤(5)

(6) 进入产品语言界面，单击“下一步”，如图 2-9 所示。

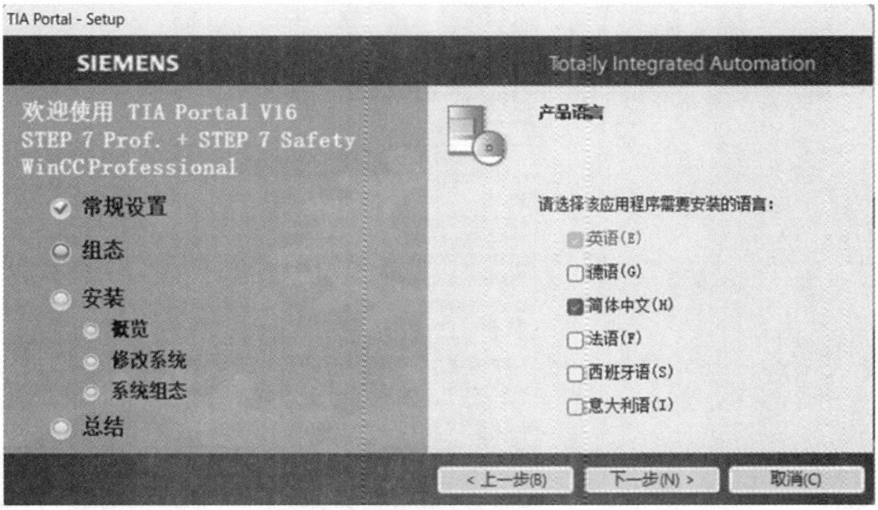

图 2-9　安装步骤(6)

(7) 单击“浏览”可以更改安装路径，建议安装到 C 盘以外的其他磁盘内，然后单击“下一步”，如图 2-10 所示。

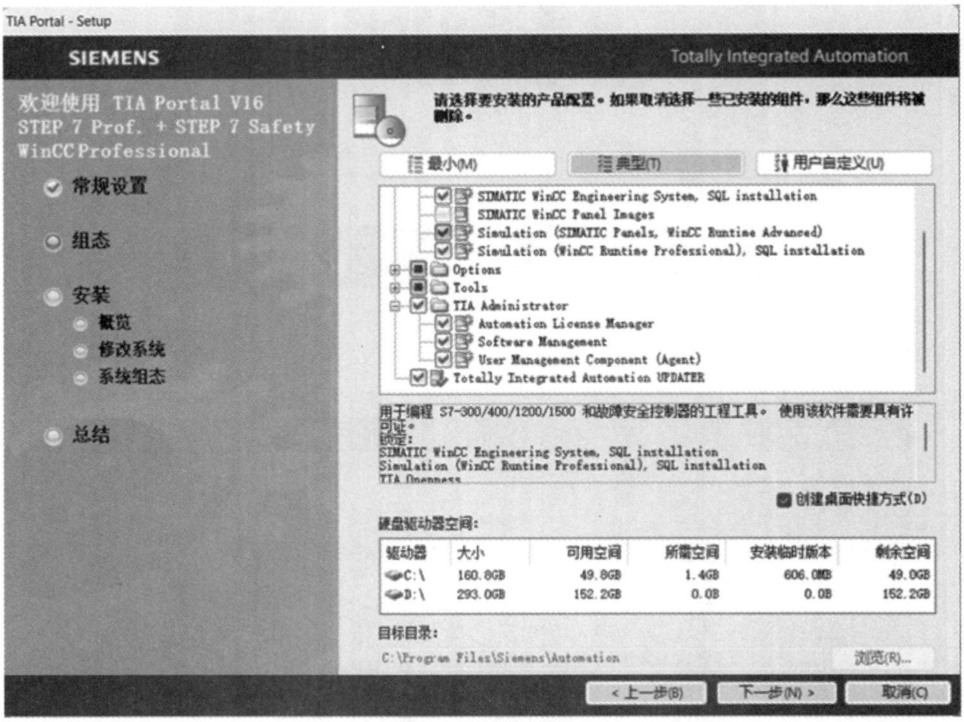

图 2-10　安装步骤(7)

(8) 勾选“本人接受所列出的许可协议中所有条款”和“本人特此确认，已阅读并理解了有关产品安全操作的安全信息”，然后单击“下一步”，如图 2-11 所示。

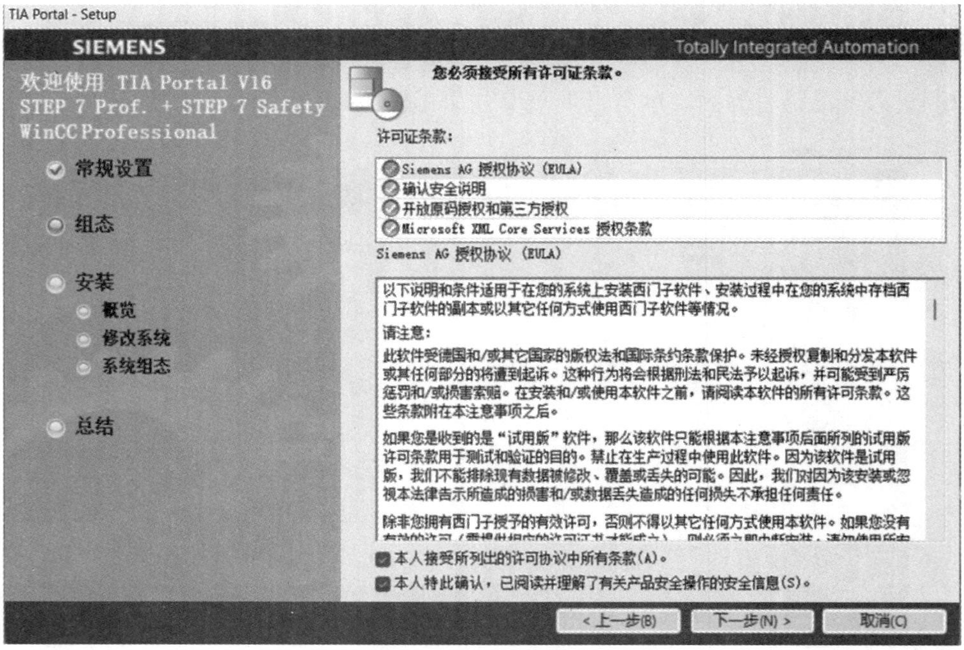

图 2-11　安装步骤(8)

(9) 勾选“我接受此计算机上的安全和权限设置”，单击“下一步”，如图 2-12 所示。

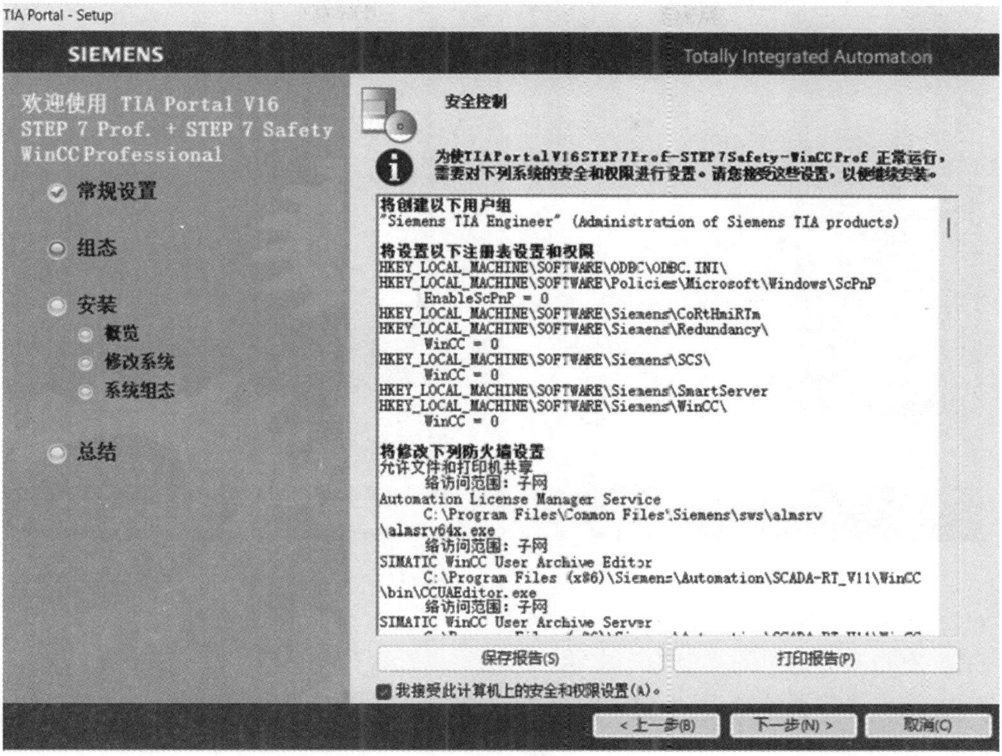

图 2-12　安装步骤(9)

(10) 在此页面中单击“安装”，如图 2-13 所示。

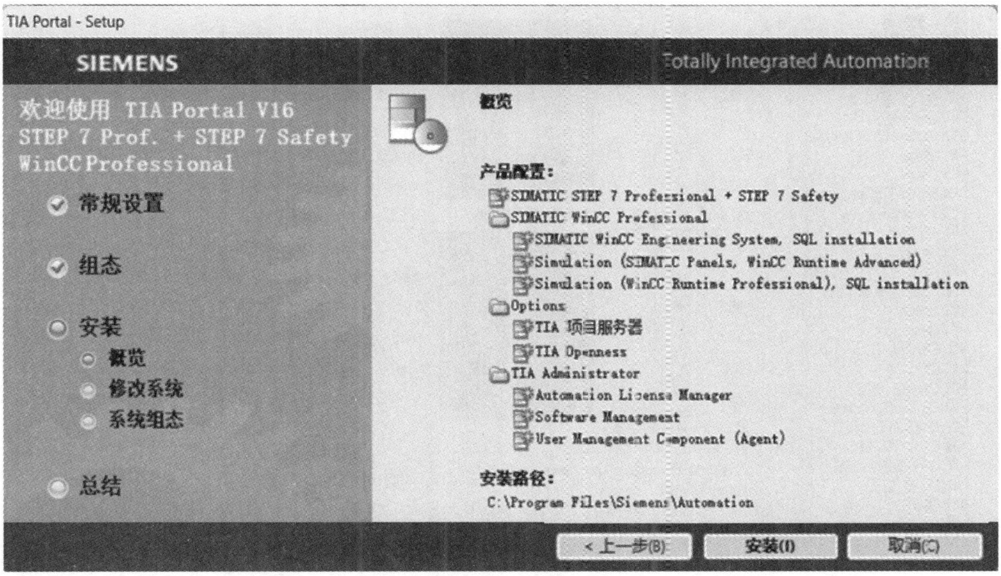

图 2-13　安装步骤(10)

(11) 安装等待界面如图 2-14 所示。

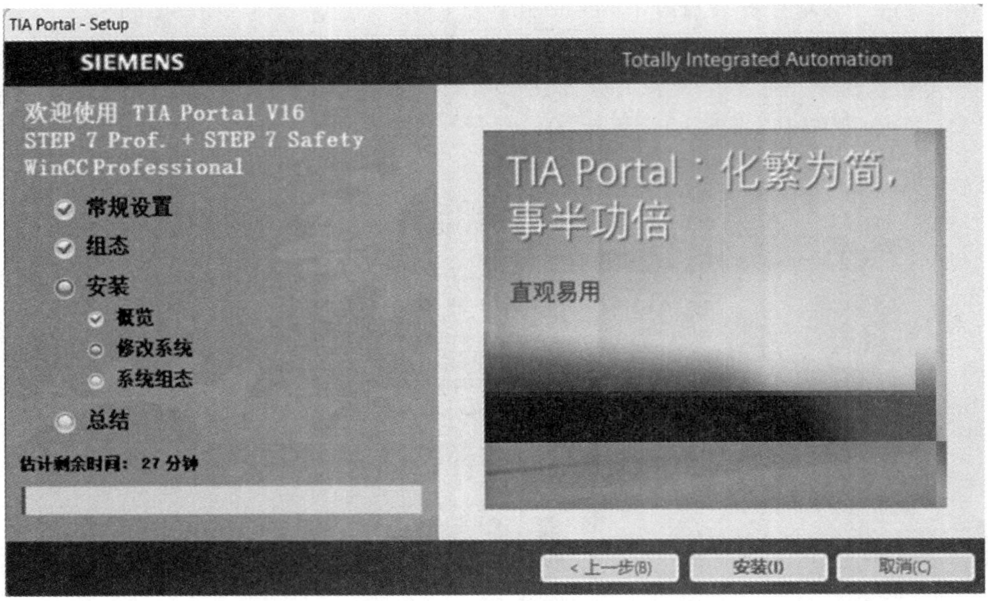

图 2-14　安装步骤(11)

(12) 进入设置成功界面，点击“重新起动”。

(13) 右击安装包里的“EKB”文件，选择“以管理员身份运行”。

(14) 选中“需要的密钥”，然后勾选“短名称”，如图 2-15 所示。

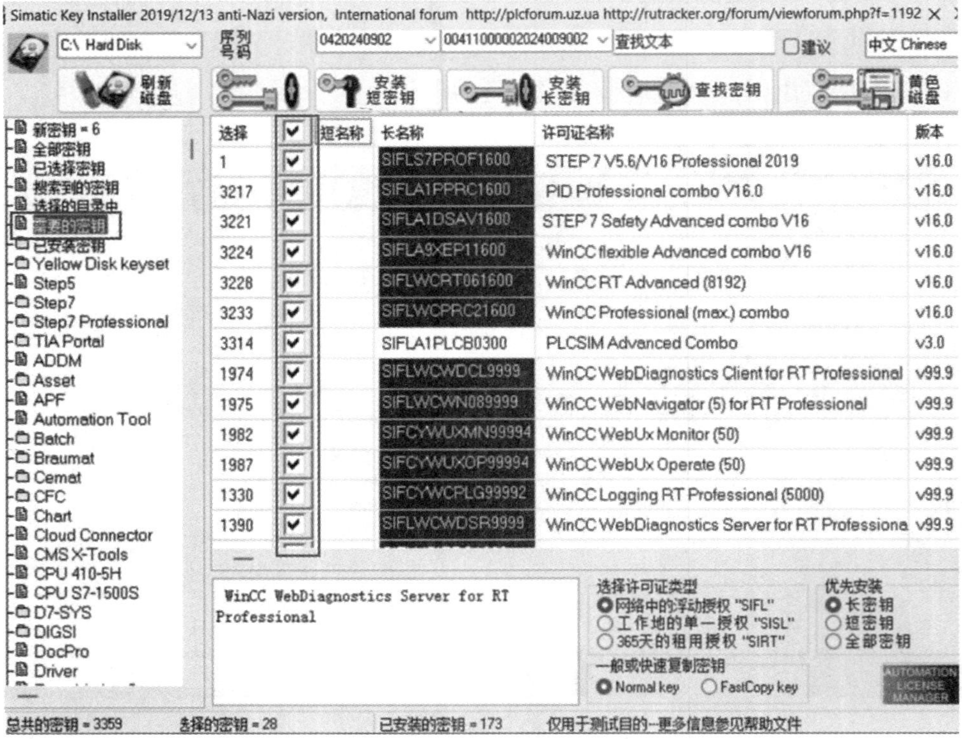

图 2-15　安装密钥(1)

(15) 在“安装长密钥”中点击“长密钥”，当“长名称”一列颜色均变蓝色后，说明注册成功。然后关闭窗口即可，如图 2-16 所示。

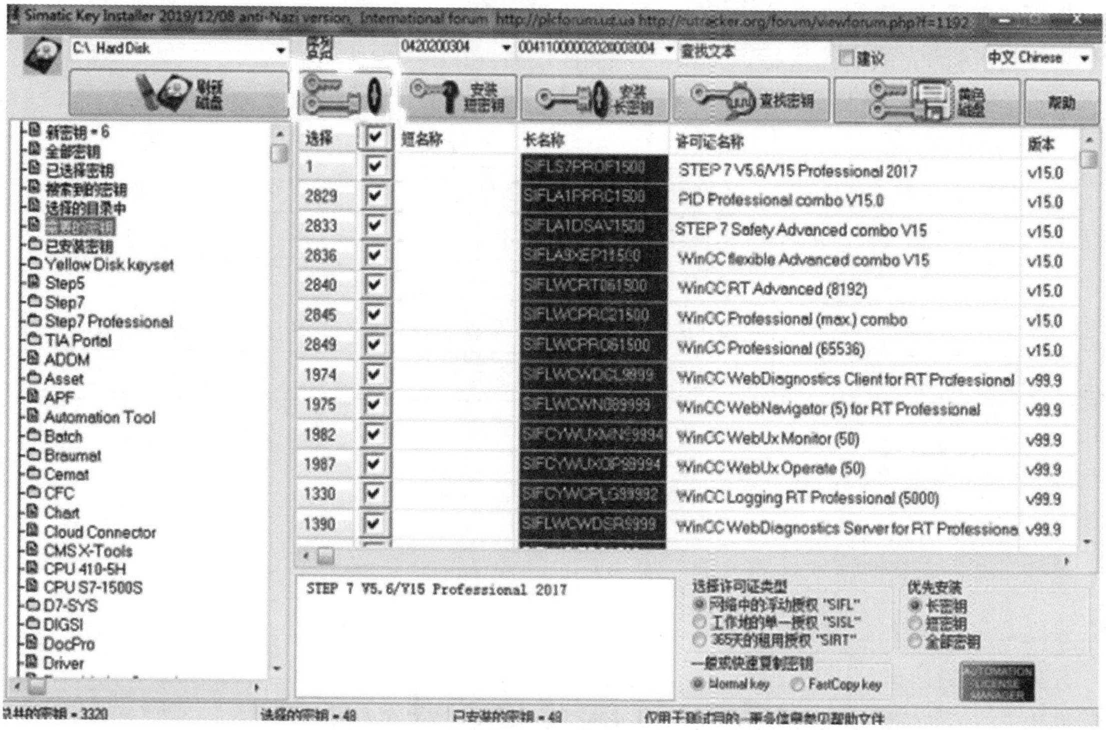

图 2-16　安装密钥(2)

按照以上步骤，TIA Portal V16 安装完成，右击计算机桌面上的“TIA”图标，选择“以管理员身份运行”，以后直接双击该图标即可打开博途软件。需要安装仿真软件 PLCSIM 时，安装过程同上。

任务实施

1. 查看计算机基本信息

查看所使用计算机的“我的电脑”→“属性”，了解硬件与软件的基本信息后填入表 2-1 中。

表 2-1　计算机的基本信息

硬件信息	
软件信息	

2. 按要求安装 TIA Portal V16 软件

按要求解压、安装 TIA Portal V16 软件，并能正确安装密钥。

任务评价

对任务的完成情况进行评价，评价标准见表 2-2。

表 2-2 任务评价

评价内容	评价标准	配分	扣分
查看计算机基本信息	不会查看计算机基本信息，扣 10 分	20	
解压软件	不会解压软件	10	
安装 TIA Portal V16 软件	(1) 不会勾选相关选项，每个扣 10 分； (2) 软件安装步骤不正确或不会安装，扣 30 分	50	
正确安装密钥	不会安装密钥，扣 20 分	20	

思考与提高

1. 安装博途软件之前有哪些注意事项？
2. 说明安装博途软件的关键步骤。

任务 2 TIA 博途软件的使用

任务描述

TIA 博途软件是西门子最新的全集成自动化软件平台，是未来西门子编程软件的研发方向。它将 PLC 编程软件、运动控制软件、可视化组态软件集成在一起，成为功能强大的自动化软件。

本任务的要求：学习博途软件基本操作方法，能编写、编译和调试简单的 PLC 程序。

职业岗位应知应会目标

(1) 掌握简单程序的编写、编译、下载、运行和调试。
(2) 掌握编程软件监控 PLC 运行与强制调试手段的使用。

相关知识

1. 创建项目

双击桌面上的“TIA”图标，打开 TIA Portal V16 的起动界面，如图 2-17 所示。在起动界面中，单击“创建新项目”，在右侧栏目中输入项目名称、保存路径、作者、注释后，单击“创建”按钮，得到如图 2-18 所示的界面。

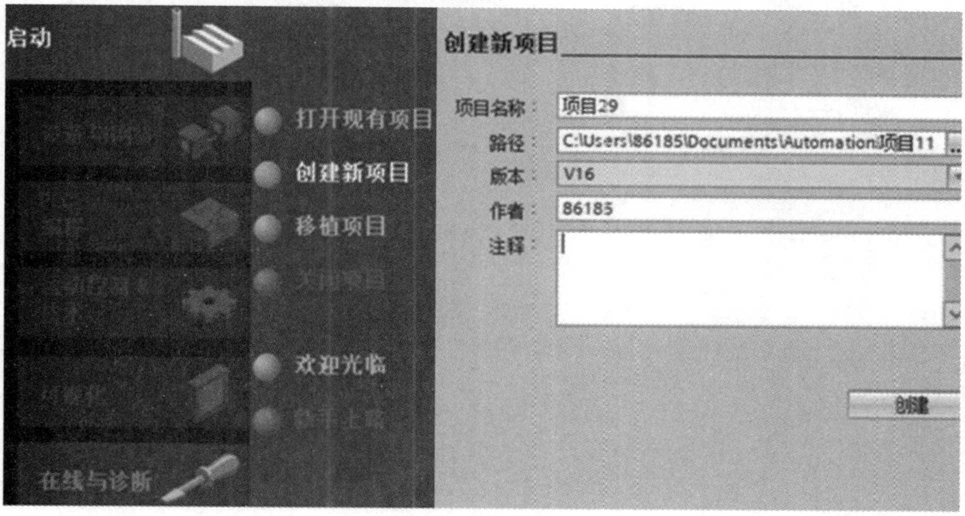

图 2-17　创建新项目

2. 添加新设备

在如图 2-18 所示的界面中，单击“组态设备”。

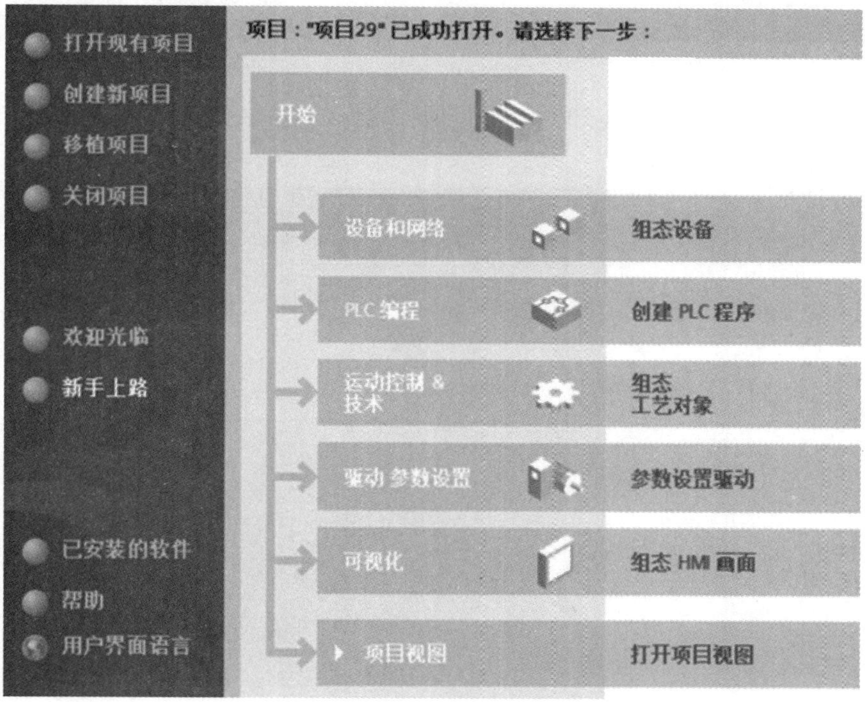

图 2-18　组态界面

在出现的界面中单击“添加新设备”→单击右侧栏目中的“控制器”。依次选择“SIMATIC S7-1200→CPU→CPU 1214C AC/DC/Rly”→单击订货号“6ES7 214 1BG40 0XB0”，拖动滚动条到最底端，单击“添加”按钮，如图 2-19 所示，完成 PLC 设备的添加。

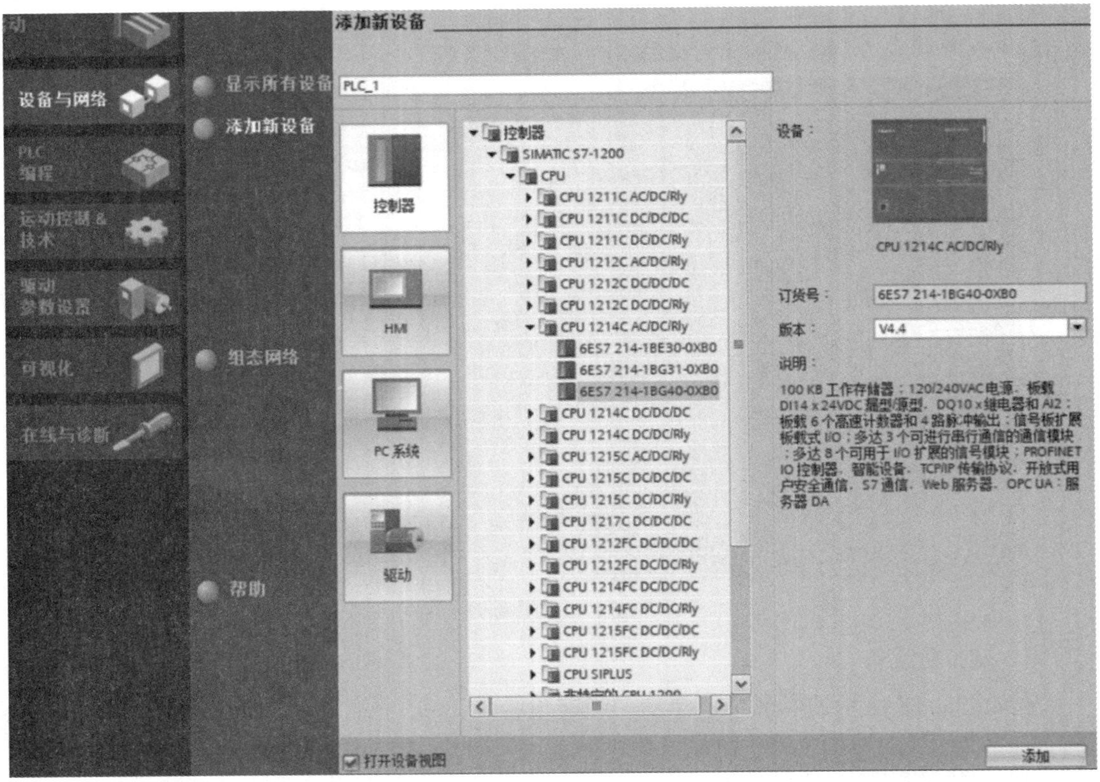

图 2-19　添加设备

添加完成后，出现如图 2-20 所示的界面，在该界面中会显示刚添加的 CPU 1214C AC/DC/Rly 设备。

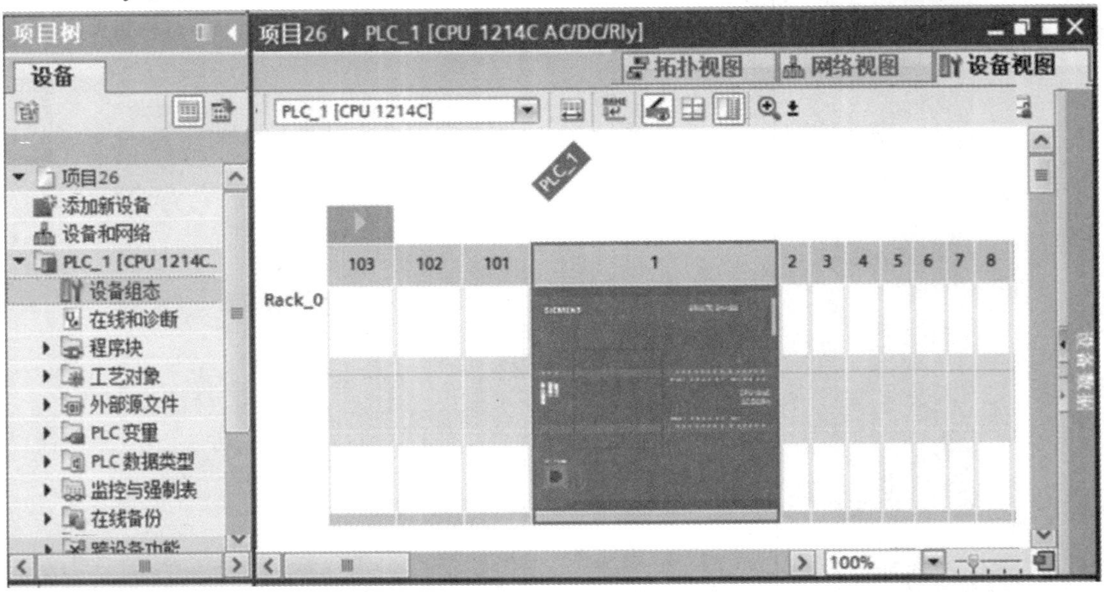

图 2-20　设备视图

在图 2-20 中，单击设备视图中的 PLC，向上拖动①处的滚动条，并点击②处的属性，得到如图 2-21 所示的项目视图界面。

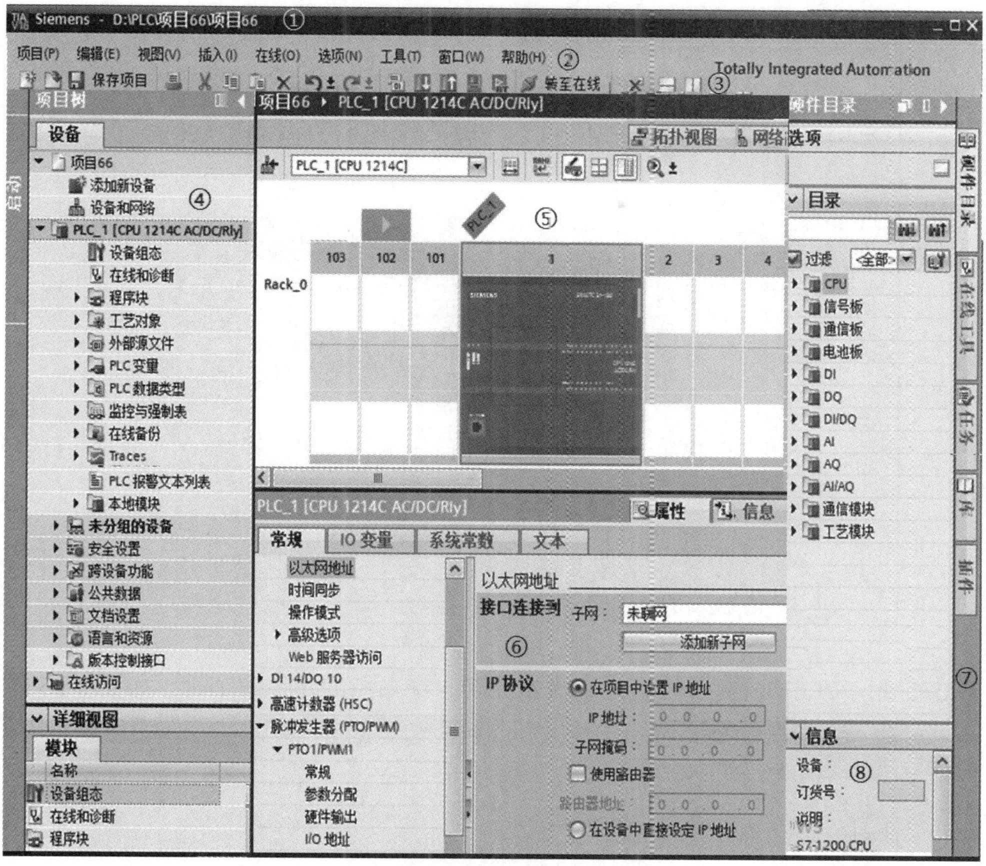

图 2-21　项目视图组件

项目视图中包含以下组件：

标题栏①。在标题栏中显示项目名称，如图 2-21 所示的“项目 66”。

菜单栏②。菜单栏包含了工作所需的全部指令。

工具栏③。工具栏提供了常用的命令按钮，可以快捷地访问“复制”“粘贴”“上传”“下载”等命令。

项目树④。在项目树中，可以访问所有组件和项目数据，并添加、编辑现有组件。

工作区⑤。在工作区显示打开的对象，这些对象可以是编辑器、视图和表格。工作区中一般显示一个对象，如果在执行某些任务时需要同时查看两个对象，则可以单击工具栏中的 (水平或垂直方式)按钮平铺工作区。

巡视窗口⑥。巡视窗口可以显示选中的工作区中的对象附加的信息，还可以设置对象的属性。

任务卡⑦。根据所编辑对象或所选对象，项目视图提供了用于执行附加操作的任务卡。

硬件对象信息窗口⑧，硬件对象信息窗口中包括对象的图形、名称、版本号、订货号和简要的描述。

3. 参数设置

在菜单栏中单击“选项”→“设置”，弹出如图 2-22 所示的窗口。单击左侧的“常规”，可以设置“用户界面语言”“起始视图”和“常规设置”等。

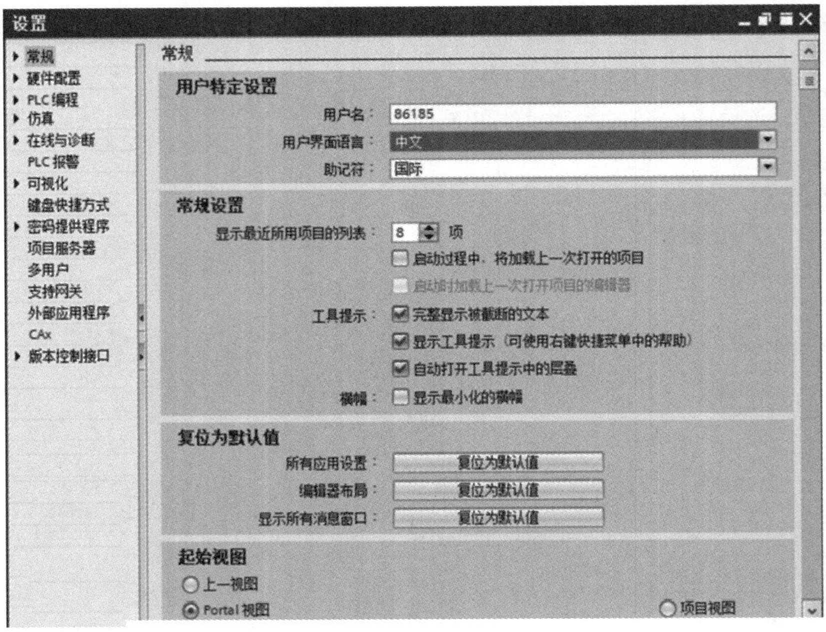

图 2-22 常规设置

单击左侧“PLC 编程”，设置是否显示注释、梯形图的字体大小等，如图 2-23 所示。

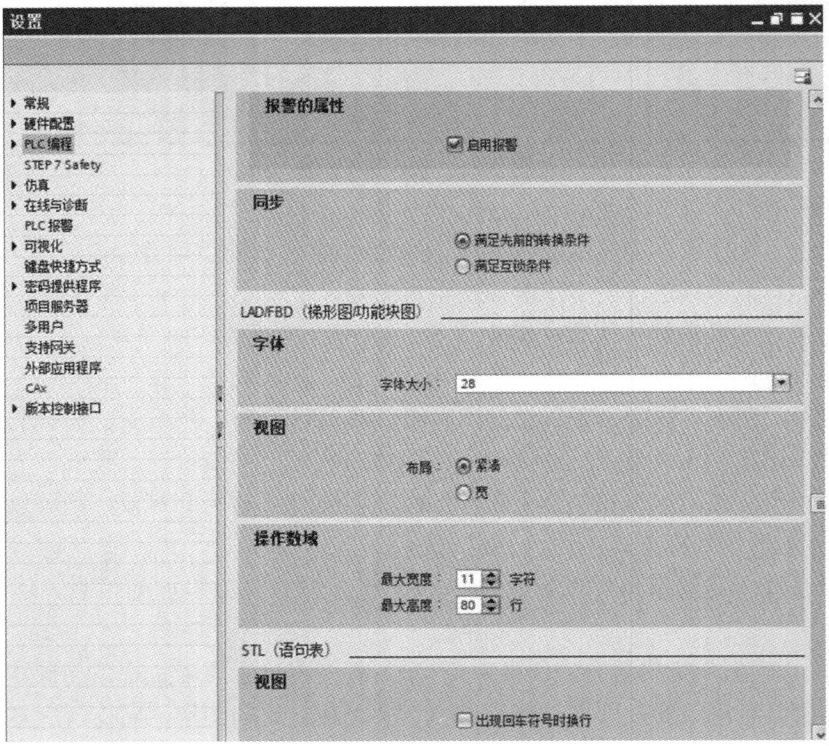

图 2-23 PLC 编程设置

单击图 2-20 所示设备视图中的 PLC，可以看到 TIA Portal 软件底部 CPU 的属性设置。选中“属性”选项卡中的“常规”选项卡，选中“PROFINET 接口”下的“以太网地址”，配置 PLC 硬件的 CPU 的 IP 地址和子网掩码，如图 2-24 所示。

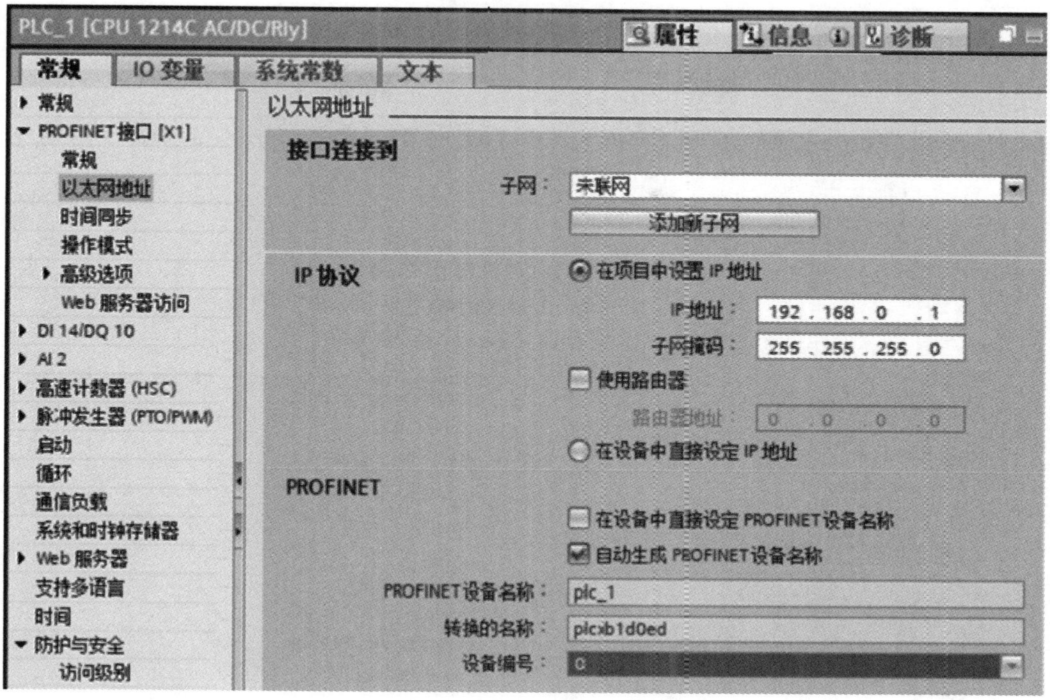

图 2-24　PROFINET 接口以太网地址信息

4. 修改计算机的 IP 地址

要确保计算机的 IP 地址和与计算机通信的设备的 IP 地址在同一网段，且网络中任何设备的 IP 地址是唯一的。因此，要查看计算机的 IP 地址和设备的 IP 地址是否在同一网段，并且 IP 地址不能相同。

打开控制面板中的“网络和 Internet”，点击“网络和共享中心”，在出现的如图 2-25 所示的界面中单击“更改适配器设置”。

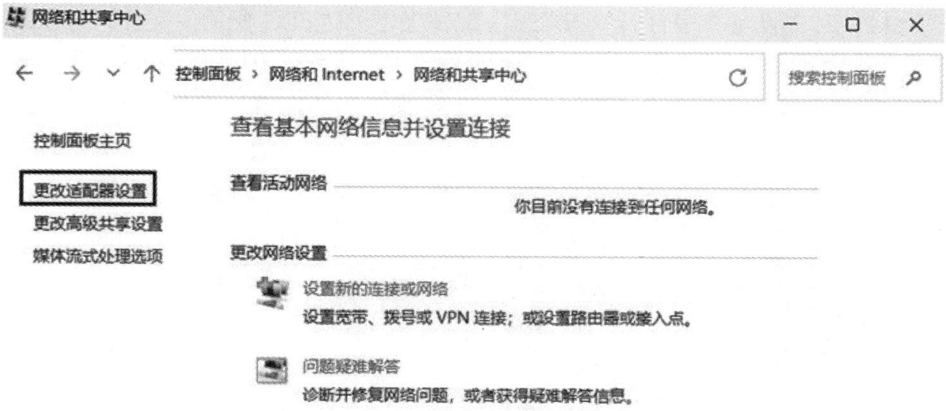

图 2-25　修改计算机的 IP 地址(1)

在弹出的如图 2-26 所示的界面中，选择“WLAN”，然后单击鼠标右键，在弹出的快捷菜单中单击“属性”，弹出如图 2-27 所示的界面，选中“Internet 协议版本 4”，再单击“属性”按钮，在弹出的界面中修改计算机的 IP 地址即可，如图 2-28 所示。

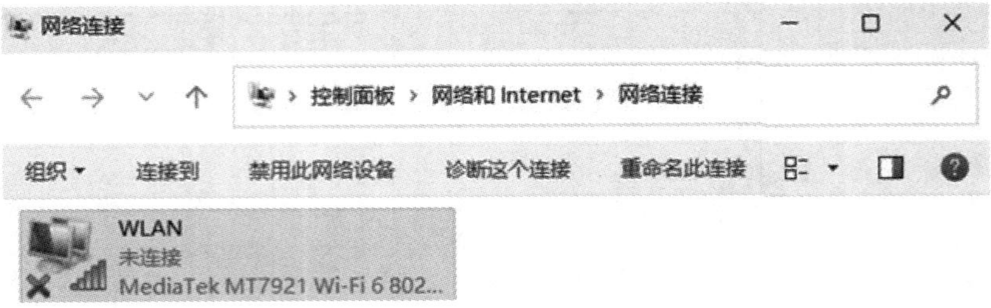

图 2-26　修改计算机的 IP 地址(2)

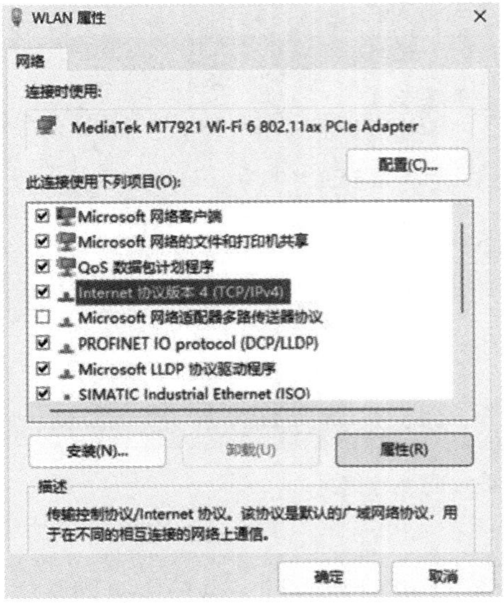

图 2-27　修改计算机的 IP 地址(3)

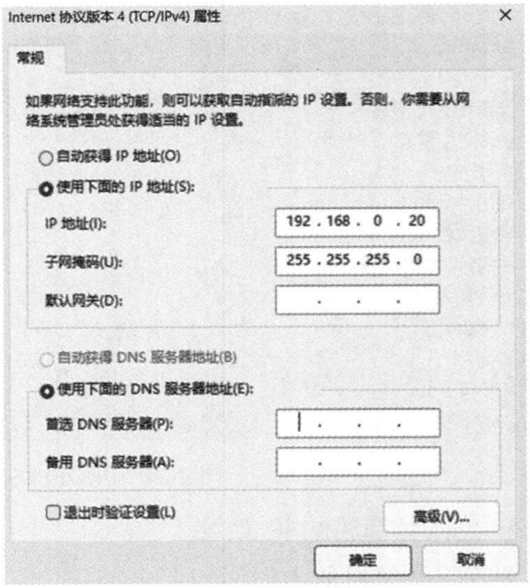

图 2-28　修改计算机的 IP 地址(4)

5. 建立 PLC 变量表

在变量较多时，建立变量表可以给程序的编写带来很大的便利。可以在编写程序前建立变量表，也可以一边编程一边建立变量表。

在项目树中，“设备”中打开“PLC_1”文件夹下的“PLC 变量”文件夹，双击“添加新变量表”就会新增文件“变量表_1[0]”，再双击“变量表_1[0]”则会显示变量表，然后根据 I/O 分配表在变量表中编辑变量。以电动机自锁控制为例编写变量表(以下也以此为例)，如图 2-29 所示。

图 2-29　编辑变量表

6. 编写程序

单击项目树中“PLC_1”→“程序块”→“Main[OB1]”，进入程序编写界面。将收藏夹或基本指令中的常开触点、常闭触点等指令拖放或者双击到指定位置。电动机自锁控制的程序如图 2-30 所示。

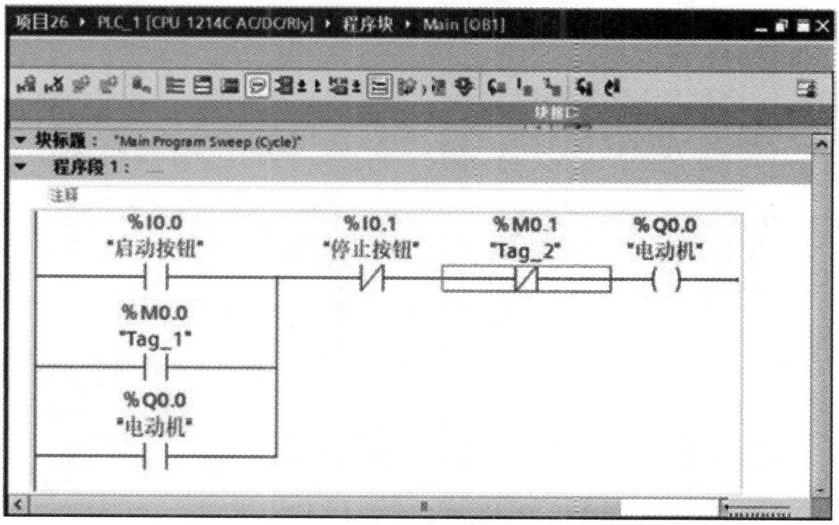

图 2-30 电动机自锁控制程序图

说明：在如图 2-30 所示的程序中，M0.0 和 M0.1 的作用等同于 I0.0 和 I0.1，添加 M0.0 和 M0.1 是为了仿真使用。

7. 编译

选中项目树中的“PLC_1”文件夹，然后点击工具栏中的按钮，对硬件组态和软件进行编译，编译完成后，在出现的“编译”选项卡中可以看到编译的结果，如图 2-31 所示，如果是“错误：0；警告：0”，就可以进行接下来的下载操作。

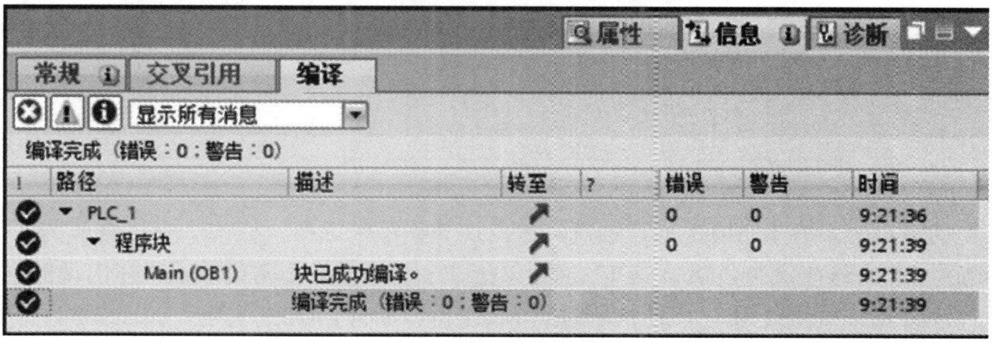

图 2-31 编译界面

8. 仿真

选中项目树中的“PLC_1”文件夹，然后点击工具栏中的按钮，将硬件设备和软件下载到虚拟 PLC 中。

出现如图 2-32(a)所示的界面，点击“装载”按钮，然后出现如图 2-32(b)所示的界面，在“动作”栏下选择“起动模块”，再点击“完成”按钮。

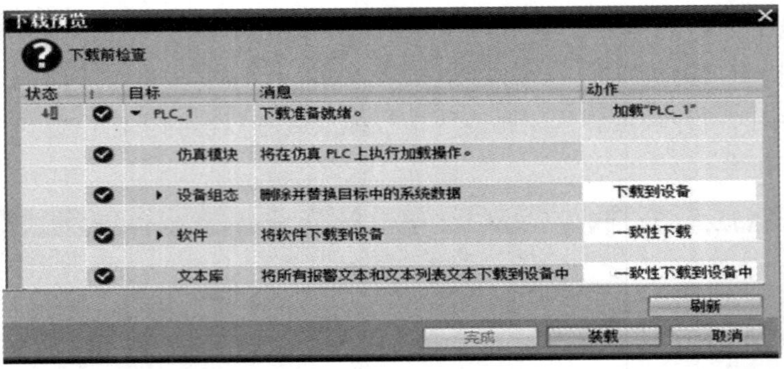

(a)

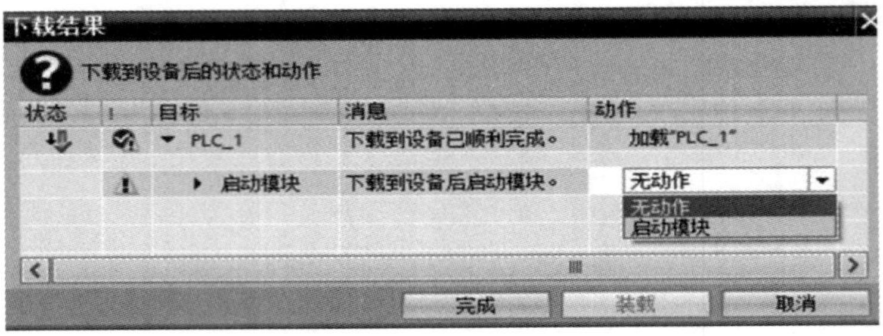

(b)

图 2-32 编译

在程序界面中，单击 按钮，得到如图 2-33 所示的仿真界面，梯形图用实线表示状态满足，即有能流通过；用虚线表示状态不满足，没有能流通过。

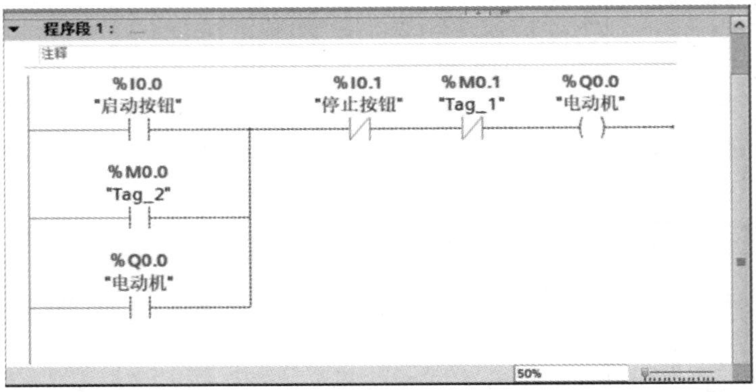

图 2-33 仿真

起动电机时，右击 M0.0 常开触点，在出现的菜单中选择“修改”→“修改为 1”，使常开触点 M0.0 得电闭合，Q0.0 得电。停止电机时，右击 M0.1 常闭触点，在出现的菜单中选择“修改”→“修改为 1”，使常闭触点 M0.1 得电断开，Q0.0 失电，如图 2-34 所示。

说明：(1) 用快捷键“Ctrl + F2”将 M0.0 修改为 1，用快捷键“Ctrl + F3”将 M0.0 修改为 0。

(2) 只有中间继电器 M 可以进行“修改”操作。

9. 下载

在项目树中，选中“设备”下的“PLC_1”文件夹，然后点击工具栏中的 按钮，把硬件组态和程序下载到 PLC 中。

此时弹出如图 2-34 所示的界面，设置 PG/PC 的接口类型为“PN/IE”，选择 PG/PC 接口为计算机的网卡，选择“显示所有兼容的设备”，单击“开始搜索”按钮，搜索到 PLC 后，单击“下载”按钮。

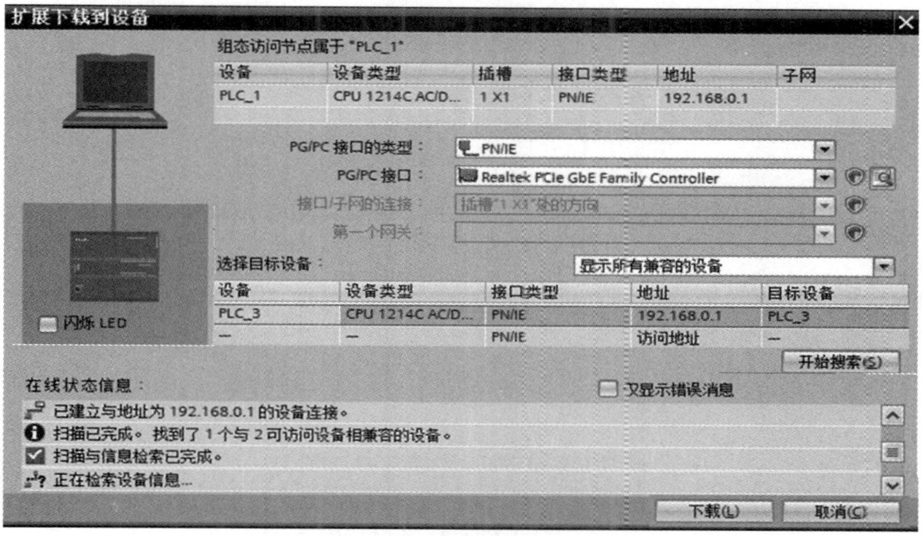

图 2-34　程序下载界面(1)

此时弹出如图 2-35(a)所示的对话框，单击“在不同步的情况下继续”按钮，然后在弹出的图 2-35(b)所示的对话框中选择“全部停止”，如果有错误，装载按钮为灰色，不能使用；如果没有错误，装载按钮为黑色，单击“装载”按钮。

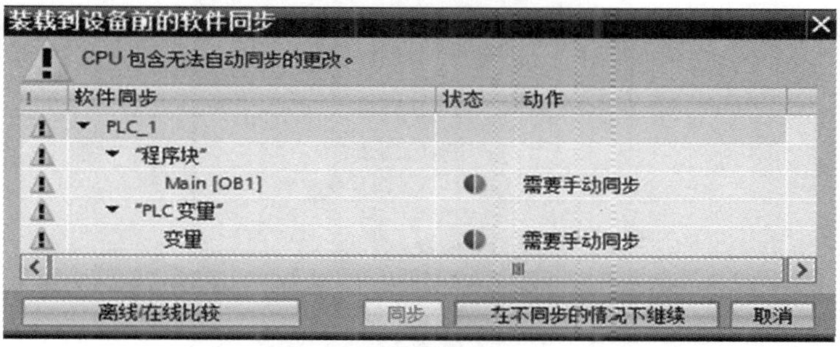

(a)

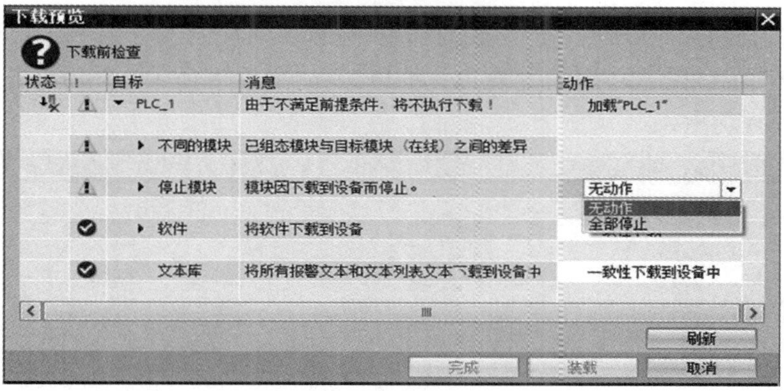

(b)

图 2-35　程序下载界面(2)

装载完成后出现如图 2-36 所示的界面，单击“完成”按钮。

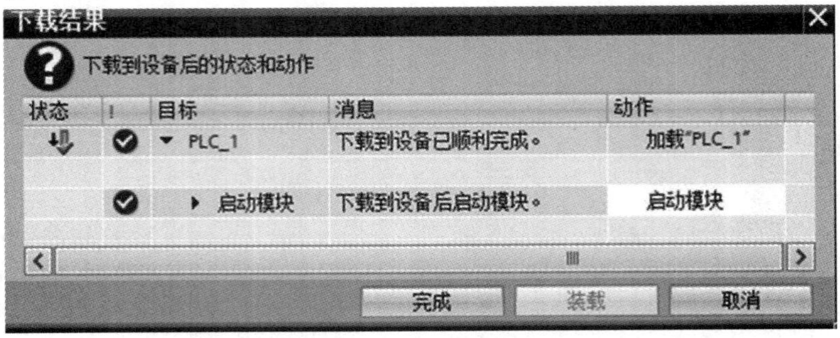

图 2-36　程序下载界面(3)

PLC 在控制电动机运行的过程中也可以进行在线监控，单击按钮即可。

10. 强制与监视表监视变量

在项目树中双击“设备”下“监控与强制表”中的“强制表”，如图 2-37 所示，打开强制表。

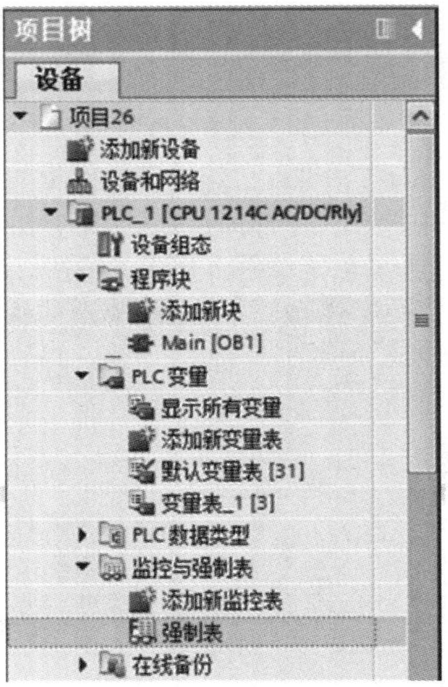

图 2-37　打开强制表

在强制表中添加需要强制的变量 I0.0 和 I0.1，如图 2-38 所示，然后单击按钮，软件即可起动监视功能。

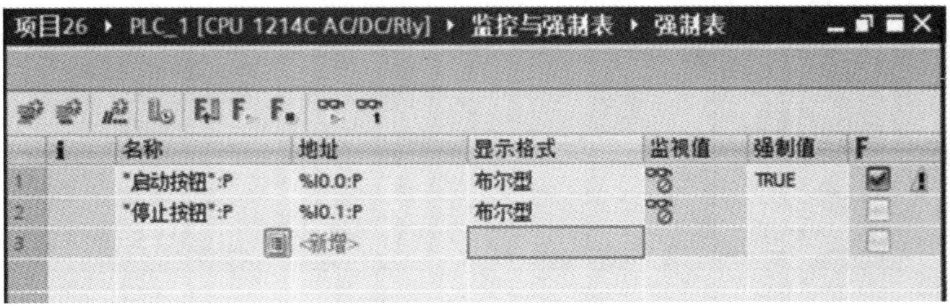

图 2-38　添加需要强制的变量

在“强制值”中输入 1 或 0，按回车键，然后单击图 2-38 中的 F. 按钮，在弹出的如图 2-39 所示的对话框中单击“是”，即可将 I0.0 强制为 1，如图 2-40 所示。

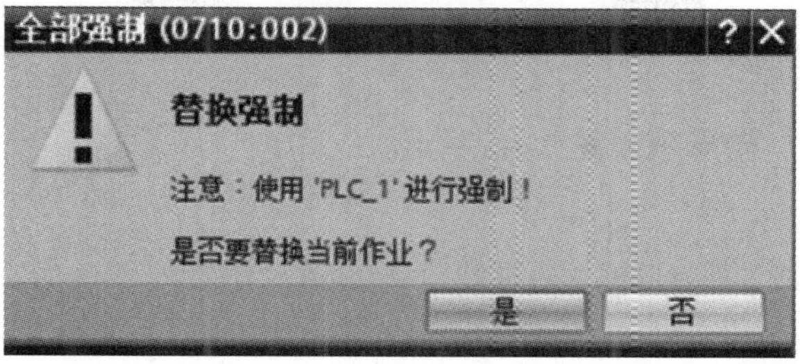

图 2-39　确认强制

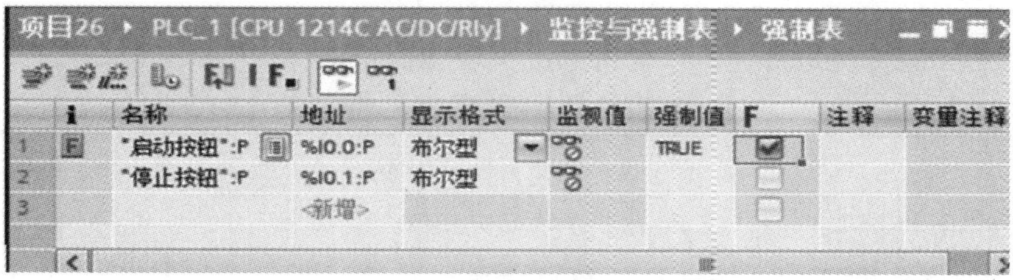

图 2-40　修改强制值为 1

在项目树中找到“监控与强制表”→“添加新监控表”，双击“添加新监控表”，会新增“监控表_1”，如图 2-41 所示。

图 2-41　添加新监控表

在“监控表_1”中，添加需要监控的变量 Q0.0，单击 按钮，软件起动在线监控并监视变量。此时可发现 Q0.0 的监视值为 TRUE，如图 2-42 所示。

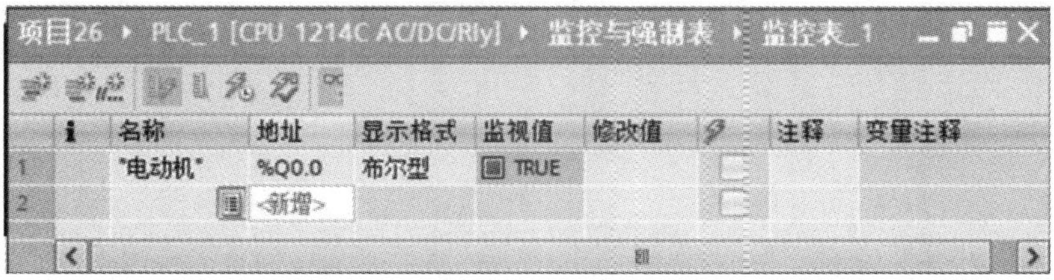

图 2-42　监视变量

任务实施

1. 创建一个新项目

创建一个新项目，梯形图如图 2-30 所示。

2. 编写并调试程序

按创建新项目要求编写程序，并对其进行编译、仿真、下载等，然后调试运行程序。

任务评价

对任务的完成情况进行评价，评价标准见表 2-3。

表 2-3 任 务 评 价

评价内容	评 价 标 准	配分	扣分
修改计算机的 IP 地址	不会修改计算机的 IP 地址，扣 10 分	20	
建立 PLC 变量表	不会建立 PLC 变量表	10	
编写程序	(1) 不会使用编程软件，扣 30 分； (2) 程序输入不正确，每处扣 10 分	30	
编译	不会编译程序，扣 10 分	10	
仿真	不会进行程序仿真，扣 20 分	20	
下载	不会下载程序，扣 10 分	10	

思考练习题

1. 怎样用 TIA Portal 软件修改 S7-1200 CPU 模块的 IP 地址？
2. 怎样更改计算机的 IP 地址？

项目三

西门子 S7-1200 PLC 的初级应用

任务 1　三相异步电动机连续运行控制

任务描述

在“电动机与电气控制技术”课程中，我们学习了由继电器、接触器、按钮(或开关)等组成的继电接触器控制系统控制电动机的起动、反向、调速、停车等，大家对用接触器控制三相异步电动机的运行电路比较熟悉。

本任务的要求：用 S7-1200 PLC 实现三相异步电动机的连续运行控制。

职业岗位应知应会目标

(1) 熟练掌握编程软件的应用。
(2) 理解常闭触点输入在梯形图中的处理方法。
(3) 能将继电接触器控制电路转变为 PLC 梯形图。
(4) 了解 PLC 程序设计步骤以及 PLC 基本指令的意义与应用。

相关知识

1. 主电路

用 PLC 实现三相异步电动机连续运行控制的主电路与用继电接触器控制三相异步电动机连续运行控制的主电路是一样的。

2. 控制电路

在继电接触器控制电路中，接触器 KM 的线圈由相关触点连接的电路驱动，如图 3-1 所示。在 PLC 控制电路中，KM 线圈与 PLC 输出继电器 Q 的输出点(Q0.0、Q0.1、Q0.2 等)相连接，由 PLC 驱动。本任务设定 Q0.0 与 KM 线圈相连接。起动按钮 SB1、停止按钮 SB2、热继电器 FR 常闭触点等作为输入量分别与 PLC 的输入端子 I0.0、I0.1、I0.2 相连接，如图

3-2 所示。因此，可确定 I/O 地址(编号)的分配，见表 3-1。

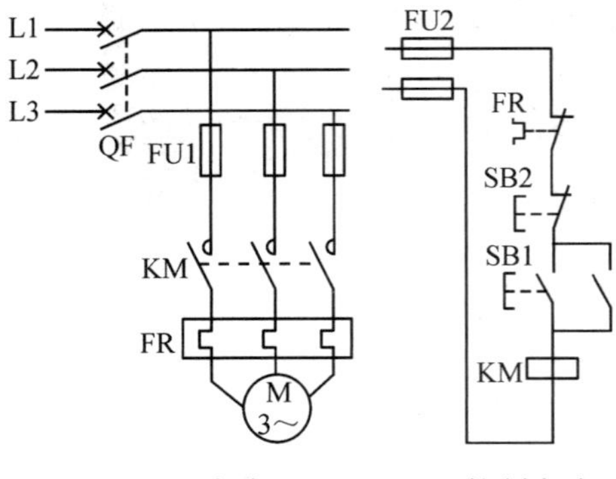

(a) 主电路　　(b) 控制电路

图 3-1　接触器控制电动机连续运行控制

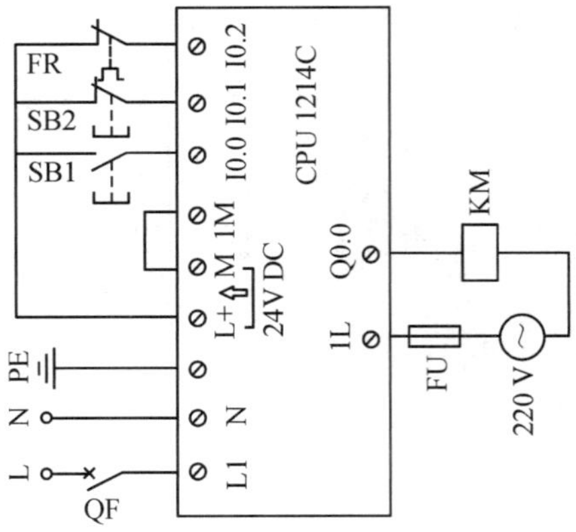

图 3-2　PLC 输入/输出接线图

表 3-1　I/O 地址(编号)分配表

输入(I)		输出(O)	
PLC 接口	元器件	PLC 接口	元器件
I0.0	起动按钮 SB1	Q0.0	KM 线圈
I0.1	停止按钮 SB2		
I0.2	热继电器 FR		

3. 常闭触点输入在梯形图中的处理

在继电接触器控制电路中，停止按钮、热继电器总是采用常闭触点。在 PLC 控制电路中，如果输入端(I0.0、I0.1 等)为常闭触点，如图 3-2 中的 I0.1、I0.2 所示，则它们对应的输入继电器线圈(I0.0)、(I0.1)得电，相应的常开、常闭触点动作，即常开触点闭合，常闭触点断开，但在梯形图中只能出现输入继电器的常开、常闭触点，而不能出现输入继电器的线圈。因此，如果 PLC 的输入为常闭触点，其在梯形图中应为常开触点。所以，对于停止按钮和热继电器的输入可采用两种方法处理：① 停止按钮和热继电器采用常闭触点输入，则其在梯形图中应为常开触点(这与继电接触器控制图相反)；② 停止按钮和热继电器采用常开触点输入，则其在梯形图中应为常闭触点(这与继电接触器控制图相同)。

注意：起动按钮输入触点为常开，其在梯形图中应仍为常开触点。

4. 梯形图程序设计与原理分析

对照继电接触器控制电路图 3-1(b)设计梯形图程序。输入触点采用上述方法一，输出继电器 Q0.0 对应 KM，则电动机连续运行控制的梯形图如图 3-3 所示。

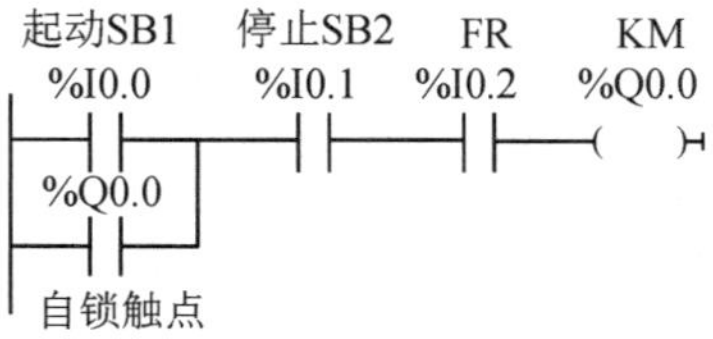

图 3-3　电动机连续运行控制梯形图(方法一)

图 3-3 中左边的竖线为左母线(省略了右母线)，相当于继电接触器控制电路中的电源线。当 PLC 上电时，由于停止按钮 SB2 和热继电器 FR 采用常闭触点输入，则对应输入继电器 I0.1、I0.2 的线圈得电，其常开触点 I0.1、I0.2 闭合。按下起动按钮 SB1，常开触点 I0.0 闭合，则输出继电器 Q0.0 线圈得电，Q0.0 的常开触点闭合自锁，使交流接触器 KM 线圈得电，KM 主触点闭合，电动机得电连续运行。

按下停止按钮 SB2，输入继电器 I0.1 的线圈失电，其常开触点 I0.1 恢复断开，Q0.0 线圈失电，Q0.0 的常开触点恢复断开解除自锁，KM 线圈失电，KM 主触点断开，电动机失电停止运行。

如果电动机过载，FR 常闭触点断开，I0.2 断开，Q0.0 线圈失电，电动机失电停止运行。

任务实施

1. 设计安装电气控制系统

(1) I/O 分配。根据控制要求及 PLC 输入/输出点分配原则，完成 PLC 的 I/O 分配，见表 3-1。

(2) 电路安装接线。按图 3-1、图 3-2 准备训练材料并安装元器件，连接电路。

(3) 自检。对照电路图检查电路连接情况。

① 检查 PLC 的输入端连接、电源连接是否正确。

② 检查 PLC 的输出连接是否正确。

③ 检查主回路连接是否正确。

2. 编写 PLC 程序

(1) 编写变量表。电动机连续运行控制系统的 PLC 变量表如图 3-4 所示。

	名称	数据类型	地址	保持	从 H...	从 H...	在 H...
1	起动按钮SB1	Bool	%I0.0	☐	☑	☑	☑
2	停止按钮SB2	Bool	%I0.1	☐	☑	☑	☑
3	FR	Bool	%I0.2	☐	☑	☑	☑
4	KM	Bool	%Q0.0	☐	☑	☑	☑

图 3-4　电动机连续运行控制系统 PLC 变量表

(2) 编写程序。根据任务要求，按图 3-3 编写 PLC 程序。

3. 系统调试

将调试好的程序下载到 PLC 中，在教师的指导、监督下给系统上电调试，记录调试过程中的现象，然后填入表 3-2 中。

表 3-2　通 电 调 试

操作	现象	是否正常	分析原因	排除方法
按下 SB1				
松开 SB1				
按下 SB2				

4. 停止按钮和热继电器采用常开触点输入

如果停止按钮和热继电器都采用常开触点输入(即方法二)，请画出电动机连续运行控制的 PLC 输入端接线图并编写梯形图(参考图 3-5)，重复上述过程，分析工作原理。

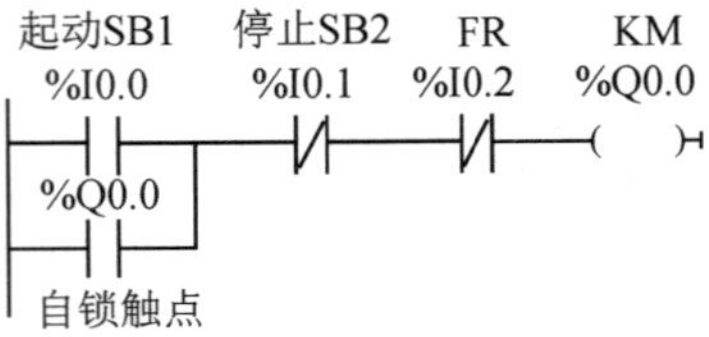

图 3-5 电动机连续运行控制梯形图(方法二)

任务评价

对任务的完成情况进行评价，评价细则与标准见表 3-3。

表 3-3 任 务 评 价

评价内容	评 价 标 准	配分	扣分
常闭触点输入在梯形图中的处理方法	不能说明常闭触点输入在梯形图中的处理方法，扣 10 分	10	
设计安装电气控制系统	(1) 不会设计电气控制系统，扣 15 分； (2) 不会安装电气控制系统，扣 15 分	40	
编写 PLC 程序	(1) 不会使用计算机输入 PLC 程序，扣 15 分； (2) 不能按要求编写 PLC 程序，扣 15 分	40	
调试系统	不会调试或未记录调试现象，扣 10 分	10	
安全文明生产	如违反安全文明生产要求，酌情扣 10～40 分；情节严重者，可判本次技能操作训练为零分或取消本次实训资格		

思考练习题

1. 用 PLC 控制电动机的运行，它的主电路________________________________。

2. 在继电接触器控制电路中，停止按钮、热继电器总是采用_______触点。在 PLC 程序设计中，若停止按钮和热继电器采用常闭触点输入，则其在梯形图中应为_______触点；若停止按钮和热继电器采用常开触点输入，则其在梯形图中应为_______触点。

任务 2 三相异步电动机正反转控制

任务描述

用按钮、接触器双重联锁控制三相异步电动机的正反向运行，安装接线时比较烦琐，特别是按钮联锁部分很容易接错线。如果用 PLC 程序完成控制电路，用 PLC 内部软元件进行联锁，安装接线就容易得多，也不易接错线。

本任务要求用 PLC 实现按钮、接触器双重联锁控制三相异步电动机的正反转。

职业岗位应知应会目标

(1) 能熟练地将继电接触器控制的三相电动机正反转控制电路转变为 PLC 梯形图。

(2) 掌握 PLC 内部软元件联锁在编程中的应用。

(3) 掌握热继电器在 PLC 输出端的接线。

(4) 会按钮、接触器双重联锁控制电动机正反转电路的安装、接线与调试。

相关知识

1. PLC 控制系统与继电接触器控制系统的区别与联系

从任务 1 和以往学习过的继电接触器控制系统可以体会到 PLC 控制系统与继电接触器控制系统的区别与联系，如图 3-6 所示。

(1) 联系：二者主电路相同，都采用接触器 KM 的主触点控制电动机等大电流负载。

(2) 区别：PLC 控制系统用逻辑程序控制继电接触器的线圈，修改和调试方便、快捷；继电接触器控制系统采用硬接线逻辑控制继电接触器的线圈，变更和调试等费时、费力。

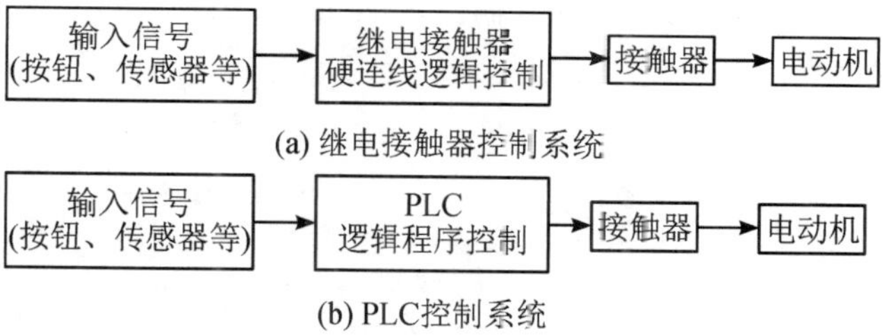

图 3-6　PLC 控制系统与继电接触器控制系统的比较

2. PLC 控制系统等效框图

图 3-7 所示是 PLC 控制系统等效框图，它通过输入端子接收外部输入信号。PLC 上电后，SB2 为常闭触点，输入继电器 I0.1 得电，I0.1 的常开触点闭合、常闭触点断开。当按下 SB1 时，输入电器 I0.0 线圈得电，I0.0 的常开触点闭合、常闭触点断开。当按下 SB2 时，输入继电器 I0.1 线圈失电，I0.1 的常开触点恢复断开、常闭触点恢复闭合。可以看出，输入继电器只能通过外部输入信号驱动，而不能由程序驱动。

输出继电器的触点接到 PLC 的输出端子上向外部负载输出信号。若输出继电器得电，其触点闭合，负载电源加到负载上，负载开始工作。可以看出，输出继电器由用户编写的程序(梯形图)驱动，因此，修改程序即可实现不同的控制要求，方便、灵活。

应当注意，负载所采用的电源类型、额定值应由负载决定。

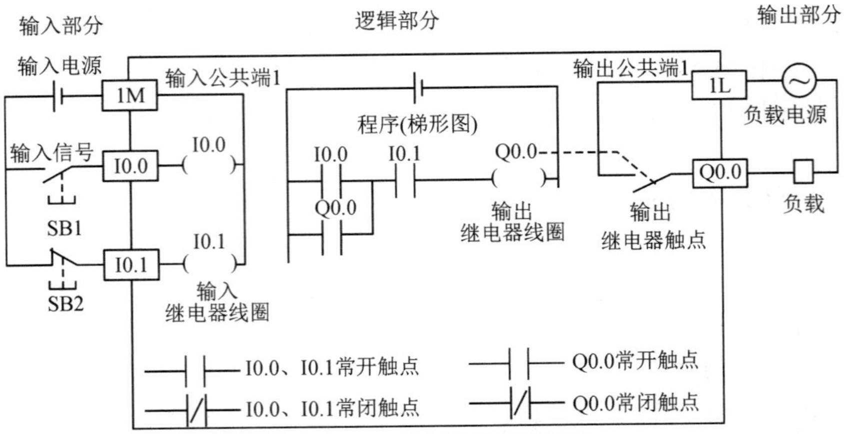

图 3-7　PLC 控制系统等效框图

3. PLC 梯形图编写规则

(1) 左右母线。梯形图中最左边的垂直线称为左母线，最右边应有垂直的右母线，为了简便，常省略右母线。画梯形图时，每一个逻辑行必须始于左母线，终于右母线。

(2) 左母线只能接各种继电器的触点，而不能接继电器的线圈。如需线圈则直接接在左母线上，可以通过一个在本程序中没有使用的继电器的常闭触点或者是特殊寄存器，如 SM0.0(PLC 运行时始终接通)进行连接，如图 3-8(a)、(b)所示。

(3) 右母线只能接各种继电器的线圈而不能接继电器的触点，如图 3-8(c)、(d)所示。

(4) 输入/输出继电器、内部寄存器、定时器、计数器等内部软元件的触点可以多次重复使用，不必使用复杂的程序结构来减少触点的使用次数。

(5) 两个或两个以上的线圈可以并联输出，如图 3-8(e)所示。

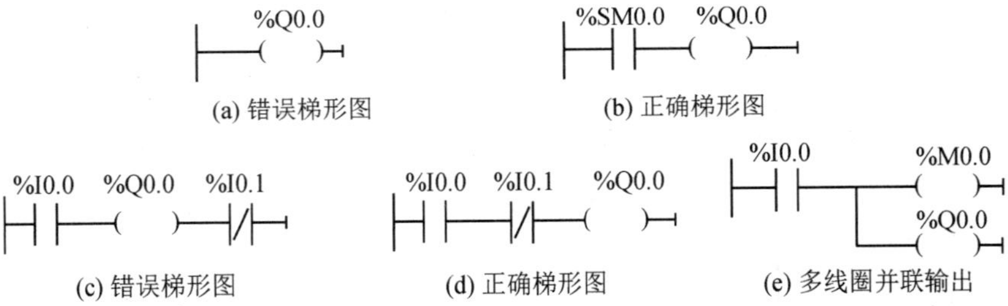

图 3-8　梯形图编写规则(一)

(6) 同一编号的线圈在一个程序中使用两次称为双线圈输出，双线圈输出容易造成程序运行错误，应避免双线圈输出，这与触点的使用不同，如图 3-9 中的 Q0.0 所示。

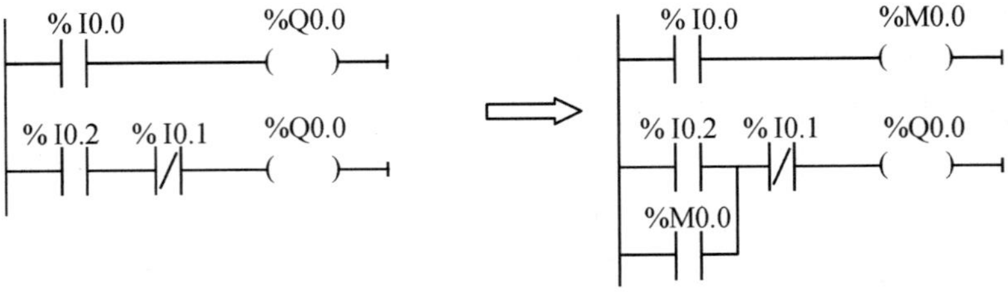

图 3-9　梯形图编写规则(二)

(7) 尽量把串联触点多的电路块放在最上边，把并联触点多的电路块放在最左边，减少程序步，提高 PLC 读取程序的速度，同时起到美观的作用，如图 3-10 所示。

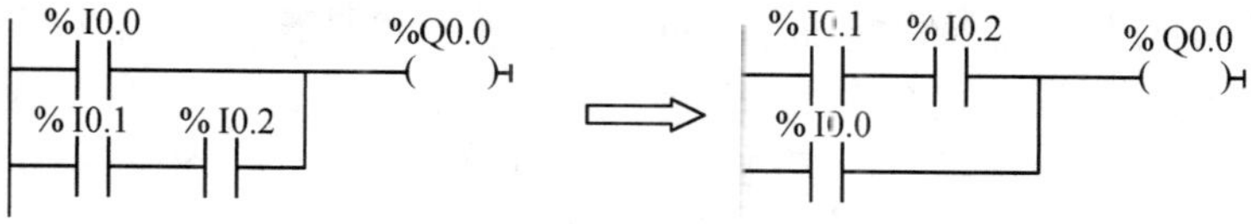

(a) 串联触点多的电路块放在最上边

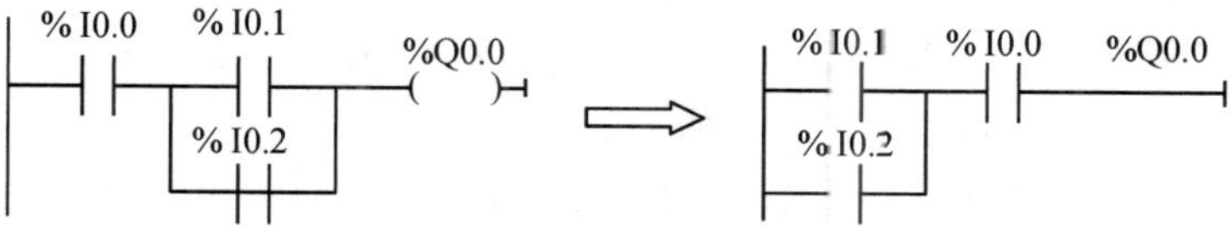

(b) 并联触点多的电路块放在最左边

图 3-10　梯形图编写规则(三)

4. 西门子 S7-1200 PLC 的数据类型与表示

PLC 的数据存储器和球类收纳柜有类似之处，如图 3-11 所示。将由小到大的乒乓球、皮球和篮球放进球类收纳柜，如图 3-11(a)所示，收纳柜的每一层都很矮，只适合放最小的乒乓球；如图 3-11(b)所示，收纳柜的每一层稍高一点，可以放最小的乒乓球和稍大的皮球；如图 3-11(c)所示，收纳柜的每一层都很高，可以放最小的乒乓球、稍大的皮球和最大的篮球；如图 3-11(d)所示，可以根据球的大小调整每一层的高度，使每一种球都有一个合适的存放空间。

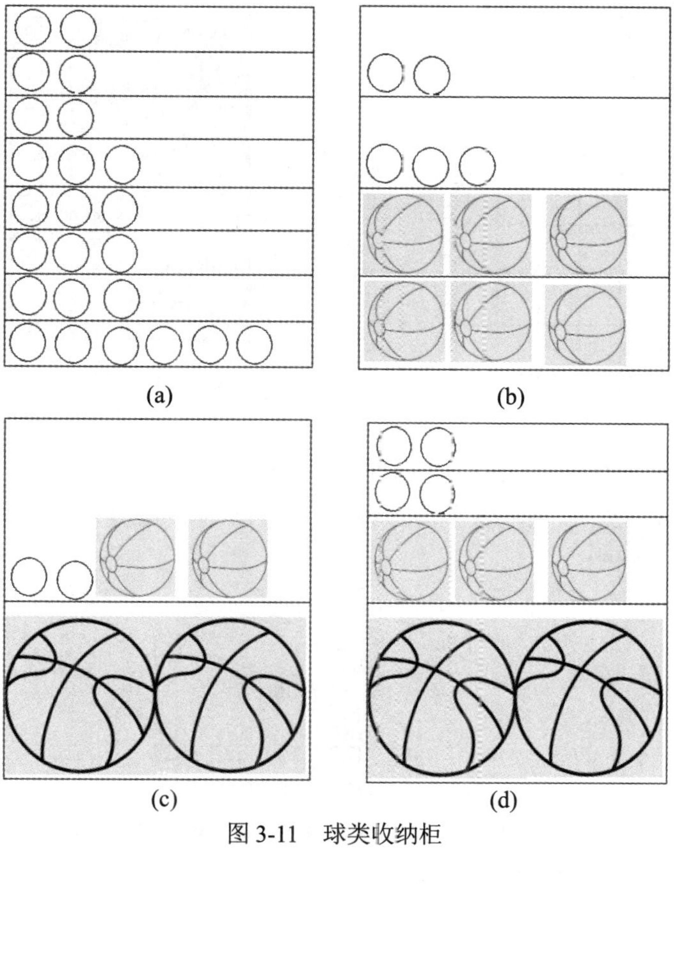

(a)　(b)

(c)　(d)

图 3-11　球类收纳柜

收纳柜的例子说明：在大小相同的收纳柜里，根据存储对象的大小分配合适的存储空间，能够实现存储的最优化。

类比收纳柜的存储最优化，将 PLC 的存储区划分为若干个小的存储单元，如图 3-12 所示。横向划分为 8 列，从右到左编号分别为：0、1、2、3、4、5、6、7；纵向划分为多少行由 PLC 的存储空间大小决定，从下向上编号分别为：0、1、2、3……

收纳柜里存放的球大小不一，同样，PLC 存储区里存放的数据长短不一，按长短可分为 Bool(位)、Byte(字节)、Word(字)、DWord(双字)。

Bool(位)：多用于表示输入继电器 I、输出继电器 Q 和中间继电器 M，如 I0.0、Q0.0、M0.0，只占存储区的某一位，如图 3-13 所示的 M0.7。

Byte(字节)：Byte 型数据长 8 位，正好占一行存储空间，如图 3-13 所示的 MB2(第三行存储空间)。

Word(字)：Word 型数据长 16 位，包含 2 个字节，占两行的存储空间，如图 3-13 所示的 MW4。

DWord(双字)：DWord 型数据长 32 位，包含 2 个字，或者 4 个字节，占 4 行的存储空间，如图 3-13 的 MD7 所示。

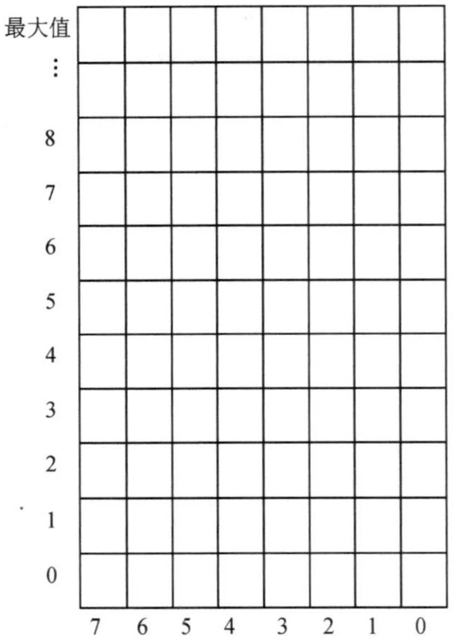

图 3-12 PLC 存储区示意图

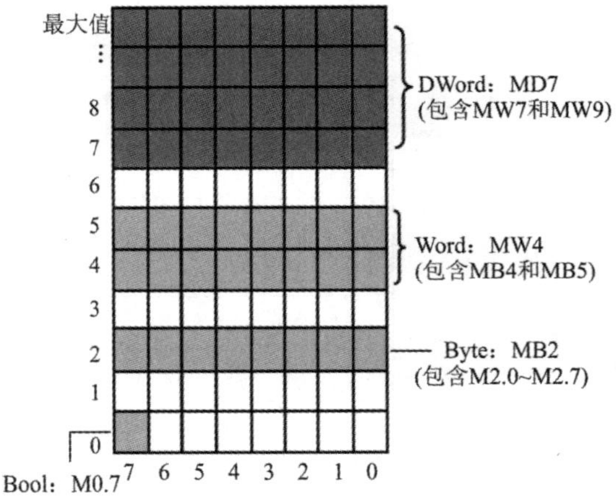

图 3-13 中间存储器 M 的存储区示意图

Bool(位)、Byte(字节)、Word(字)、DWord(双字)四种数据类型的包含关系如图 3-14 所示(以输入寄存器 I 为例)。

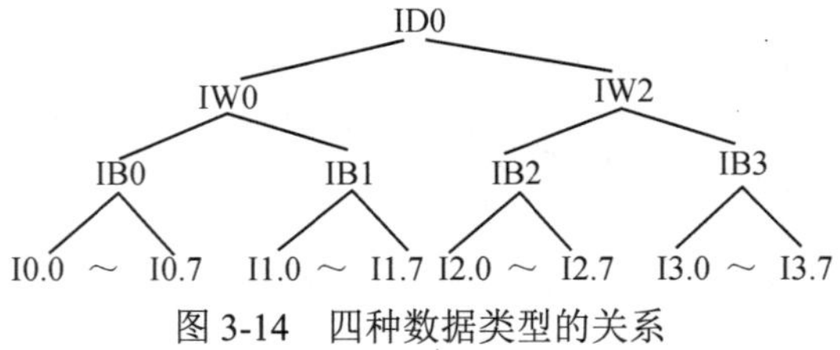

图 3-14 四种数据类型的关系

注意：不管使用哪种数据类型，存储区域不可以重复使用。例如，使用了 MD1，就不能再使用 MW1 和 MW3，也不能使用 MB1、MB2、MB3 和 MB4，否则该存储区的数据将会出错。

任务实施

1. 设计安装电气控制系统

(1) I/O 分配。根据控制要求，热继电器 FR 的常闭触点可接在 PLC 输出端线圈的公共线路中，减少对 PLC 输入点的占用，同时方便控制电路的接线。PLC 的 I/O 分配见表 3-4。

表 3-4　I/O 分配表

输入(I)		输出(O)	
PLC 接口	元器件	PLC 接口	元器件
I0.0	停止按钮 SB1	Q0.0	正向接触器 KM1 线圈
I0.1	正转起动按钮 SB2	Q0.1	反向接触器 KM1 线圈
I0.2	反转起动按钮 SB3		

(2) 电路安装接线。按图 3-15 准备训练材料并安装元器件，连接电路。

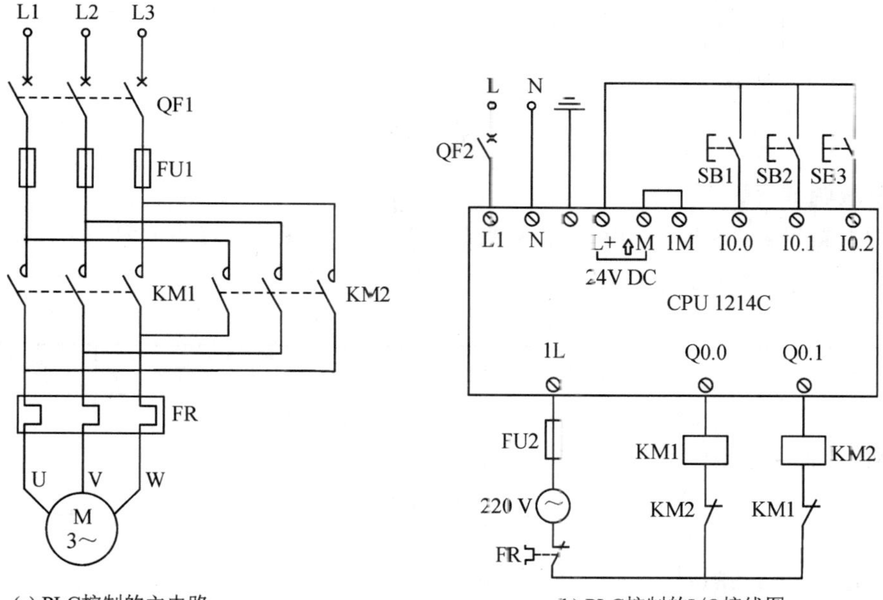

(a) PLC控制的主电路　　(b) PLC控制的I/O接线图

图 3-15　三相异步电动机正反转控制电路

(3) 自检。对照电路图检查电路连接情况。

① 检查 PLC 的输入端连接、电源连接是否正确。

② 检查 PLC 的输出连接是否正确。

③ 检查主回路连接是否正确。

2. 编写 PLC 程序

(1) 编写变量表。电动机正反转控制系统的 PLC 变量表如图 3-16 所示。

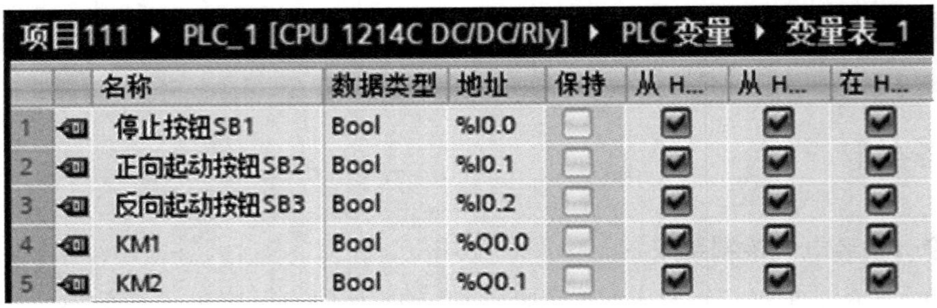

项目111 ▸ PLC_1 [CPU 1214C DC/DC/Rly] ▸ PLC变量 ▸ 变量表_1

	名称	数据类型	地址	保持	从 H...	从 H...	在 H...
1	停止按钮SB1	Bool	%I0.0	☐	☑	☑	☑
2	正向起动按钮SB2	Bool	%I0.1	☐	☑	☑	☑
3	反向起动按钮SB3	Bool	%I0.2	☐	☑	☑	☑
4	KM1	Bool	%Q0.0	☐	☑	☑	☑
5	KM2	Bool	%Q0.1	☐	☑	☑	☑

图 3-16 电动机正反转控制系统 PLC 变量表

(2) 编写程序。根据任务要求，编写 PLC 梯形图程序，如图 3-17 所示。

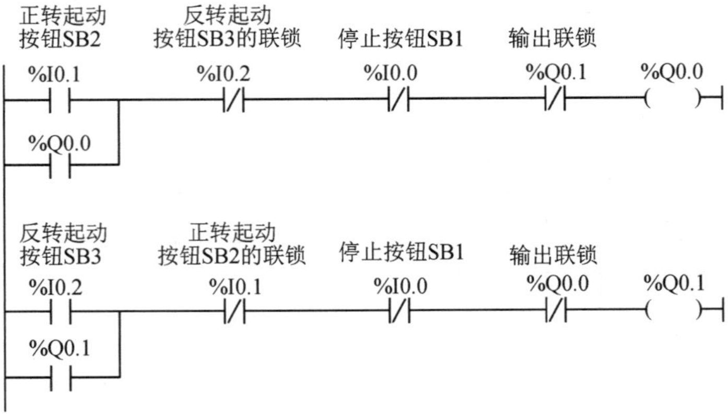

图 3-17 PLC 梯形图程序

3. 系统调试

将调试好的程序下载到 PLC 中，在教师的指导、监督下给系统上电调试，记录调试过程中的现象，然后填入表 3-5 中。

表 3-5 通 电 调 试

操 作	现象	是否正常	分析原因	排除方法
按下 SB2，再按下 SB1				
按下 SB3，再按下 SB1				
先后按下 SB2、SB3，再按下 SB1				

任务评价

对任务的完成情况进行评价，评价细则与标准见表 3-6。

表 3-6　任务评价

评价内容	评 价 标 准	配分	扣分
设计安装电气控制系统	(1) 不会设计电气控制系统的主电路，扣 10 分； (2) 不会设计电气控制系统的 PLC 控制部分，扣 20 分； (3) 不会安装电气控制系统，扣 15 分	40	
编写 PLC 程序	(1) 编写 PLC 程序不规范，扣 20 分； (2) 不能按要求编写 PLC 程序，扣 20 分	50	
调试系统	不会调试或未记录调试现象，扣 10 分	10	
安全文明生产	如违反安全文明生产要求，酌情扣 10～40 分；情节严重者，可判本次技能操作训练为零分或取消本次实训资格		

思考练习题

1. 右母线只能接各种继电器的________而不能接继电器的触点。

2. 两个或两个以上的线圈可以________输出。

3. 同一编号的线圈在一个程序中应避免__________线圈输出，否则，易造成程序运行错误。

4. 尽量把串联触点多的电路块放在________边，把并联触点多的电路块放在________边，减少程序步，提高 PLC 读取程序的速度。

任务 3　三相异步电动机单键起停控制系统

任务描述

用 S7-1200 PLC 设计三相异步电动机单键起停控制系统，实现用一个按钮对电动机进行起停控制。单键起停控制也叫乒乓控制。

本任务的要求：

(1) 按下按钮 SB1，三相异步电动机起动运转。

(2) 再次按下按钮 SB1，三相异步电动机停止运转。

职业岗位应知应会目标

(1) 熟悉置位复位相关指令和边沿指令的工作原理。

(2) 掌握置位复位相关指令和边沿指令在编程实践中的应用。

(3) 掌握单键起停控制系统的接线、调试、操作方法。

相关知识

1. 置位复位指令

S：置位指令，将指定的地址位置位(置 1)，并维持 1 状态，直到用复位指令(R)才能使该地址位复位(变为 0)。

R：复位指令，将指定的地址位复位(置 0)，并保持 0 状态，直到用置位指令(S)才能使该地址位置位(变为 1)。

如图 3-18 中，I0.1 常开触点闭合，Q0.0 置 1 并保持 1 状态，即使 I0.1 常开触点断开，Q0.0 仍保持 1，直到 I0.2 常开触点闭合，Q0.0 才会从 1 变为 0。

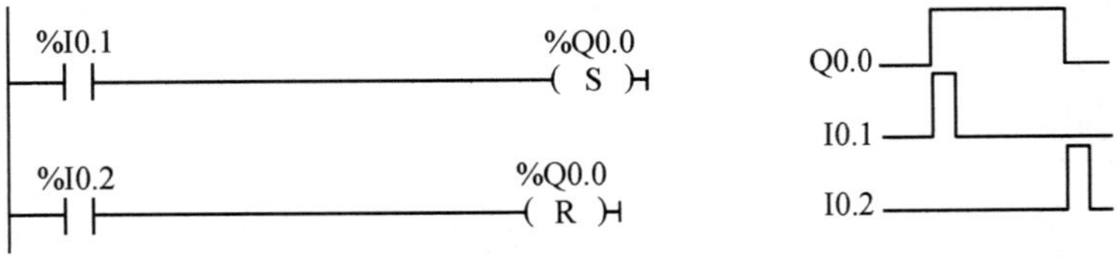

图 3-18　置位复位指令

2. 置位位域和复位位域指令

SET_BF：置位位域指令，将从指定地址开始的连续多个位地址进行置位(置 1)，并保持 1 状态，直到复位位域指令(RESET_BF)才能使这些位地址复位(变为 0)。

RESET_BF：复位位域指令，将从指定地址开始的连续多个位地址进行复位(置 0)，并保持 0 状态，直到置位位域指令(SET_BF)才能使这些位地址置位(变为 1)。

如图 3-19 中，I0.1 常开触点闭合，从 Q0.0 开始的 3 个连续的位地址(即 Q0.0、Q0.1、Q0.2)置 1，并保持 1 状态，即使 I0.1 常开触点断开，Q0.0、Q0.1、Q0.2 仍保持 1，直到 I0.2 常开触点闭合，Q0.0、Q0.1、Q0.2 才会从 1 变为 0。

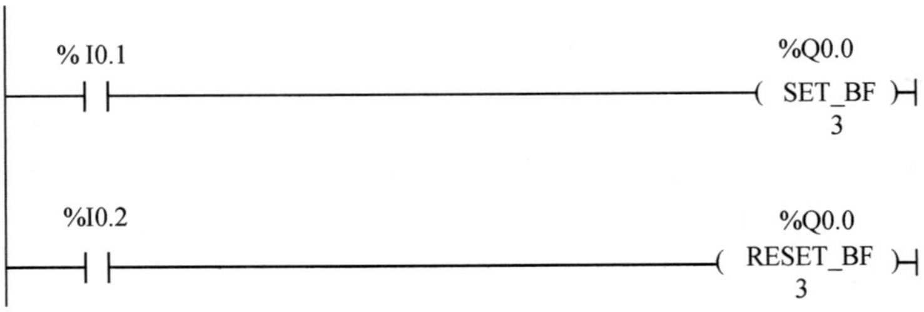

图 3-19　置位位域和复位位域指令

3. RS/SR 触发器指令

RS：复位/置位触发器(置位优先指令)。

SR：置位/复位触发器(复位优先指令)。

如图 3-20 所示，RS 触发器指令和 SR 触发器指令均有置位输入(S)和复位输入(R)两个信号输入端，根据两个输入端 S 和 R 的信号状态，确定对存储器位进行置位或者复位。输入和输出的对应关系见表 3-7。

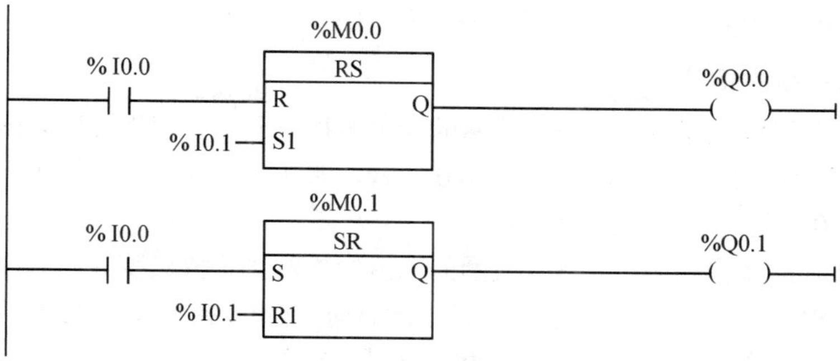

图 3-20　RS/SR 触发器指令

表 3-7　RS/SR 触发器指令输入和输出的对应关系

	输入端 S1	输入端 R	输出端 Q	说　明
RS 触发器指令	1	0	1	当两个输入端的状态断开后，输出状态仍保持
	0	1	0	
	1	1	1	
SR 触发器指令	输入端 S	输入端 R1	输出端 Q	
	1	0	1	
	0	1	0	
	1	1	0	

触发器指令上方的 M0.0 和 M0.1 称作标志位，触发器根据两个输入端的状态，首先对标志位进行置位或者复位，然后再将标志位的状态传送到输出端 Q。后面介绍的部分指令也带有标志位，其含义类似。

4. 边沿触点指令

-|P|-：上升沿触点指令，当进入触点的能流中检测到上升沿(0 到 1)变化时，该触点接通一个扫描周期。如图 3-21 所示，当 I0.0 出现从 0 变为 1 的上升沿时，Q0.0 接通一个扫描周期。

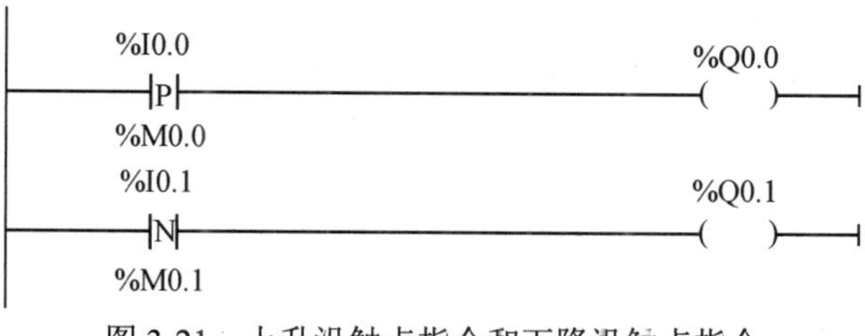

图 3-21　上升沿触点指令和下降沿触点指令

上升沿触点指令下方的 M0.0 是边沿存储位，存储上一次的扫描结果，本次运行的逻辑结果与上一次的逻辑结果相比较，如果上一次的逻辑结果为 0，即 M0.0 = 0，而本次的运算结果为 1，说明本次的运算逻辑中出现了上升沿，此时 I0.0 会接通一个扫描周期。后面介绍的部分指令也带有存储位，其含义类似。

-|N|-：下降沿触点指令，当进入触点的能流中检测到下降沿(1 到 0)变化时，该触点接通一个扫描周期。如图 3-21 中，当 I0.1 出现从 1 变为 0 的下降沿时，Q0.1 接通一个扫描周期。

注意：边沿检测触点指令不能放置在程序段中的分支结尾处。

5. 边沿检测线圈指令

-(P)-：上升沿线圈指令，当进入线圈的能流中检测到上升沿变化时，该线圈接通一个扫描周期。如图 3-22 所示，当常开触点 I0.0 闭合，即从“0”变为“1”时，Q0.0 接通直到 I0.0 断开，M0.0 接通一个扫描周期。

-(N)-：下降沿线圈指令，当进入线圈的能流中检测到下降沿变化时，该线圈接通一个扫描周期。如图 3-22 所示，当常开触点 I0.1 闭合时，Q0.1 接通直到 I0.1 断开；当常开触点 I0.1 断开，即从“1”变为“0”时，M0.1 接通一个扫描周期。

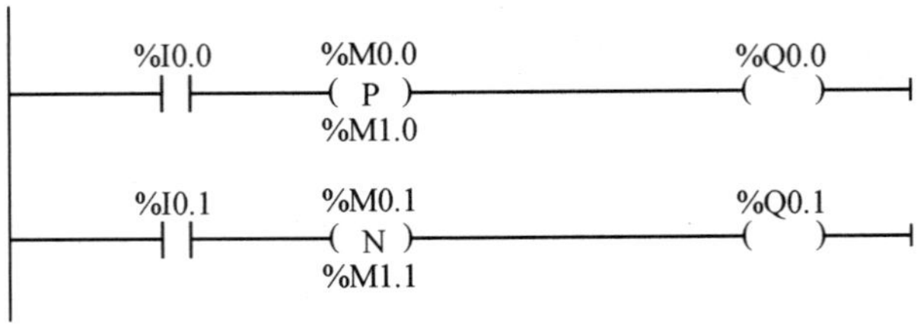

图 3-22　上升沿线圈指令和下降沿线圈指令

6. TRIG 边沿检测指令

P_TRIG 指令：上升沿检测指令，当“CLK”端检测到上升沿时，Q 端输出一个扫描周期的高电平。如图 3-23 所示，当 I0.0 和 M0.0 相与的结果从“0”变为“1”时，Q0.0 接通一个扫描周期，I0.0 和 M0.0 相与的结果保存在 M1.0 中。

N_TRIG 指令：下降沿检测指令，当“CLK”端检测到下降沿时，Q 端输出一个扫描周期的高电平。如图 3-23 所示，当 I0.1 从“1”变为“0”时，Q0.1 接通一个扫描周期。

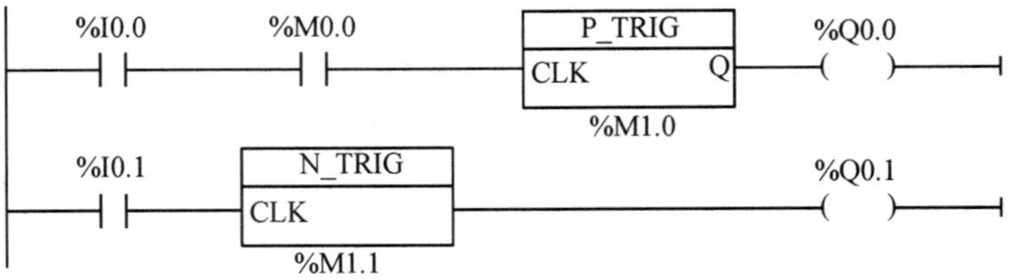

图 3-23　P_TRIG 指令和 N_TRIG 指令

任务实施

1. 设计安装电气系统

1) I/O 分配

根据控制要求及 PLC 输入/输出点分配原则，分配 I/O 地址，见表 3-8。

表 3-8　I/O 地址分配表

输　入		输　出	
PLC 接口	元器件	PLC 接口	元器件
I0.0	起停按钮 SB1	Q0.0	KM1 交流接触器线圈

2) 设计电气接线图

根据 PLC 的 I/O 分配表，设计三相异步电动机单键起停系统电气接线图，如图 3-24 所示。

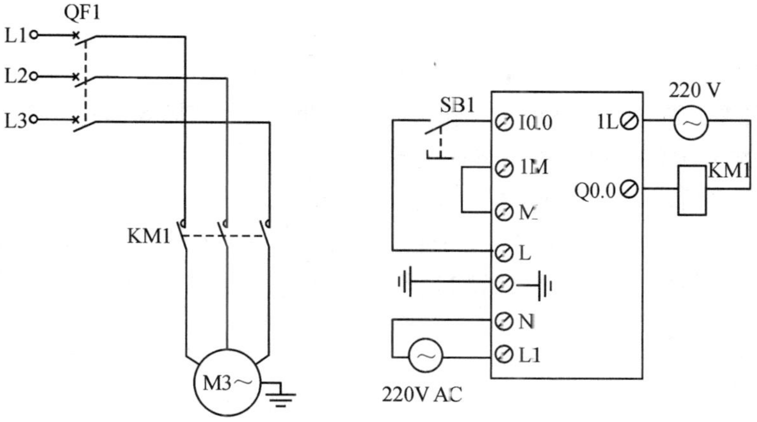

(a) 主回路　　(b) 控制回路

图 3-24　三相异步电动机单键起停电气接线图

3) 连接并检查电路

根据图 3-32 安装元器件，连接电路，并对照电路图检查电路。

(1) 检查主回路和控制回路的电源连接是否正确。

(2) 根据电气原理图检查 PLC 的 I/O 信号线是否正确连接。

2. 设计编写 PLC 程序

1) 编写变量表

三相异步电动机单键起停控制系统的 PLC 变量表如图 3-25 所示。

变量表_1

		名称	数据类型	地址	保持	从 H...	从 H...	在 H...
1		按钮SB1	Bool	%I0.0	☐	☑	☑	☑
2		电动机	Bool	%Q0.0	☐	☑	☑	☑
3		<新增>			☐	☑	☑	☑

图 3-25　三相异步电动机单键起停控制系统的 PLC 变量表

2) 编写程序

根据任务要求，按照图 3-25 的 I/O 分配表编写本任务的 PLC 程序，如图 3-26 所示。

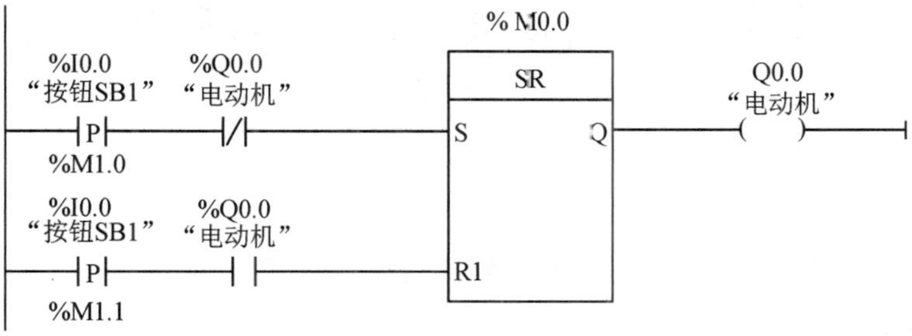

图 3-26　单键起停 PLC 程序

(1) 未按下按钮 SB1 时，电动机 Q0.0 常开触点断开，常闭触点闭合。

(2) 按下按钮 SB1，SR 触发器的 S 端子为高电平，R 端子为低电平，Q0.0 被置位，电动机起动运行，Q0.0 的常开触点闭合，常闭触点断开。

(3) 再次按下按钮 SB1，SR 触发器的 R 端子为高电平，S 端子为低电平，Q0.0 被复位，电动机停止运行。

3) 调试系统

将调试好的程序下载到 PLC 中，如果能实现以下功能，则表示完成任务；如果没有实现以下功能，则需分析原因，然后将系统调试成功。

(1) 系统上电后，电动机处于停止运转的状态。

(2) 按下按钮 SB1，交流接触器 KM1 线圈得电，主触点吸合，电动机连续运转。

(3) 再次按下按钮 SB1，交流接触器 KM1 线圈失电，主触点断开，电动机停止运转。

任务评价

对任务的完成情况进行评价，评价标准见表 3-9。

表 3-9　任 务 评 价

评价内容	评 价 标 准	配分	扣分
设计安装电气控制系统	(1) 不会设计电气控制系统的主电路，扣 10 分； (2) 不会设计电气控制系统的 PLC 控制部分，扣 20 分； (3) 不会安装电气控制系统，扣 15 分	30	
编写 PLC 程序	(1) 编写 PLC 程序不规范，扣 20 分； (2) 不能按要求编写 PLC 程序，扣 30 分	50	
调试系统	不会调试或未记录调试现象，扣 10 分	20	
安全文明生产	如违反安全文明生产要求，酌情扣 10～40 分；情节严重者，可判本次技能操作训练为零分或取消本次实训资格		

思考练习题

请用置位复位指令设计三相异步电动机的正反转控制系统。

任务 4　S7-1200 PLC 控制鼓风机系统

任务描述

鼓风机系统一般由引风机和鼓风机两级构成。

本任务的要求：

(1) 当按下起动按钮 SB1 时，引风机先起动，工作 5 s 后，鼓风机起动工作。

(2) 按下停止按钮 SB2 后，鼓风机先停止工作，5 s 后，引风机停止工作。

职业岗位应知应会目标

(1) 熟悉定时器的工作原理。

(2) 掌握定时器在编程实践中的应用。

(3) 掌握鼓风机控制系统的接线、调试、操作方法。

相关知识

S7-1200 系统有四种定时器：脉冲定时器(TP)、接通延时定时器(TON)、关断延时定时器(TOF)、保持型接通延时定时器(TONR)。定时器的参数见表 3-10。

表 3-10　定时器的参数

参数	数据类型	说　明
IN	Bool	起动定时器
Q	Bool	定时器输出
PT	32 位 Time	定时时间(时间单位为 ms，即在 PT 端输入 10，默认 10 ms。定时时间单位还可指定为 D、H、M 和 S，分别为日、小时、分和秒)
ET	32 位 Time	当前时间(定时开始后经过的时间，时间单位为 ms)
R	Bool	将定时器的当前时间(ET)重置为零

1. 脉冲定时器指令

如图 3-27(a)所示，当 I0.0 由 0 变为 1，定时器开始计时，Q0.0 = 1；在当前时间 ET 小于定时时间 10 s 时，I0.0 的变化不影响定时器计时(即不影响 ET 和 Q)；在当前时间 ET 等于定时时间 10 s 时，停止计时，Q0.0 = 0。此时，若 I0.0 仍等于 1，则当前时间 ET 的值保持；若 I0.0 = 0，则当前时间 ET 的值清零。时序图如图 3-27(b)所示。

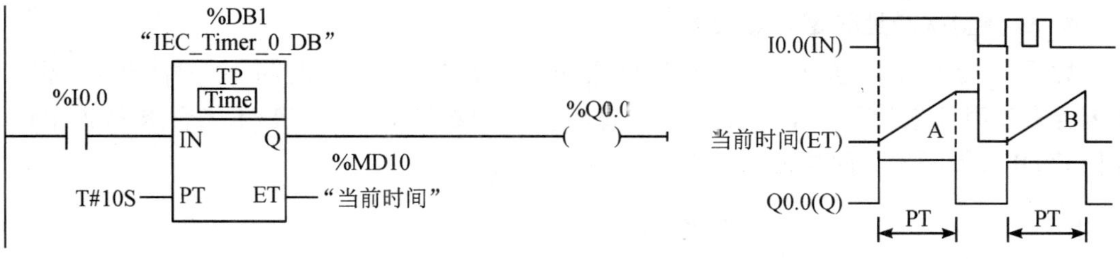

(a) 脉冲定时器指令　　(b) 时序图

图 3-27　脉冲定时器指令

2. 接通延时定时器指令

如图 3-28 所示，当 I0.0 由 0 变为 1，定时器开始计时，当 I0.0 一直保持 1 直到当前时间 ET 等于定时时间 10 s 时，Q0.0 = 1；之后，如果 I0.0 继续保持 1，则 Q0.0 保持 1，一旦 I0.0 变为 0，Q0.0 也变为 0。时序图如图 3-29 所示。

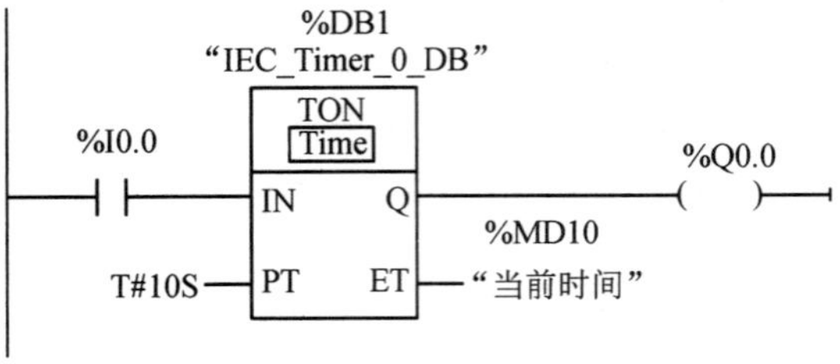

图 3-28　接通延时定时器指令

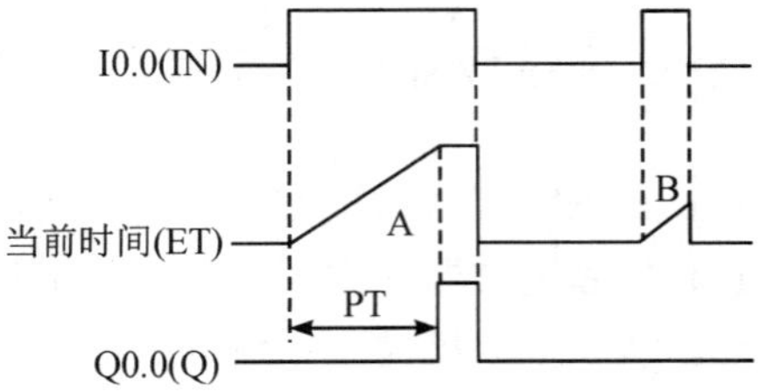

图 3-29　时序图

3. 关断延时定时器指令

如图 3-30 所示，当 I0.0 = 1 时，Q0.0 = 1，当前时间 ET 保持 0；当 I0.0 由 1 变为 0，定时器开始计时，当当前时间 ET 大于或等于定时时间 10 s 时，Q0.0 由 1 变为 0，当前时间保持 ET 不变，直到 IN 输入端为 1。时序图如图 3-31 所示。关断延时定时器可以用于设备停机后的延时。

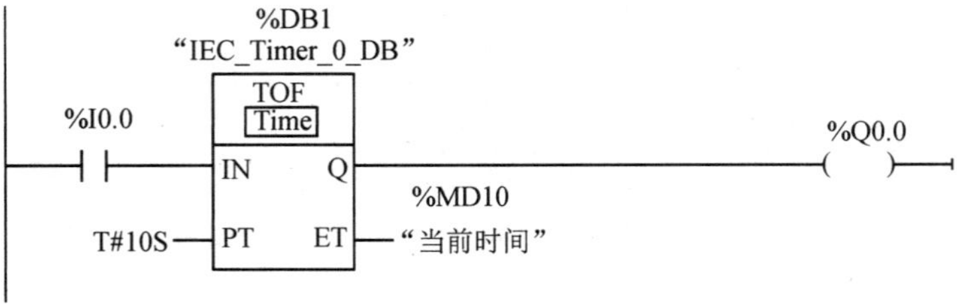

图 3-30　关断延时定时器指令

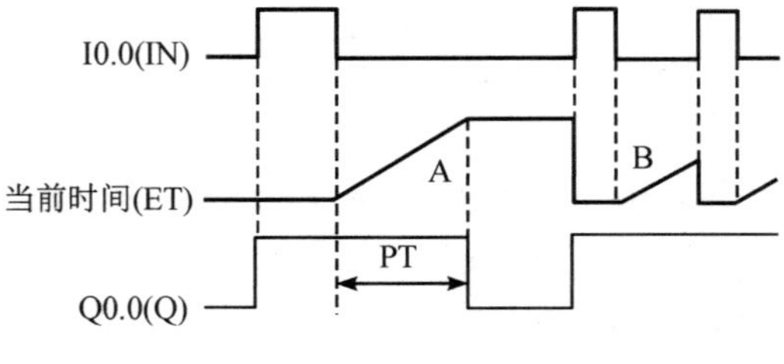

图 3-31　时序图

4. 保持型接通延时定时器指令

如图 3-32 所示，当 I0.0 闭合的时间累加和大于或等于定时时间 10 s(即 I0.0 闭合一次或闭合多次时间累加和大于或等于 10 s)时，Q0.0 线圈得电；只有 I0.1 闭合(R 端得电)，才能使 Q0.0 线圈断电。时序图如图 3-33 所示。

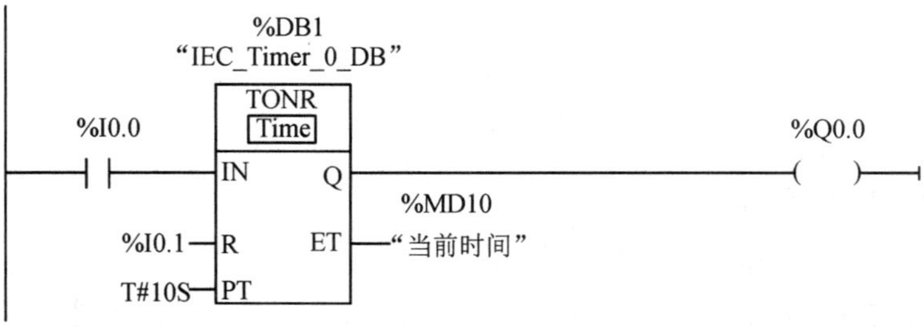

图 3-32　保持型接通延时定时器指令

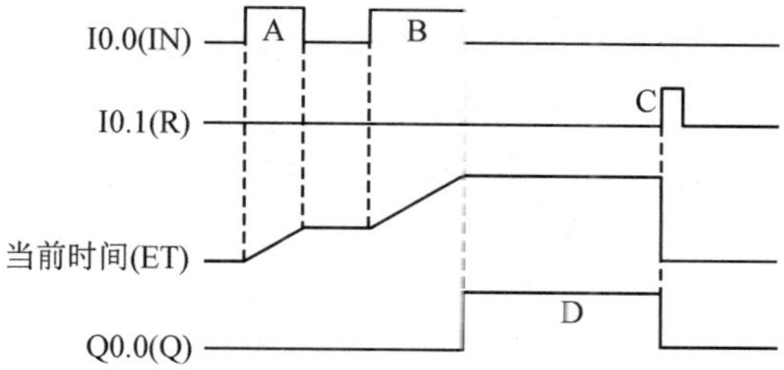

图 3-33　时序图

任务实施

1. 设计安装电气系统

1) I/O 分配

根据控制要求及 PLC 输入/输出点分配原则，分配 I/O 地址，见表 3-11。

表 3-11　I/O 地址分配表

输　入		输　出	
PLC 接口	元器件	PLC 接口	元器件
I0.0	起动按钮 SB1	Q0.0	KM1 交流接触器线圈
I0.1	停止按钮 SB2	Q0.1	KM2 交流接触器线圈
I0.2	热继电器 FR1 辅助常开触点		
I0.3	热继电器 FR2 辅助常开触点		

2) 设计电气接线图

根据 PLC 的 I/O 分配表，设计鼓风机系统电气接线图，如图 3-34 所示。

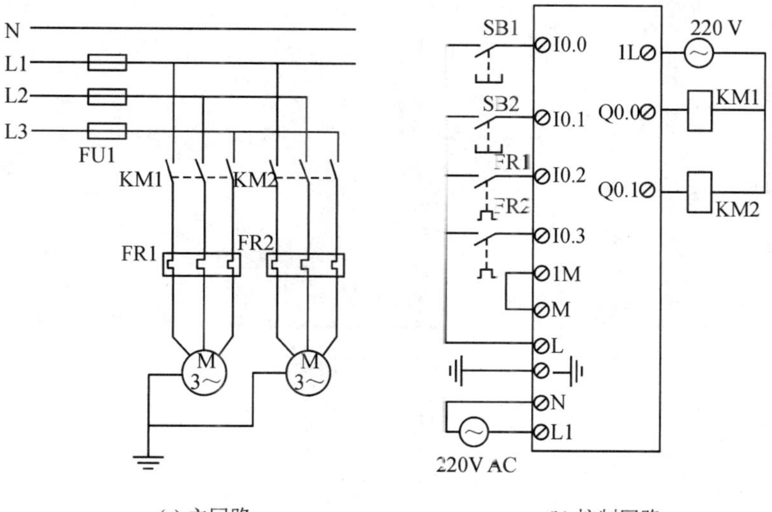

(a) 主回路　　(b) 控制回路

图 3-34　鼓风机系统电气接线图

3) 连接并检查电路

根据图 3-34 安装元器件、连接电路，并对照电路图检查电路。

(1) 检查主回路和控制回路的电源连接是否正确。

(2) 根据电气原理图检查 PLC 的 I/O 信号线的连接是否正确。

2. 设计编写 PLC 程序

1) 编写变量表

鼓风机控制系统的 PLC 变量表如图 3-35 所示。

	名称	数据类型	地址	保持	从 H...	从 H...	在 H...
1	起动按钮SB1	Bool	%I0.0	☐	☑	☑	☑
2	停止按钮SB2	Bool	%I0.1	☐	☑	☑	☑
3	FR1	Bool	%I0.2	☐	☑	☑	☑
4	FR2	Bool	%I0.3	☐	☑	☑	☑
5	引风机KM1	Bool	%Q0.0	☐	☑	☑	☑
6	鼓风机KM2	Bool	%Q0.1	☐	☑	☑	☑

图 3-35　鼓风机控制系统的 PLC 变量表

2) 编写程序

根据任务要求，按照图 3-35 所示变量表编写本任务的 PLC 程序。将定时器 TON 或 TOF 拖拽到程序编辑器中，弹出如图 3-36 所示的界面，单击“确定”按钮(系统给定时器分配一个存储空间——DB 数据块，用于存储用户数据和程序中间变量)，输入梯形图程序如图 3-37 所示。

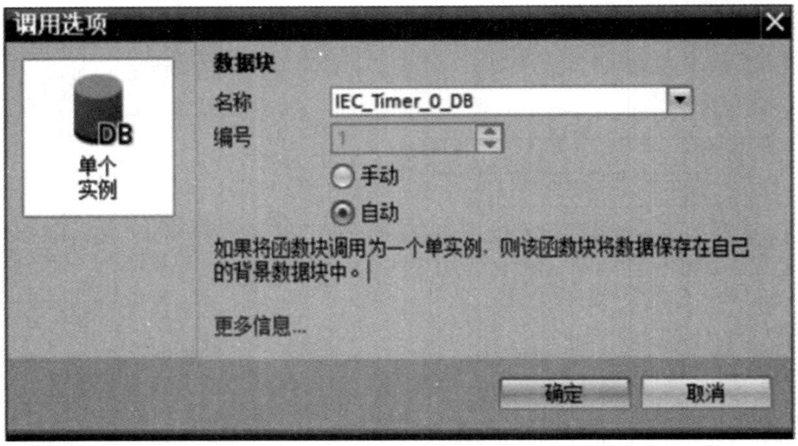

图 3-36　定时器操作

(1) 按下起动按钮 SB1，M10.0 线圈得电自锁。定时器 TON 和 TOF 同时得电，Q0.0 线圈得电，引风机立即起动。5 s 后，Q0.1 线圈得电，鼓风机起动。

(2) 按下停止按钮 SB2，M10.0 线圈断电。定时器 TON 和 TOF 同时断电，Q0.1 断电，鼓风机立即停止运行。5 s 后，Q0.0 断电，引风机停止运行。

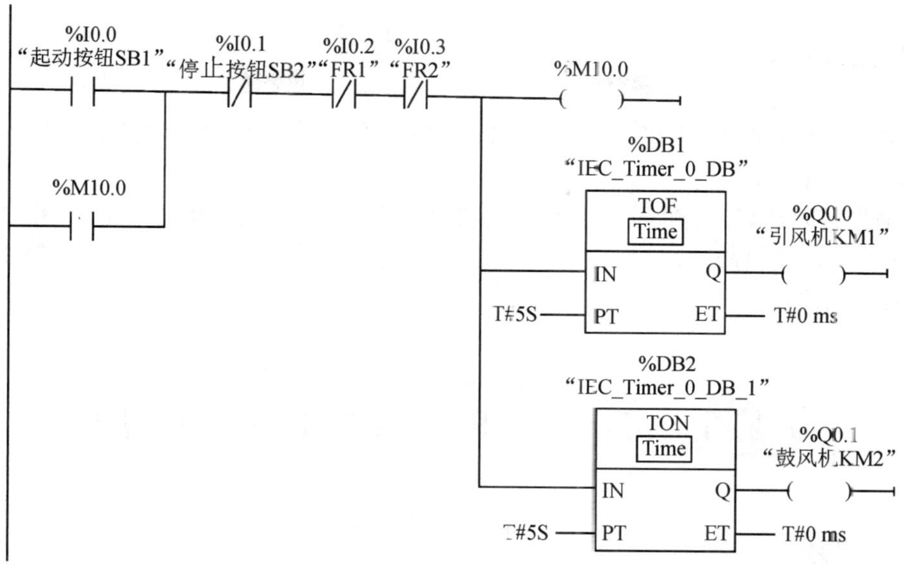

图 3-37　鼓风机 PLC 程序

3) 调试系统

将调试好的程序下载到 PLC 中，如果能实现以下功能，则表示完成任务；如果没有实现以下功能，则需分析原因，然后将系统调试成功。

(1) 系统上电后，电动机处于停止运转的状态。

(2) 按下起动按钮 SB1，交流接触器 KM1 线圈得电，主触点吸合，引风机立即起动运转。5 s 后，交流接触器线圈 KM2 线圈得电，主触点吸合，鼓风机起动运转。

(3) 按下停止按钮 SB1，交流接触器 KM2 线圈失电，主触点断开，鼓风机立即停止运转。5 s 后，交流接触器线圈 KM1 线圈失电，主触点断开，引风机停止运转。

任务评价

对任务的完成情况进行评价，评价标准见表 3-12。

表 3-12　任 务 评 价

评价内容	评 价 标 准	配分	扣分
设计安装电气控制系统	(1) 不会设计电气控制系统的主电路，扣 10 分； (2) 不会设计电气控制系统的 PLC 控制部分，扣 20 分； (3) 不会安装电气控制系统，扣 15 分	30	
编写 PLC 程序	(1) 编写 PLC 程序不规范，扣 20 分； (2) 不能按要求编写 PLC 程序，扣 30 分	50	
调试系统	不会调试或未记录调试现象，扣 10 分	20	
安全文明生产	如违反安全文明生产要求，酌情扣 10～40 分；情节严重者，可判本次技能操作训练为零分或取消本次实训资格		

思考练习题

1. 请用定时器编写程序实现功能：按下起动按钮，电动机起动运行 5 s 后自动停止。随时可以手动停止。

2. 请用定时器编写程序实现三台电动机顺序起停：按下起动按钮，第一台电动机起动，10 s 后第二台电动机起动，第二台电动机起动 5 s 后第三台电动机起动；按下停止按钮，3 台电动机全部停止。

任务 5　S7-1200 PLC 控制自动打包系统

任务描述

自动打包系统一般由送料和打包两部分组成。

本任务的要求：

(1) 按下起动按钮 SB1，送料电机开始工作送料。

(2) 当送料数量达到设定数量值 10 时停止送料，打包电机开始工作打包。

(3) 打包时间为 8 s，打包完成后自动开启送料电机送料，一直循环工作。

职业岗位应知应会目标

(1) 熟悉计数器的工作原理。

(2) 掌握计数器在编程实践中的应用。

(3) 掌握自动打包控制系统的接线、调试、操作方法。

相关知识

1. 加计数器指令(CTU)

S7-1200 系统有三种计数器：加计数器、减计数器、加减计数器。加计数器的参数见表 3-13。

表 3-13　加计数器的参数

参数	数据类型	说　明
CU	Bool	计数器输入
PV	整数	预设值
R	Bool	复位，优先于 CU 端
CV	整数、Char、WChar、Date	当前计数器值
Q	Bool	计数器的状态，CV≥PV，Q 输出 1；CV<PV，Q 输出 0

如图 3-38 所示，当计数器输入 CU 的信号状态从 0 变为 1(I0.0 = 1)时，执行“加计数”指令，同时输出的当前计数器值 CV 加 1，计数器输入端 CU 每检测到一个信号上升沿，当前计数器值 CV 就会递增，直到当前计数器值 CV 大于或等于预设值 PV 时，Q0.0 = 1，在其他任何情况下，Q0.0 = 0；当输入 R 的信号状态变为 1(I0.1 = 1)时，输出的当前计数器值 CV 被复位为 0。只要输入 R 的信号状态仍为 1，计数器输入 CU 的信号状态就不会影响该指令。加计数器时序图如图 3-39 所示。

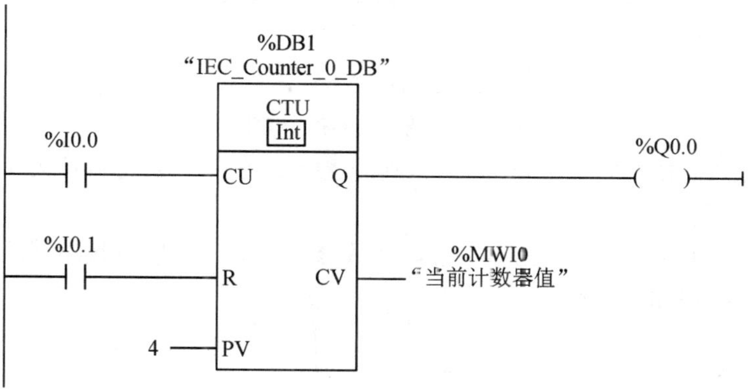

图 3-38　加计数器指令(CTU)

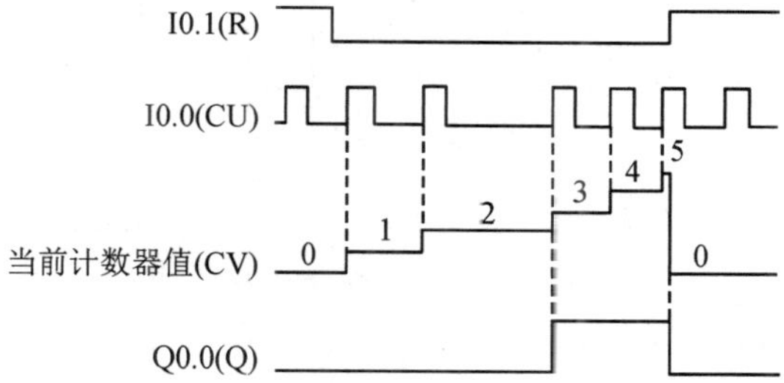

图 3-39　加计数器时序图

2. 减计数器指令(CTD)

减计数器参数见表 3-14。

表 3-14　减计数器参数

参数	数据类型	说　明
CD	Bool	计数器输入
PV	整数	预设值
LD	Bool	装载输入，优先于 CD 端
CV	整数、Char、WChar、Date	当前计数器值
Q	Bool	计数器的状态，CV≤0，Q 输出 1；CV>0，Q 输出 0

如图 3-40 所示，减计数器的装载输入 LD 为 1 时，输出 Q 被复位为 0，并把预设值 PV 装入 CV 中。当计数器输入 CD 的信号状态从 0 变为 1(I0.0 = 1)时，执行“减计数”指令，同时输出的当前计数器值 CV 减 1。计数器输入 CD 每检测到一个信号上升沿，当前计数器值 CV 就会递减 1，直到达到指定数据类型的下限为止。此后计数器输入 CD 的状态变化不再起作用，当前计数器值 CV 不再减小。

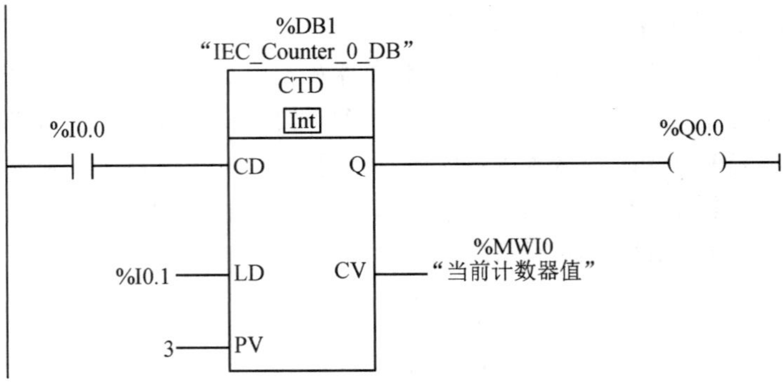

图 3-40　减计数器指令(CTD)

如果当前计数器值 CV 小于或等于 0，则 Q 输出的信号状态将置位为 1。在其他任何情况下，输出 Q 的信号状态均为 0。

只要装载输入 LD 的信号状态仍为 1，计数器输入 CD 的信号状态就不会影响该指令。

减计数器时序图如图 3-41 所示。

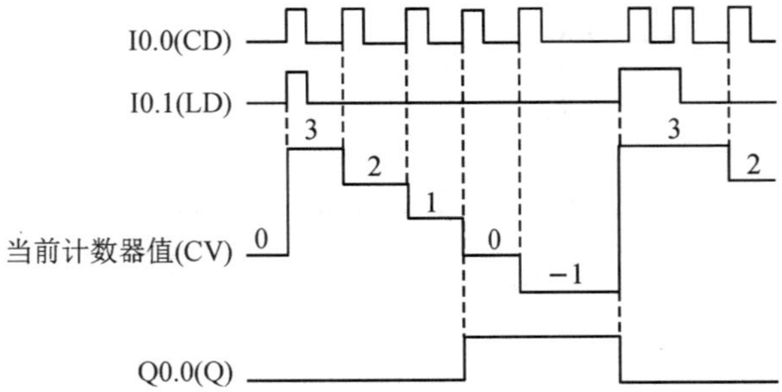

图 3-41　减计数器时序图

3. 加减计数器指令(CTUD)

加减计数器参数见表 3-15。

表 3-15　加减计数器参数

参数	数据类型	说　明
CU	Bool	加计数输入
CD	Bool	减计数输入
PV	整数	预设值
R	Bool	复位输入
LD	Bool	装载输入
CV	整数、Char、WChar、Date	当前计数器值
QU	Bool	加计数器的状态，CV≥PV，QU 输出 1；CV<PV，QU 输出 0
QD	Bool	减计数器的状态，CV≤0，QD 输出 1；CV>0，QD 输出 0

如图 3-42 所示，如果加计数输入 CU 的信号状态从 0 变为 1(I0.0 = 1)，则当前计数器值加 1 并存储在输出 CV 中。如果减计数输入 CD 的信号状态从 0 变为 1(I0.1 = 1)，则输出的计数器值 CV 减 1。如果在一个程序周期内，加计数输入 CU 和减计数输入 CD 都出现信号上升沿，则输出的当前计数器值 CV 保持不变。

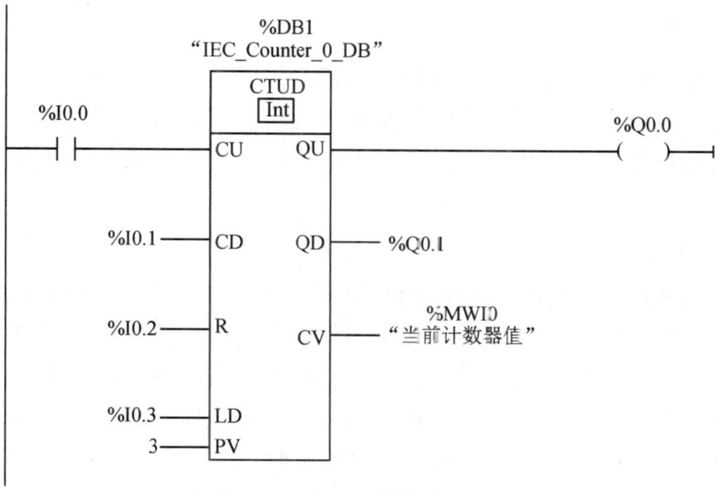

图 3-42　加减计数器指令(CTUD)

计数器值可以一直递增，直到其达到输出 CV 处指定数据类型的上限。达到上限后，即使出现信号上升沿，计数器值也不再递增；达到指定数据类型的下限后，计数器值将不再递减。

装载输入 LD 的信号状态变为 1 时，预设值 PV 被装入当前计数值 CV 中。只要装载输入 LD 的信号状态仍为 1，加计数输入 CU 和减计数输入 CD 的信号状态就不会影响该指令。

当复位输入 R 的信号状态变为 1 时，将输出 CV 的当前计数器值置位为 0。只要复位输入 R 的信号状态仍为 1，CU、CD 和 LD 信号状态的改变就不会影响"加减计数"指令。

可以在 QU 输出中查询加计数器的状态。如果当前计数器值 CV 大于或等于预设值 PV，则将 QU 的信号状态置位为 1。在其他任何情况下，QU 的信号状态均为 0。

可以在 QD 输出中查询减计数器的状态。如果当前计数器值 CV 小于或等于 0，则 QD 的信号状态将置位为 1。在其他任何情况下，QD 的信号状态均为 0。

加减计数器时序图如图 3-43 所示。

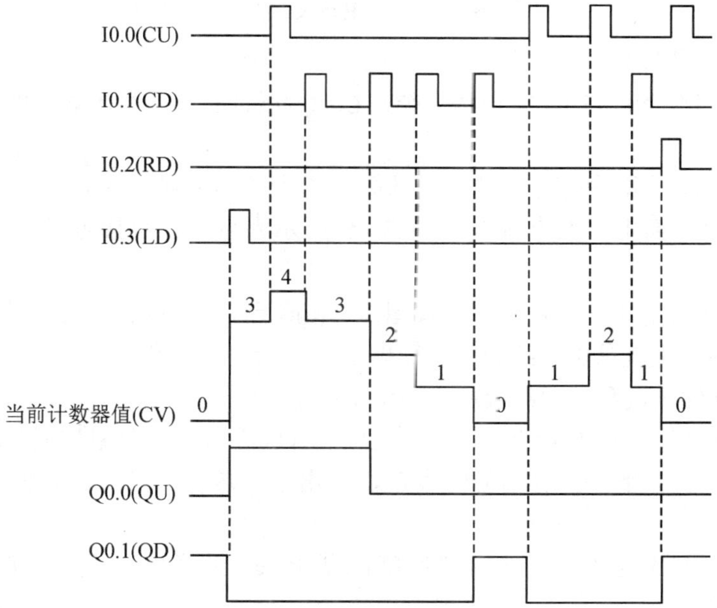

图 3-43　加减计数器时序图

4. 光电传感器

传感器是能感受外界信息并将其转换成电信号的装置，由感受元件和转换电路组成。机电设备中常用的传感器主要用来将感受到的外界信息转换成开关量输出，生产中人们常把以开关量输出的位置传感器称为接近开关，如电感式接近开关、光电接近开关、磁性开关(磁性传感器)等。

1) 光电接近开关

光电接近开关又称光电开关，它由光发射器、光接收器及转换电路组成。光发射器是将电能转换为光能的器件，一般采用大功率的红外发光二极管(红外 LED)，为防止荧光干扰，常在光电元件表面加红外滤光透镜。光接收器为光电传感器，是把光信号转变为电信号的一种传感器，主要有光电二极管、光电晶体管、光敏电阻和光电池等。

光电开关可分为遮断型和反射型两类，如图 3-44 所示，其中图 3-44(a)所示为遮断型光电开关，发射器和接收器相对安放，轴线严格对准。当有物体在两者之间通过时，红外光束被遮断，接收器接收不到红外线而产生一个电脉冲信号。反射型光电开关分为两种情况：反射镜反射型和被测物体反射型(简称散射型)，分别如图 3-44(b)、(c)所示。反射镜反射型传感器单侧安装，需要调整反射镜的角度以取得最佳的反射效果，其检测距离不如遮断型。散射型光电开关安装最为方便，并且可以根据被测物体上的黑白标记来检测，但散射型光电开关的检测距离较小，只有几百毫米。

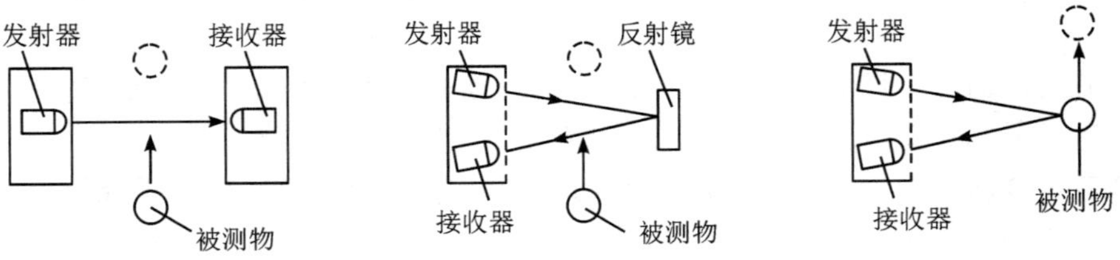

(a) 遮断型　(b) 反射镜反射型　(c) 散射型

图 3-44　光电开关的类型

2) 接近开关的类型

接近开关分为 PNP 与 NPN 型两大类，它们一般都有三条引出线，即电源线、公共线和信号输出线。

(1) PNP 型接近开关。PNP 型接近开关是指当有信号触发时，信号输出线和电源线接通，相当于输出高电平的电源线。图 3-45 所示为直流三线接近开关与继电器线圈的接线图。

① PNP-NO 型(常开型)接近开关。如图 3-45(a)所示，此类接近开关在没有信号触发时，输出线是悬空的，也就是电源线和信号输出线断开；有信号触发时，发出与电源相同的电压，也就是信号输出线和电源线接通，输出高电平。

② PNP-NC 型(常闭型)接近开关。此类接近开关在没有信号触发时，信号输出线与电源线接通，输出高电平；当有信号触发后，输出线是悬空的，也就是信号输出线和电源线断开。

③ NP-NC + NO 型(常开、常闭共有型)接近开关。此类接近开关其实就是多出一根输出线，根据需要取舍。

(2) NPN 型接近开关。NPN 型接近开关是指当有信号触发时，信号输出线和公共线接通，相当于输出低电平。

① NPN-NO 型(常开型)。如图 3-45(b)所示，此类接近开关在没有信号触发时，输出线是悬空的，即信号输出线和公共线断开；有信号触发时，输出与公共线上相同的电压，即信号输出线和公共线接通，输出低电平。

② N-NC 型(常闭型)。此类接近开关在没有信号触发时，信号输出线与公共线接通，输出低电平；当有信号触发后，输出线是悬空的，即地线和信号输出线断开。

③ NPN-NC + NO 型。此类接近开关和 PNP-NC + NO 型类似，多出一根输出线，根据需要取舍。

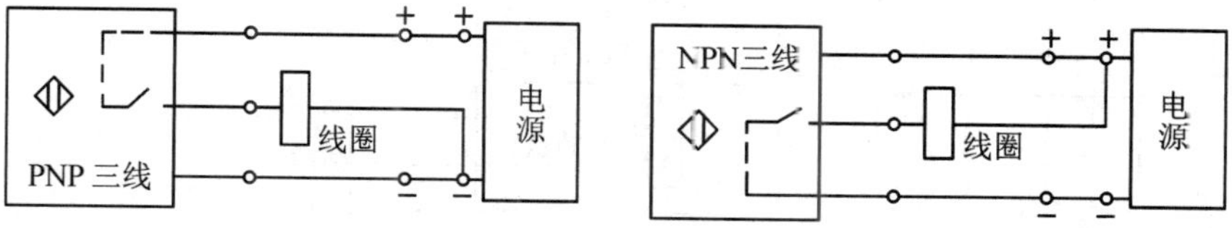

(a) PNP型三线高电位输出　　(b) NFN型三线低电位输出

图 3-45　直流三线接近开关与继电器线圈的接线图

3) 常用传感器的图形符号

常用传感器的图形符号如图 3-46 所示。

(a) 接近传感器　(b) 接近开关常开触点　(c) 磁性接近开关常开触点　(d) 光电(纤)开关常开触点

图 3-46　传感器的图形符号

任务实施

1. 设计安装电气系统

1) I/O 分配

根据控制要求及 PLC 输入/输出点分配原则，分配 I/O 地址，见表 3-16。

表 3-16　I/O 地址分配表

输　　入		输　　出	
PLC 接口	元器件	PLC 接口	元器件
I0.0	起动按钮 SB1	Q0.0	KM1 交流接触器线圈
I0.1	停止按钮 SB2	Q0.1	KM2 交流接触器线圈
I0.2	热继电器 FR1 辅助常开触点		
I0.3	热继电器 FR2 辅助常开触点		
I0.4	光电开关		

2) 设计电气接线图

根据 PLC 的 I/O 分配表，设计自动打包系统电气接线图，如图 3-47 所示。

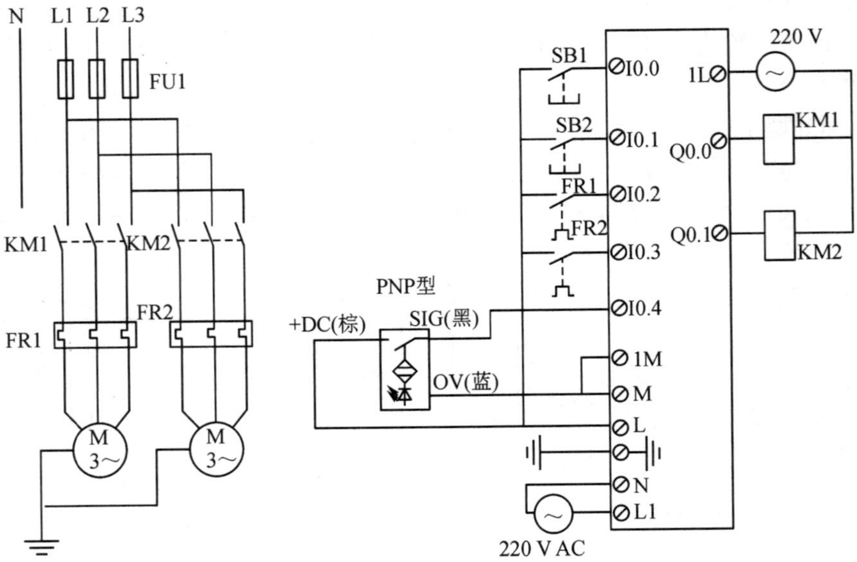

(a) 主回路 (b) 控制回路

图 3-47 自动打包系统电气接线图

3) 连接并检查电路

根据图 3-47 安装元器件、连接电路，并对照电路图检查电路。

(1) 检查主回路和控制回路的电源连接是否正确。

(2) 根据电气原理图检查 PLC 的 I/O 信号线的连接是否正确。

2. 设计编写 PLC 程序

1) 编写变量表

自动打包系统的 PLC 变量表如图 3-48 所示。

		名称	数据类型	地址	保持	从 H...	从 H...	在 H...
1	◀	起动按钮SB1	Bool	%I0.0	☐	☑	☑	☑
2	◀	停止按钮SB2	Bool	%I0.1	☐	☑	☑	☑
3	◀	FR1	Bool	%I0.2	☐	☑	☑	☑
4	◀	FR2	Bool	%I0.3	☐	☑	☑	☑
5	◀	光电开关	Bool	%I0.4	☐	☑	☑	☑
6	◀	送料电机	Bool	%Q0.0	☐	☑	☑	☑
7	◀	打包电机	Bool	%Q0.1	☐	☑	☑	☑

图 3-48 自动打包系统的 PLC 变量表

2) 编写程序

根据任务要求，按照图 3-48 所示变量表编写本任务的 PLC 程序，将加计数器指令(CTU)拖拽到程序编辑器中，弹出如图 3-49 所示界面，单击“确定”按钮，输入梯形图程序，如图 3-50 所示。

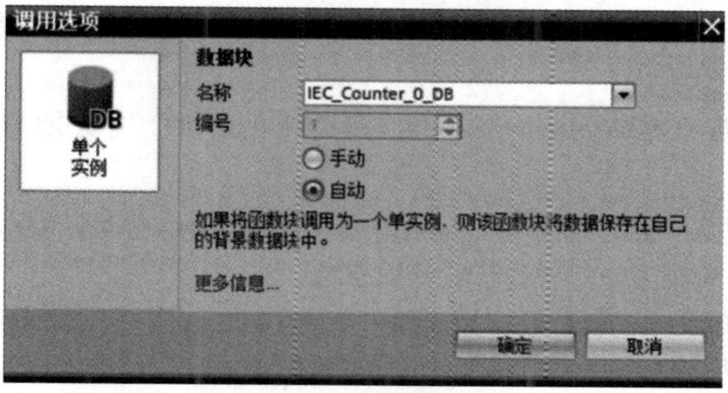

图 3-49　计数器操作

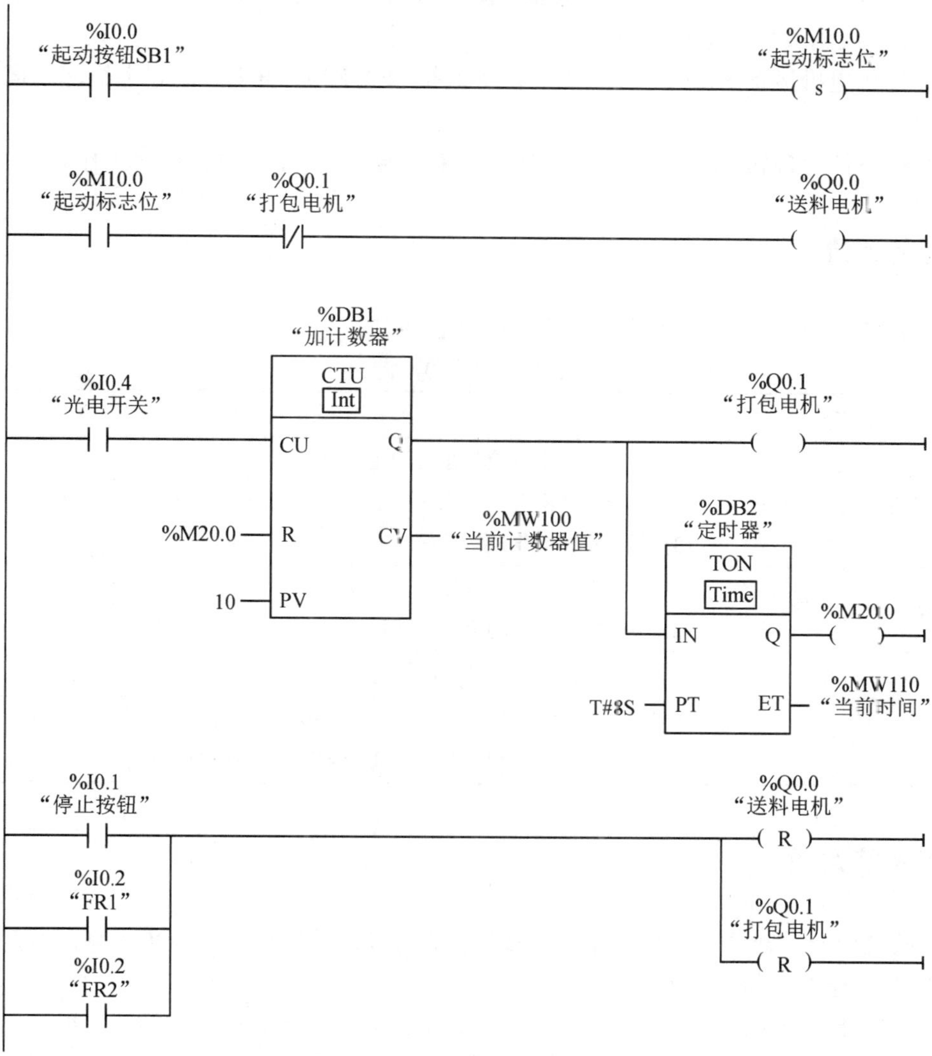

图 3-50　自动打包 PLC 程序

(1) 按下起动按钮 SB1，M10.0 线圈得电自锁，送料电机起动运行。

(2) 当有 10 个物料经过光电开关 I0.4 时，Q0.1 得电，打包电机起动运行并开始计时，由于互锁，送料电机 Q0.0 停止工作。

(3) 当定时时间达到 8 s 时，M20.0 得电，加计数器的复位输入 R 变为 1，计数器复位，当前计数器值 CV 清 0，Q0.1 变为 0，打包电机停止运行；由于互锁，送料电机得电起动运行。如此往复循环。

(4) 按下停止按钮 SB2，送料电机 Q0.0 和打包电机 Q0.1 均复位停止工作。

3) 调试系统

将调试好的程序下载到 PLC 中，如果能实现以下功能，则表示完成任务；如果没有实现以下功能，则分析原因，然后将系统调试成功。

(1) 系统上电后，电动机处于停止运转的状态。

(2) 按下起动按钮 SB1，交流接触器 KM1 线圈得电，主触点吸合，送料电机立即起动运转。送料数量达到 10 后，交流接触器线圈 KM2 线圈得电，主触点吸合，打包电机起动运转，KM1 线圈失电，送料电机停止运转。

(3) 打包电机运行 8 s 后，停止工作，交流接触器 KM1 得电，送料电机起动运转。如此往复循环。

(4) 按下停止按钮 SB2，送料电机 Q0.0 和打包电机 Q0.1 均复位停止工作。

任务评价

对任务的完成情况进行评价，评价标准见表 3-17。

表 3-17 任务评价

评价内容	评 价 标 准	配分	扣分
设计安装电气控制系统	(1) 不会设计电气控制系统的主电路，扣 10 分； (2) 不会设计电气控制系统的 PLC 控制部分，扣 20 分； (3) 不会安装电气控制系统，扣 15 分	30	
编写 PLC 程序	(1) 编写 PLC 程序不规范，扣 20 分； (2) 不能按要求编写 PLC 程序，扣 30 分	50	
调试系统	不会调试或未记录调试现象，扣 10 分	20	
安全文明生产	如违反安全文明生产要求，酌情扣 10～40 分；情节严重者，可判本次技能操作训练为零分或取消本次实训资格		

思考练习题

1. 试设计一个开关灯控制程序，要求灯控按钮 I0.0 按一次，灯 Q0.0 亮，按两次，灯 Q0.0 和 Q0.1 全亮，按三次两灯全灭。

2. 试设计一个生产线计数程序，要求产品通过传感器 I0.0 进行计数，如果产品数量达到 12，则指示灯 Q0.0 亮；如果产品数量达到 24，则指示灯 Q0.0 闪烁。复位按钮是 I0.1。

项目四

西门子 S7-1200 PLC 的中级应用

任务 1 三台电机运行控制系统

任务描述

用 S7-1200 PLC 设计三台电机运行控制系统。

本任务的要求：

(1) 按下起动按钮 SB1，电机 M1 起动连续运行。

(2) 按下起动按钮 SB2，电机 M1 和 M2 同时起动连续运行。

(3) 按下起动按钮 SB3，电机 M1、M2 和 M3 同时起动连续运行。

(4) 按下停止按钮，所有电机停止运行。

(5) 三台电机均采用热继电器作过载保护装置。

职业岗位应知应会目标

(1) 熟悉传送指令的工作原理。

(2) 掌握传送指令在编程实践中的应用。

(3) 掌握三台电机运行控制系统的接线、调试、操作方法。

相关知识

传送指令(MOVE)：当允许输入端 EN 的状态为 1 时，执行该指令，将 IN 端的数值传送(复制)到 OUT1 端的目的地址中，并且转换为 OUT1 指定的数据类型，IN 输入端的源数据保持不变，并将输出端 ENO 的信号状态置 1。传送指令的参数见表 4-1。

表 4-1 传送指令的参数

参 数	数据类型	说 明
EN	Bool	允许输入
ENO	Bool	允许输出
IN	除 Bool 之外所有的基本数据类型，常见的有位字符串、整数、定时器、日期时间	源数据
OUT1		目的地址

如果想把一个数据同时传给不同的存储单元，可单击 MOVE 指令方框中的 图标来添加输出端，如图 4-1 所示。

用一个例子来说明传送指令(MOVE)的使用，如图 4-1 所示，当 I0.1 闭合时，MW10 中的数值(假设为 20)传送到目的地址 MW12 和 MW14 中，结果是 MW10、MW12 和 MW14 中的数值都是 20。Q0.1 的状态和 I0.1 相同，也就是说，I0.1 闭合时，Q0.1 为 1；I0.1 断开时，Q0.1 为 0。

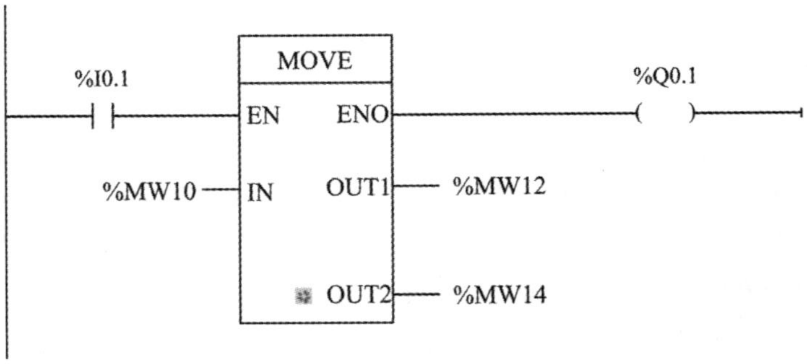

图 4-1 传送指令(MOVE)梯形图

任务实施

1. 设计安装电气系统

1) I/O 分配

根据控制要求及 PLC 输入/输出点分配原则，分配 I/O 地址，见表 4-2。

表 4-2 I/O 地址分配表

输 入		输 出	
PLC 接口	元器件	PLC 接口	元器件
I0.0	起动按钮 SB1	Q0.0	KM1 交流接触器线圈
I0.1	起动按钮 SB2	Q0.1	KM2 交流接触器线圈
I0.2	起动按钮 SB3	Q0.2	KM3 交流接触器线圈
I0.3	停止按钮 SB4		

2) 设计电气接线图

根据 PLC 的 I/O 分配表，设计三台电机运行控制系统电气接线图，其中主电路为三台电机并联，每台电机设有热继电器过载保护功能，电路图略。三台电机运行控制系统电气接线图如图 4-2 所示。

3) 连接并检查电路

根据图 4-2 安装元器件、连接电路，并对照电路图检查电路。

(1) 检查主回路和控制回路的电源连接是否正确。

(2) 根据电气原理图检查 PLC 的 I/O 信号线的连接是否正确。

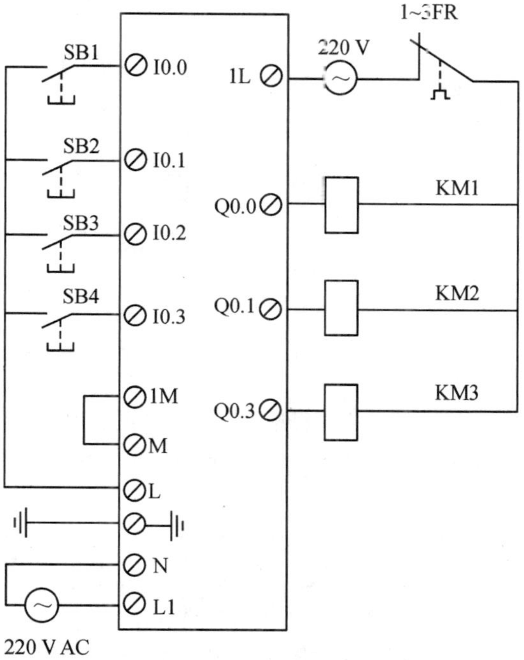

图 4-2　三台电机运行控制系统电气接线图

2. 设计编写 PLC 程序

1) 编写变量表

三台电机运行控制系统的 PLC 变量表如图 4-3 所示。

名称	变量表	数据类型	地址	保持	从 H...	从 H...	在 H...
起动按钮SB1	默认变量表	Bool	%I0.0	☐	☑	☑	☑
起动按钮SB2	默认变量表	Bool	%I0.1	☐	☑	☑	☑
起动按钮SB3	默认变量表	Bool	%I0.2	☐	☑	☑	☑
停止按钮SB4	默认变量表	Bool	%I0.3	☐	☑	☑	☑
电机M1	默认变量表	Bool	%Q0.0	☐	☑	☑	☑
电机M2	默认变量表	Bool	%Q0.1	☐	☑	☑	☑
电机M3	默认变量表	Bool	%Q0.2	☐	☑	☑	☑

图 4-3　三台电机运行控制系统的 PLC 变量表

2) 编写程序

根据任务要求，按照图 4-3 所示的 PLC 变量表编写本任务的 PLC 程序，如图 4-4 所示。

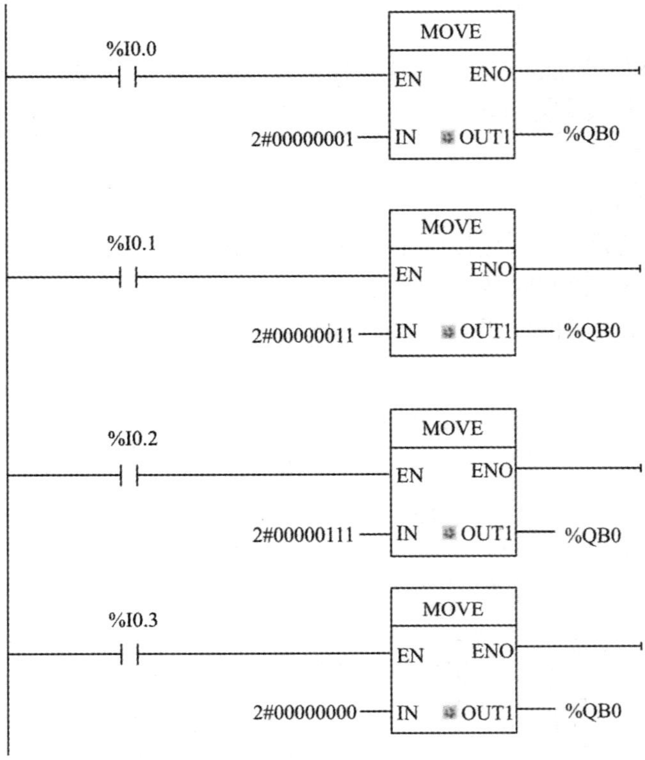

图 4-4　三台电机运行控制系统 PLC 程序

在解释程序之前，先回顾字节和位的关系。QB0 是一个字节，包括了 Q0.7～Q0.0 这 8 个位，如图 4-5 所示。

QB0	Q0.7	Q0.6	Q0.5	Q0.4	Q0.3	Q0.2	Q0.1	Q0.0

图 4-5　位和字节的关系

(1) 按下起动按钮 SB1，I0.0 闭合，第一个数据传送指令把二进制的 00000001 传送给 Q0.7～Q0.0，这时，Q0.0 为 1，其他为 0，电机 M1 得电运行。

(2) 按下起动按钮 SB2，I0.1 闭合，第二个数据传送指令把二进制的 00000011 传送给 Q0.7～Q0.0，这时，Q0.0 和 Q0.1 为 1，其他为 0，电机 M1 和 M2 得电运行。

(3) 按下起动按钮 SB3，I0.2 闭合，第三个数据传送指令把二进制的 00000111 传送给 Q0.7～Q0.0，这时，Q0.0、Q0.1 和 Q0.2 为 1，其他为 0，电机 M1、M2 和 M3 得电运行。

(4) 按下停止按钮 SB4，I0.4 闭合，第四个数据传送指令把二进制的 00000000 传送给 Q0.7～Q0.0，这时，Q0.7～Q0.0 均为 0，所有电机停止运转。

3) 调试系统

将调试好的程序下载到 PLC 中，如果能实现以下功能，则表示完成任务；如果没有实现以下功能，则需分析原因，然后将系统调试成功。

(1) 系统上电后，电机处于停止运转的状态。

(2) 按下起动按钮 SB1，交流接触器 KM1 线圈得电，主触点吸合，电机 M1 起动运转。

(3) 按下起动按钮 SB2，交流接触器 KM1 和 KM2 线圈得电，主触点吸合，电机 M1 和 M2 起动运转。

(4) 按下起动按钮 SB3，交流接触器 KM1、KM2 和 KM3 线圈得电，主触点吸合，电机 M1、M2 和 M3 起动运转。

(5) 按下停止按钮 SB4，交流接触器 KM1、KM2 和 KM3 线圈失电，主触点断开，三台电机均停止运转。

任务评价

对任务的完成情况进行评价，评价标准见表 4-3。

表 4-3　任 务 评 价

评价内容	评 价 标 准	配分	扣分
设计安装电气控制系统	(1) 不会设计电气控制系统的主电路，扣 10 分； (2) 不会设计电气控制系统的 PLC 控制部分，扣 20 分； (3) 不会安装电气控制系统，扣 15 分	30	
编写 PLC 程序	(1) 编写 PLC 程序不规范，扣 20 分； (2) 不能按要求编写 PLC 程序，扣 30 分	50	
调试系统	不会调试或未记录调试现象，扣 10 分	20	
安全文明生产	如违反安全文明生产要求，酌情扣 10～40 分；情节严重者，可判本次技能操作训练为零分或取消本次实训资格		

思考练习题

试用 MOVE 指令实现以下功能：按下起动按钮 SB1，电机 M1～M4 起动并持续运行，5 s 后，电机 M5～M6 起动并持续运行；按下停止按钮 SB2，8 台电机同时停止运转。

任务 2　车库出入检测系统

任务描述

S7-1200 PLC 可用于设计车库出入检测系统。

本任务的要求：如图 4-6 所示，对车库内的车辆进行数量监控，当车库内车辆少于 10 辆时，指示灯常亮；当车库内车辆达到 10 辆时，指示灯开始以 1 Hz 的频率闪烁进行报警。其中 SD1 和 SD2 分别为地感线圈车辆检测器。

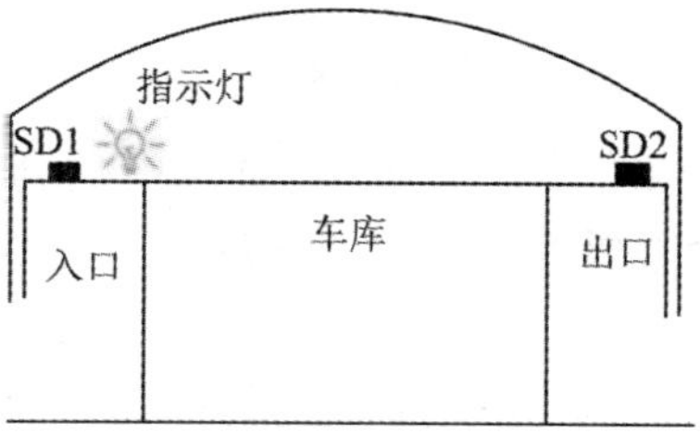

图 4-6　车库出入检测示意图

职业岗位应知应会目标

(1) 熟悉比较指令的工作原理。

(2) 掌握比较指令在编程实践中的应用。

(3) 掌握车库出入检测系统的接线、调试、操作方法。

相关知识

1. 比较指令

比较指令可以等效成一个触点，它的导通和断开由比较关系决定，当比较关系成立时，触点导通，否则触点断开。

S7-1200 PLC 的比较指令有等于(==)、大于(>)、大于等于(>=)、小于(<)、小于等于(<=)。下面以等于比较指令为例说明比较指令的使用。

等于比较指令如图 4-7 所示。双击“==”，会出现如图 4-8 所示的下拉框，通过单击下拉框中的比较符号可修改比较符号。双击触点中间的“???”，会出现如图 4-9 所示的下拉框，通过单击下拉框中的数据类型可设置比较指令的数据类型。上下“<???>”分别为操作数 1 和操作数 2，操作数 1 和操作数 2 的数据类型应相同。当操作数 1 和操作数 2 满足比较条件时，等效触点接通。

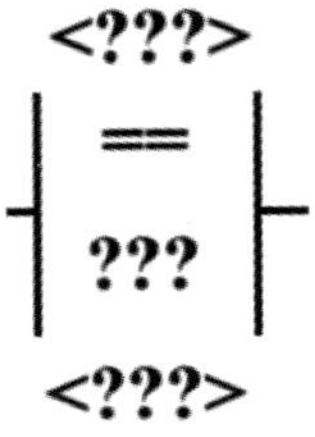

图 4-7 等于比较指令

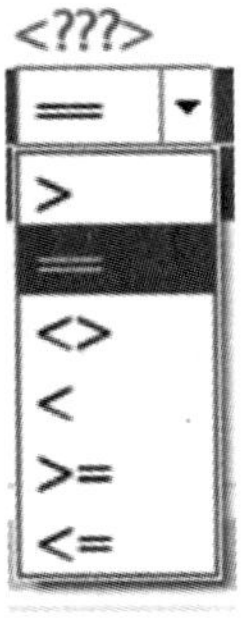

图 4-8 比较符号

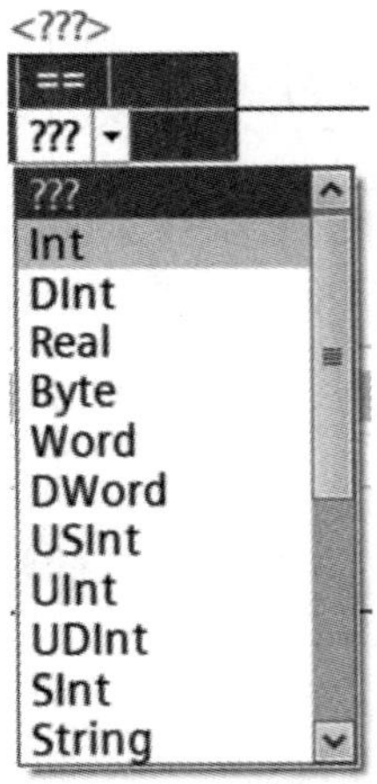

图 4-9 比较指令的数据类型

2. 时钟存储器

在本任务的程序中，会用到时钟存储器，时钟存储器是系统自带的存储器，用户只需设置即可。S7-1200 PLC 的时钟存储器的设置步骤如下：

(1) 如图 4-10 所示，在上方的设备视图中单击 PLC_1 的图片。

(2) 如图 4-10 下方的窗口中，单击“属性”→“常规”→“脉冲发生器”→“系统和时钟存储器”，如图 4-11 所示，勾选“启用时钟存储器字节”，如图 4-12 所示。

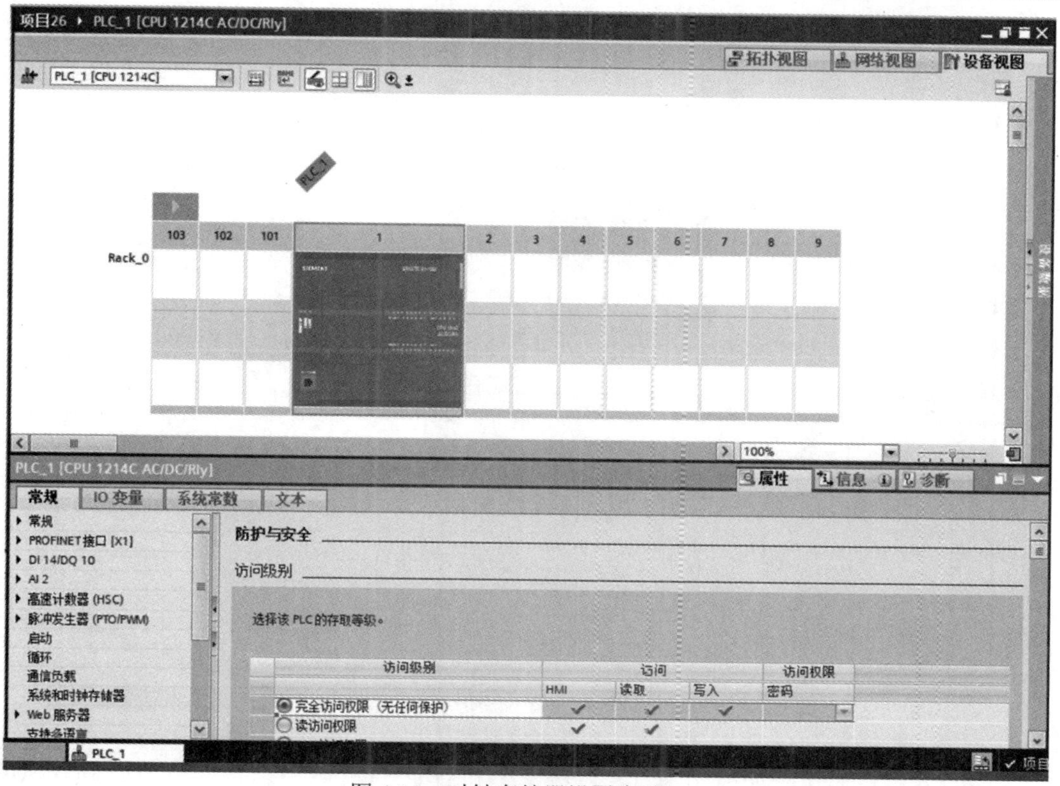

图 4-10　时钟存储器设置步骤(一)

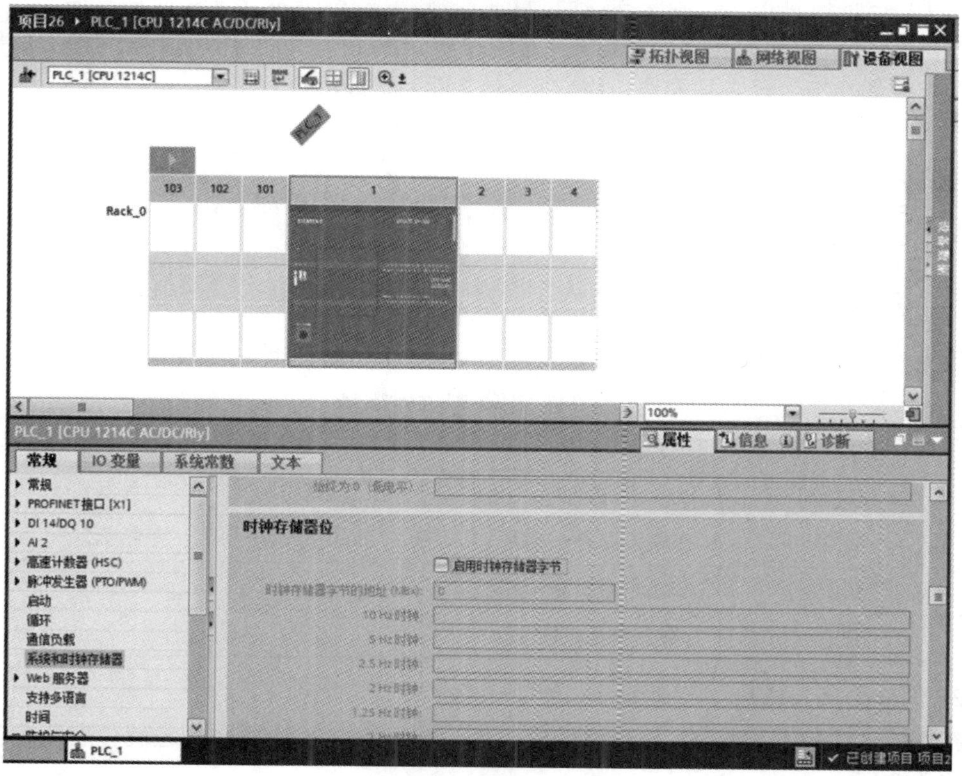

图 4-11　时钟存储器设置步骤(二)

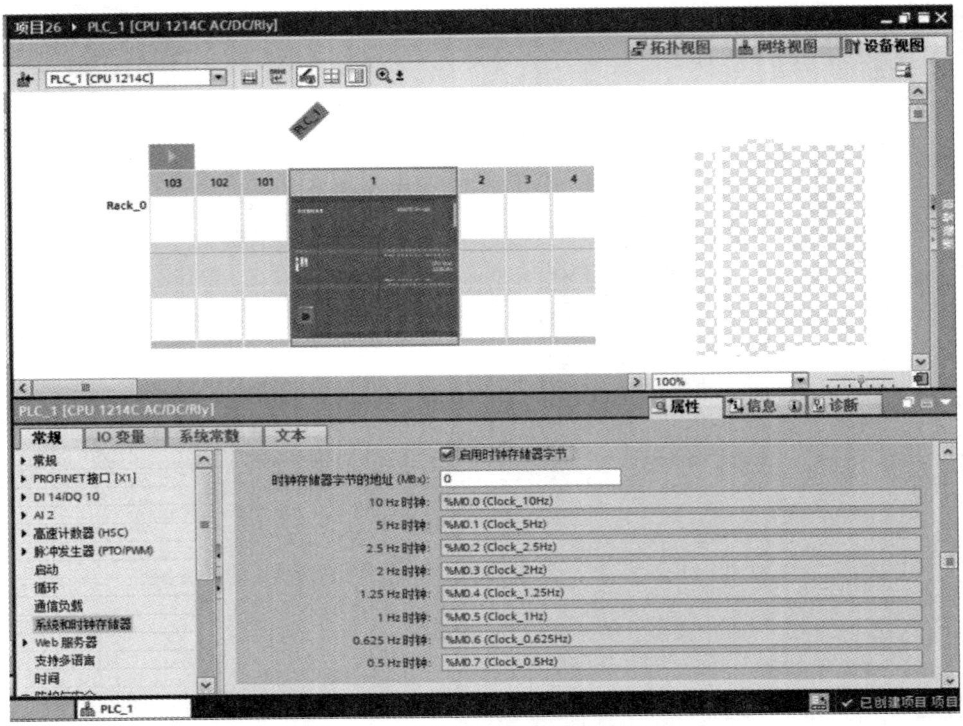

图 4-12　时钟存储器设置步骤(三)

图 4-12 中，假设脉冲周期为 T，则频率(f)和周期之间的关系为 $T = 1/f$。例如：M0.0 能发出 10 Hz 的时钟信号，则脉冲周期为 0.1 s，即每隔 0.1 s 发出一个时钟脉冲。

注：只有当“启用时钟存储器字节”被勾选后，M0.0～M0.7 才具有特定功能，如果“启用时钟存储器字节”没有被勾选，M0.0～M0.7 就是普通的位存储器。

任务实施

1. 设计安装电气系统

1) I/O 分配

根据控制要求及 PLC 输入/输出点分配原则，分配 I/O 地址，见表 4-4。

表 4-4　I/O 地址分配表

输　入		输　出	
PLC 接口	元器件	PLC 接口	元器件
I0.0	车辆入库检测 SD1	Q0.0	指示灯
I0.1	车辆出库检测 SD2		
I0.2	计数器复位按钮 SB1		

2) 设计电气接线图

根据 PLC 的 I/O 分配表，设计车辆出入库检测系统电气接线图(用位置传感器代替车辆出入库检测器)，如图 4-13 所示。

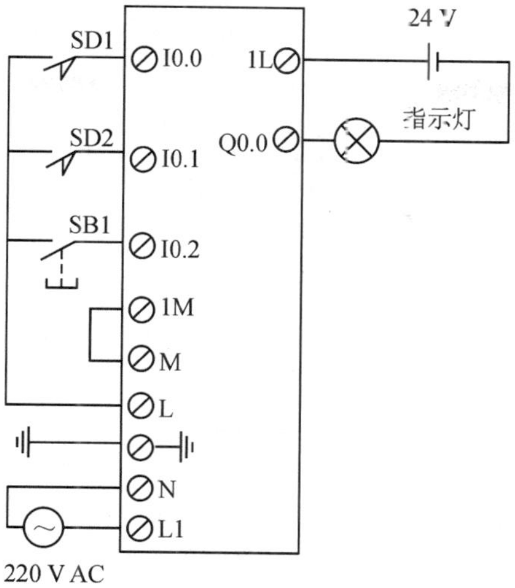

图 4-13　车辆出入库检测系统电气接线图

3) 连接并检查电路

根据图 4-13 安装元器件、连接电路，并对照电路图检查电路。

(1) 检查电源连接是否正确。

(2) 根据电气原理图检查 PLC 的 I/O 信号线的连接是否正确。

2. 设计编写 PLC 程序

1) 编写变量表

车辆出入库检测系统的 PLC 变量表如图 4-14 所示。

		名称	数据类型	地址	保持	从 H...	从 H...	在 H...
1		车辆入库检测SD1	Bool	%I0.1	☐	☑	☑	☑
2		车辆出库检测SD2	Bool	%I0.2	☐	☑	☑	☑
3		计数器复位按钮SB1	Bool	%I0.3	☐	☑	☑	☑
4		指示灯	Bool	%Q0.0	☐	☑	☑	☑

图 4-14　车辆出入库检测系统的 PLC 变量表

2) 编写程序

根据任务要求，按照图 4-14 所示的 PLC 变量表编写本任务的 PLC 程序，如图 4-15 所示。

(1) 系统上电，首次循环 M1.0 产生一个上升沿脉冲，计数器复位，输出端 CV 的当前计数值为 0。

(2) 当 I0.0 得电时，计数器输入端 CU 检测到一个上升沿，输出端 CV 的当前计数值加 1，并储存到 MW100 中；当 I0.1 得电时，计数器输入端 CD 检测到一个上升沿，输出端 CV 的当前计数值减 1，并储存到 MW100 中；当 I0.0 和 I0.1 同时得电时，输出端 CV 的当前计数值保持不变。

(3) 当 0≤MW100＜10 时，Q0.0 一直得电；当 MW100≥10 时，由于 M0.5 常开触点发出 1 Hz 的时钟信号，因此 Q0.0 也以 1 Hz 的频率闪烁。

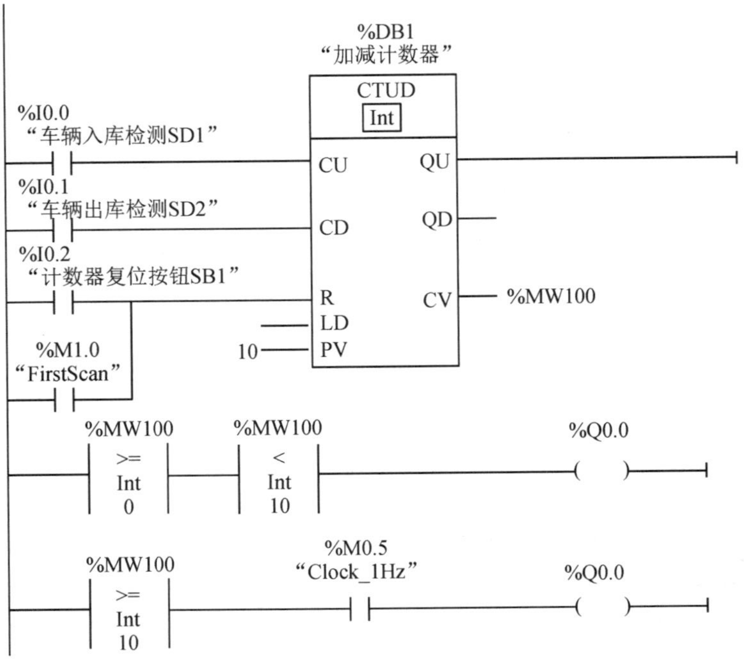

图 4-15 车辆出入库检测系统 PLC 程序

3) 调试系统

将调试好的程序下载到 PLC 中，如果能实现以下功能，则表示完成任务；如果没有实现以下功能，则需分析原因，然后将系统调试成功。

(1) 系统上电后，计数器的当前计数时间为 0。

(2) 当有车入库时，当前计数值加 1；当有车出库时，当前计数值减 1；当同时有车入库和出库时，当前计数值不变。

(3) 当车库里的车辆少于 10 辆时，指示灯常亮；当车库里的车辆达到 10 辆时，指示灯以 1 Hz 的频率闪烁。

任务评价

对任务的完成情况进行评价，评价标准见表 4-5。

表 4-5 任 务 评 价

评价内容	评 价 标 准	配分	扣分
设计安装电气控制系统	(1) 不会设计电气控制系统的主电路，扣 10 分； (2) 不会设计电气控制系统的 PLC 控制部分，扣 20 分； (3) 不会安装电气控制系统，扣 15 分	30	
编写 PLC 程序	(1) 编写 PLC 程序不规范，扣 20 分； (2) 不能按要求编写 PLC 程序，扣 30 分	50	
调试系统	不会调试或未记录调试现象，扣 10 分	20	
安全文明生产	如违反安全文明生产要求，酌情扣 10～40 分；情节严重者，可判本次技能操作训练为零分或取消本次实训资格		

思考练习题

1. 请用比较指令编写开关等控制程序，要求灯控按钮 I0.0 按一次，灯 Q0.1 亮，按两次灯 Q0.1 和 Q0.2 全亮，按三次灯全灭，如此循环。

2. 请编写简易红绿灯程序，要求按下起动按钮，红灯亮 30 s 后熄灭，绿灯亮 5 s，再闪烁 3 s 后熄灭，最后黄灯亮 2 s，接着进入下一个循环。

任务 3 三挡电炉加热系统

任务描述

有一个工业电炉，加热功率有 1000 W、2000 W 和 3000 W 三个挡，电炉有 1000 W 和 2000 W 两种电加热丝，用一个按钮选择三个加热挡。

本任务的要求：

(1) 按一次按钮 SB1 时为第一挡，1000 W 电阻丝加热。

(2) 按两次按钮 SB1 时为第二挡，2000 W 电阻丝加热。

(3) 按三次按钮 SB1 时为第三挡，1000 W 和 2000 W 电阻丝同时加热。

(4) 按四次按钮 SB1 时，停止加热。

为了便于实操，在任务实施中，用两个指示灯分别代替 1000 W 和 2000 W 的电阻丝。

职业岗位应知应会目标

(1) 熟悉数学函数指令的工作原理。

(2) 掌握数学函数指令在编程实践中的应用。

(3) 掌握三挡电炉加热系统的接线、调试、操作方法。

相关知识

西门子 S7-1200 PLC 常用的数学函数指令有四个：加指令(ADD)、减指令(SUB)、递增指令(INC)和递减指令(DEC)，如图 4-16 所示。

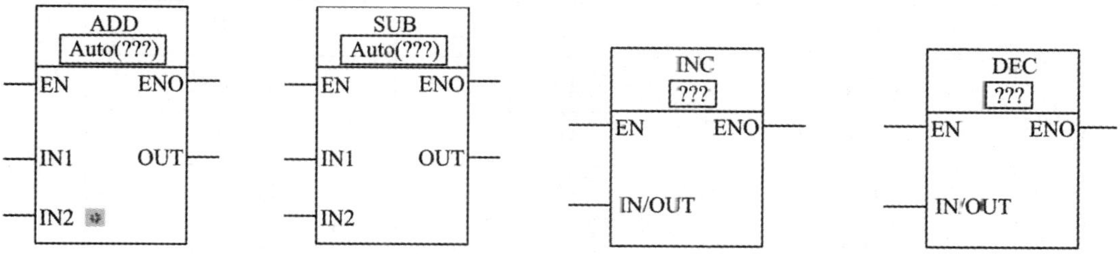

(a) 加指令 (b) 减指令 (c) 递增指令 (d) 递减指令

图 4-16 数学函数指令

1. 加指令(ADD)

加指令(ADD)的指令框如图 4-16(a)所示。当允许输入端 EN 为高电平 1 时，输入端的 IN1 和 IN2 中的整数相加，结果传送到 OUT 中。可以从指令框的“???”下拉列表中选择该指令的数据类型，常用的数据类型是整数。加指令(ADD)的参数见表 4-6。

表 4-6 加指令的参数

参 数	数据类型	说 明
EN	Bool	允许输入
ENO	Bool	允许输出
IN1	整数	第一个加数
IN2	整数	第二个加数
OUT	整数	相加的结果

如果有三个或三个以上的数相加，可以单击指令框中的 图标添加输入项。

用一个例子来说明加指令(ADD)的使用，如图 4-17 所示。当 I0.0 闭合时，开始执行加指令，IN1 中的整数存储在 MW10 中，假设这个数是 8，IN2 中的整数存储在 MW12 中，假设这个数是 10，IN1 + IN2 + IN3 = 8 + 10 + 20 = 38，将结果 38 存储在 OUT 端的 MW20 中。由于该结果没有超出计算范围，因此 Q0.0 输出为 1。(注：整数函数运算的范围是 −32 768～32 768，若超出此范围则是错误的。)

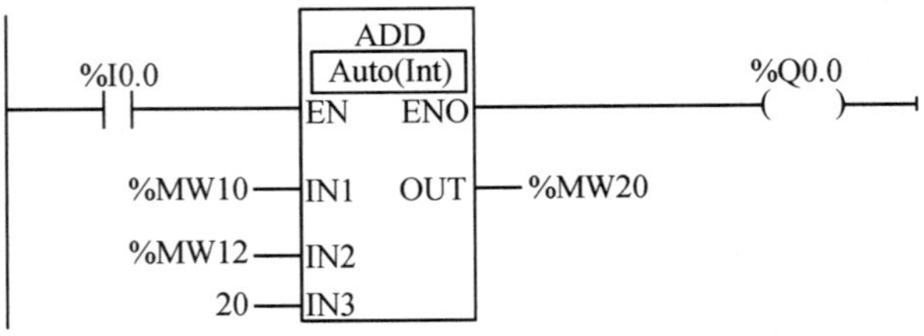

图 4-17 加指令(ADD)梯形图

2. 减指令(SUB)

减指令(SUB)的指令框如图 4-16(b)所示。当允许输入端 EN 为高电平 1 时，输入端 IN1 中的整数减 IN2 中的整数，即 IN1 − IN2，结果传送到 OUT 中。可以从指令框的“???”下拉列表中选择该指令的数据类型，常用的数据类型是整数。减指令(SUB)的参数见表 4-7。

表 4-7 减指令的参数

参 数	数据类型	说 明
EN	Bool	允许输入
ENO	Bool	允许输出
IN1	整数	被减数
IN2	整数	减数
OUT	整数	相减的结果

用一个例子来说明减指令(SUB)的使用，如图 4-18 所示。当 I0.0 闭合时，开始执行减指令，IN1 中的整数存储在 MW10 中，假设这个数是 100，IN1 − IN2 = 100 − 8 = 92，将结果 92 存储在 OUT 端的 MW12 中。由于该结果没有超出计算范围，因此 Q0.0 输出为 1。

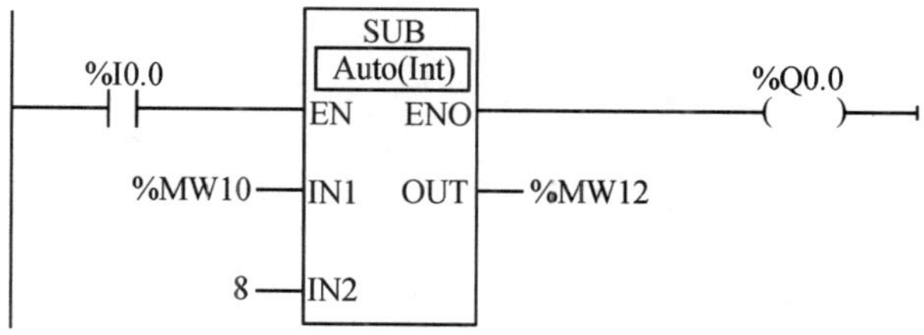

图 4-18　减指令(SUB)梯形图

3. 递增指令(INC)

递增指令(INC)的指令框如图 4-16(c)所示。当允许输入端 EN 为高电平 1 时，参数 IN/OUT 中的操作数的值加 1。递加指令(INC)的参数见表 4-8。

表 4-8　递增指令的参数

参数	数据类型	说明
EN	Bool	允许输入
ENO	Bool	允许输出
IN/OUT	整数	要递增的值

用一个例子来说明递增指令(INC)的使用，如图 4-19 所示。假设 MW10 中存储的整数是 10，每当输入端 EN 检测到上升沿时，MW10 中的数就加 1。例如：输入端 EN 第一次检测到上升沿，MW10 中的数 10 加 1 变成 11；第二次检测到上升沿，MW10 中的数 11 加 1 变成 12。

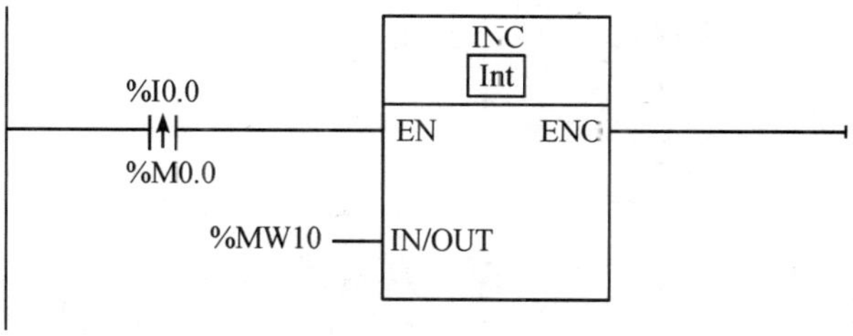

图 4-19　递增指令(INC)梯形图

4. 递减指令(DEC)

递减指令(DEC)的指令框如图 4-16(d)所示。当允许输入端 EN 为高电平 1 时，参数 IN/OUT 中的操作数的值减 1。递减指令(DEC)的参数见表 4-9。

表 4-9　递减指令的参数

参　数	数据类型	说　明
EN	Bool	允许输入
ENO	Bool	允许输出
IN/OUT	整数	要递减的值

用一个例子来说明递减指令(DEC)的使用，如图 4-20 所示。假设 MW10 中存储的整数是 10，每当输入端 EN 检测到上升沿时，MW10 中的数就减 1。例如：输入端 EN 第一次检测到上升沿，MW10 中的数 10 减 1 变成 9；第二次检测到上升沿，MW10 中的数 9 减 1 变成 8。

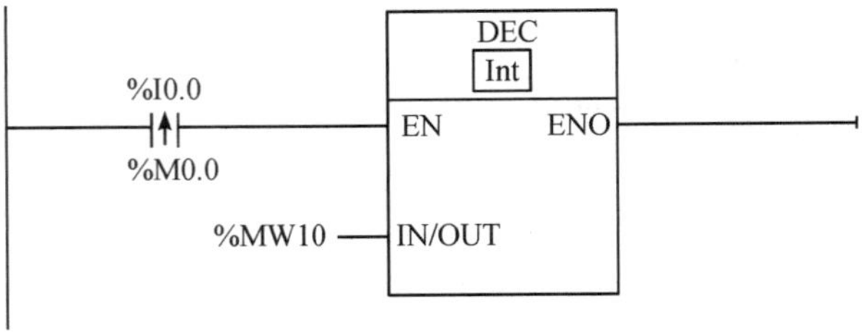

图 4-20　递减指令(INC)梯形图

5. 系统存储器

在本任务的程序中，会用到系统存储器，系统存储器是系统自带的存储器，用户只需设置即可。S7-1200 PLC 的系统存储器的设置步骤如下：

(1) 如图 4-21 所示，在上方的设备视图中单击 PLC_1 的图片。

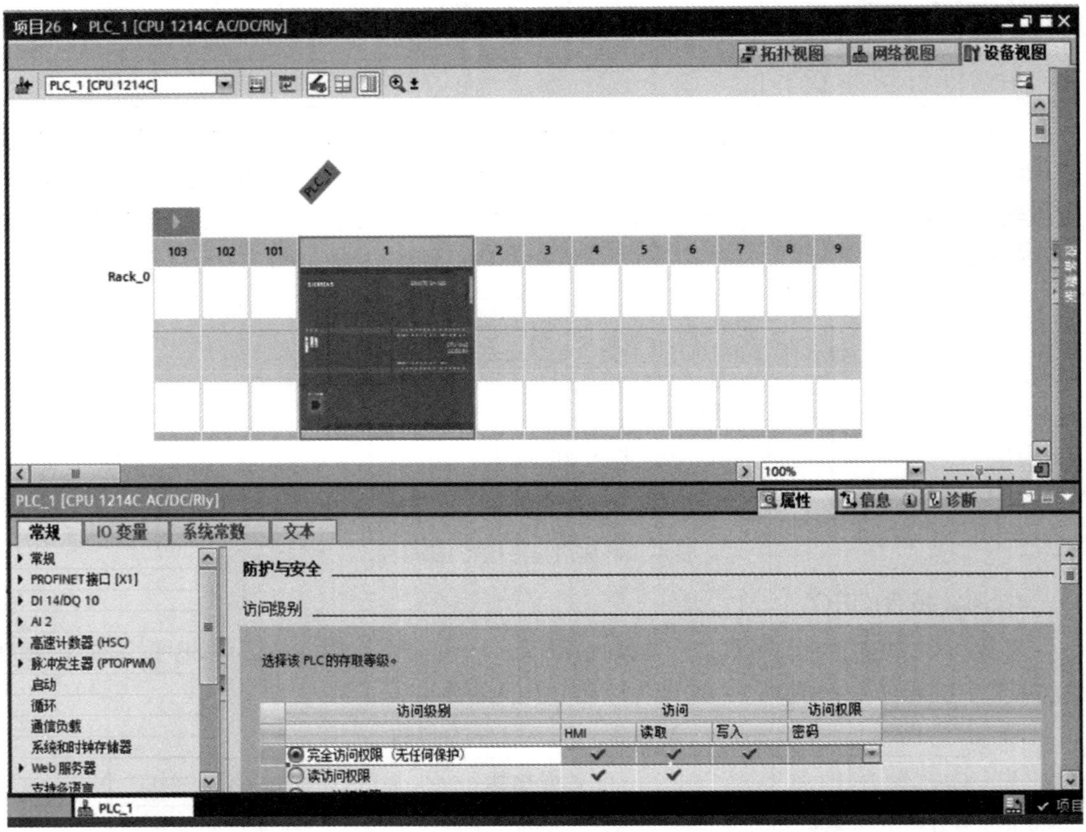

图 4-21　系统存储器设置步骤(一)

(2) 如图 4-21 下方的窗口中，单击“属性”→“常规”→“脉冲发生器”→“系统和时钟存储器”，如图 4-22 所示，勾选“启用系统存储器字节”，如图 4-23 所示。

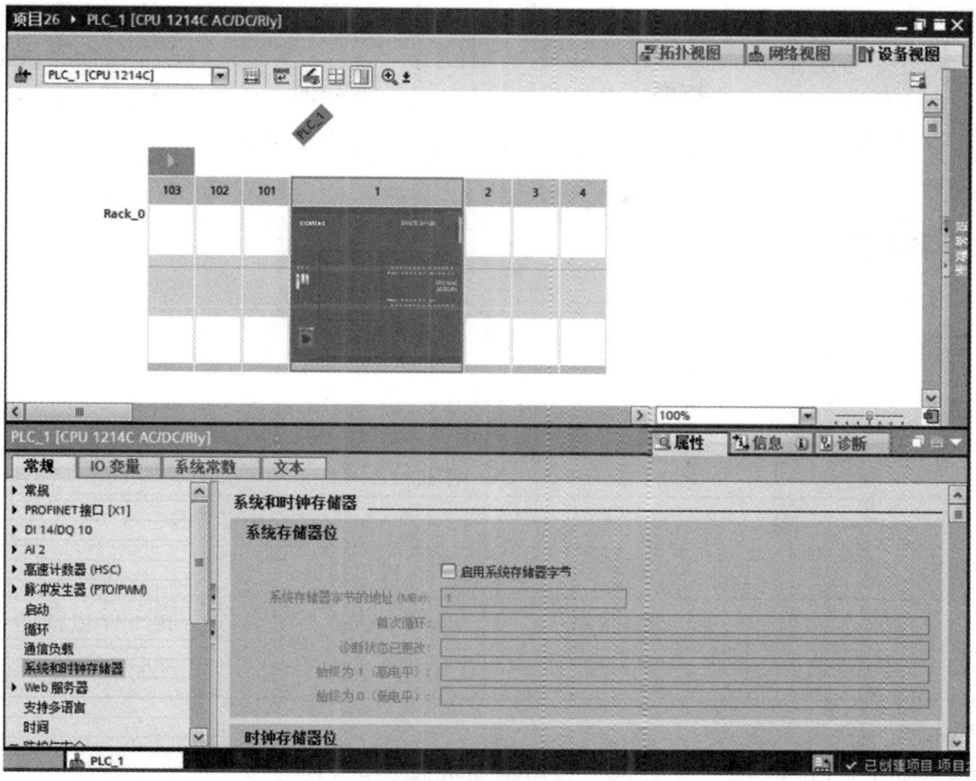

图 4-22　系统存储器设置步骤(二)

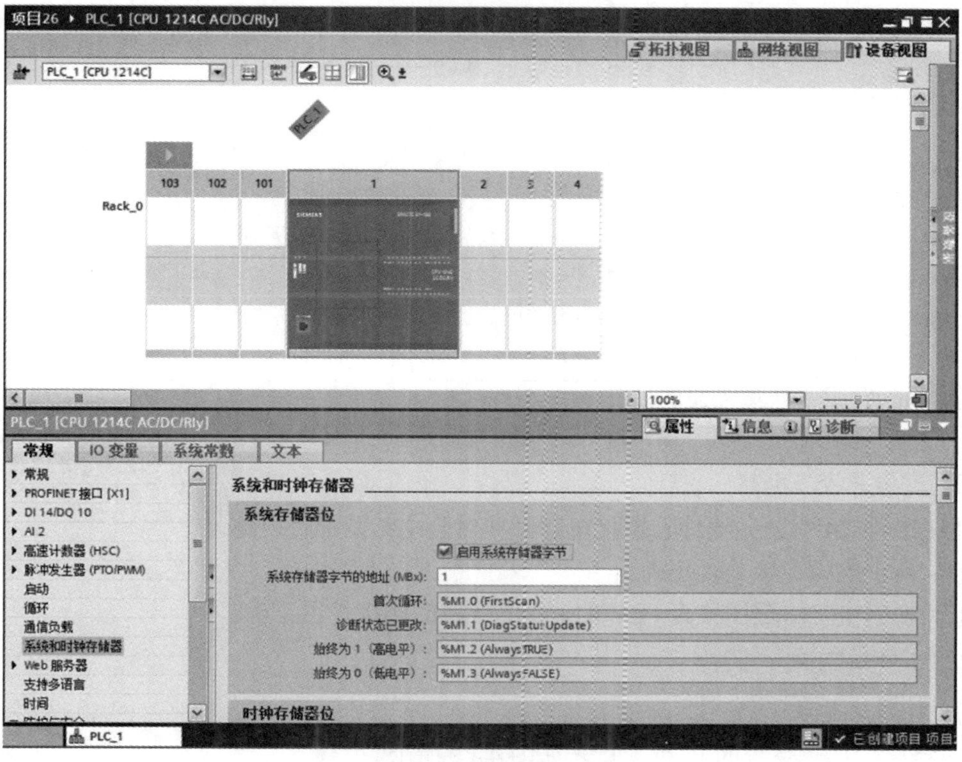

图 4-23　系统存储器设置步骤(三)

图 4-23 中，首次循环 M1.0 在 PLC 从 STOP 模式转变为 RUN 模式的一瞬间接通，之后一直断开，常用作程序的初始化。高电平 M1.2 表示 M1.2 的常开触点总是接通状态。

注：只有当"启用系统存储器字节"被勾选时，M1.0～M1.3 才具有特定功能，如果"启用系统存储器字节"没有被勾选，M1.0～M1.3 就是普通的位存储器。

任务实施

1. 设计安装电气系统

1) I/O 分配

根据控制要求及 PLC 输入/输出点分配原则，分配 I/O 地址，见表 4-10。

表 4-10　I/O 地址分配表

输　入		输　出	
PLC 接口	元器件	PLC 接口	元器件
I0.0	按钮 SB1	Q0.0	1000 W 电加热丝
		Q0.1	2000 W 电加热丝

2) 设计电气接线图

根据 PLC 的 I/O 分配表，设计三挡电炉加热系统电气接线图，如图 4-24 所示。

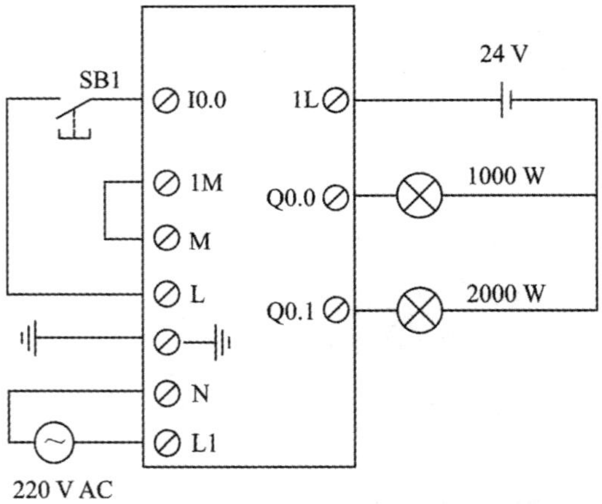

图 4-24　三挡电炉加热系统电气接线图

3) 连接并检查电路

根据图 4-24 安装元器件、连接电路，并对照电路图检查电路。

(1) 检查电源连接是否正确。

(2) 根据电气原理图检查 PLC 的 I/O 信号线的连接是否正确。

2. 设计编写 PLC 程序

1) 编写变量表

三挡电炉加热系统的 PLC 变量表如图 4-25 所示。

		名称	数据类型	地址	保持	从 H...	从 H...	在 H...	注释
1	◀	按钮SB1	Bool	%I0.0	☐	☑	☑	☑	
2	◀	1000W灯	Bool	%Q0.0	☐	☑	☑	☑	
3	◀	2000W灯	Bool	%Q0.1	☐	☑	☑	☑	

图 4-25　三挡电炉加热系统的 PLC 变量表

2) 编写程序

根据任务要求，按照图 4-25 的 PLC 变量表编写本任务的 PLC 程序，如图 4-26 所示。

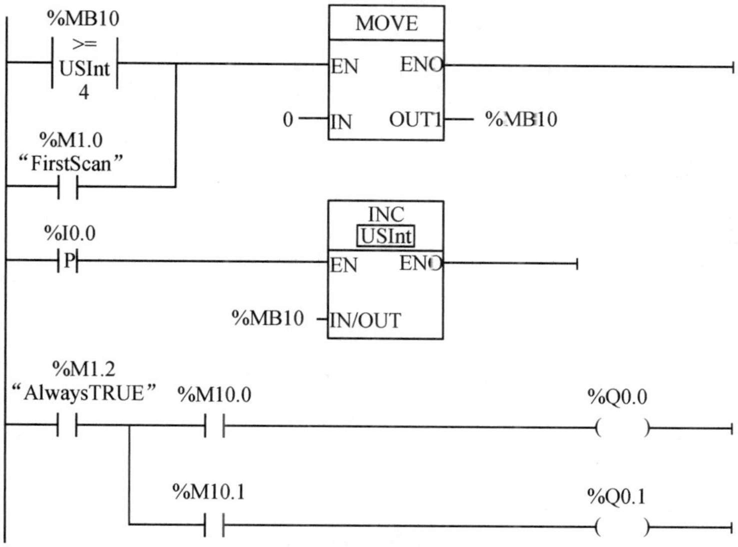

图 4-26　三挡电炉加热系统 PLC 程序

(1) M1.0 常开触点在 PLC 由 STOP 模式转换到 RUN 模式的瞬间接通，将 0(2#00000000) 传送给 MB10，即 M10.0～M10.7 均为 0(M10.0 和 M10.1 常开触点断开)，则 Q0.0 和 Q0.1 不得电。

(2) 当第一次按下按钮 SB1 时，常开触点 I0.0 产生一个上升沿脉冲，递增指令被激活，MB10 加 1，即 0 + 1 = 1，此时 MB10 = 1(2#00000001)，即 M10.1～M10.7 为 0(M10.1 常开触点断开)，M10.0 为 1(常开触点闭合)，则 Q0.0 得电，Q0.1 不得电。

(3) 当第二次按下按钮 SB1 时，常开触点 I0.0 产生一个上升沿脉冲，递增指令被激活，MB10 加 1，即 1 + 1 = 2，此时 MB10 = 2(2#00000010)，即 M10.2～M10.7 和 M10.0 为 0(M10.0 常开触点断开)，M10.1 为 1(常开触点闭合)，则 Q0.0 不得电，Q0.1 得电。

(4) 当第三次按下按钮 SB1 时，常开触点 I0.0 产生一个上升沿脉冲，递增指令被激活，MB10 加 1，即 2 + 1 = 3，此时 MB10 = 3(2#00000011)，即 M10.2～M10.7 为 0，M10.0 和 M10.1 为 1(常开触点闭合)，则 Q0.0 和 Q0.1 均得电。

(5) 当第四次按下按钮 SB1 时，常开触点 I0.0 产生一个上升沿脉冲，递增指令被激活，MB10 加 1，即 3 + 1 = 4，此时 MB10 = 4，比较指令接通，将 0 传送给 MB10(2#00000000)，即 M10.0～M10.7 均为 0(M10.0 和 M10.1 常开触点断开)，则 Q0.0 和 Q0.1 均不得电。

十进制和二进制对照表见表 4-11。

表 4-11　十进制和二进制对照表

十进制	二进制
0	2#00000000
1	2#00000001
2	2#00000010
3	2#00000011

3) 调试系统

将调试好的程序下载到 PLC 中，如果能实现以下功能，则表示完成任务；如果没有实现以下功能，则需分析原因，然后将系统调试成功。

(1) 系统上电后，两个指示灯均处于熄灭的状态。

(2) 当第一次按下按钮 SB1 时，第一个指示灯亮(1000 W 电阻丝加热，即第一挡)。

(3) 当第二次按下按钮 SB1 时，第一个指示灯熄灭，第二个指示灯亮(2000 W 电阻丝加热，即第二挡)。

(4) 当第三次按下按钮 SB1 时，两个指示灯均亮(1000 W 和 2000 W 电阻丝均加热，即第三挡)。

(5) 当第四次按下按钮 SB1 时，两个指示灯均熄灭(电炉停止加热)。

任务评价

对任务的完成情况进行评价，评价标准见表 4-12。

表 4-12 任 务 评 价

评价内容	评 价 标 准	配分	扣分
设计安装电气控制系统	(1) 不会设计电气控制系统的主电路，扣 10 分； (2) 不会设计电气控制系统的 PLC 控制部分，扣 20 分； (3) 不会安装电气控制系统，扣 15 分	30	
编写 PLC 程序	(1) 编写 PLC 程序不规范，扣 20 分； (2) 不能按要求编写 PLC 程序，扣 30 分	50	
调试系统	不会调试或未记录调试现象，扣 10 分	20	
安全文明生产	如违反安全文明生产要求，酌情扣 10～40 分；情节严重者，可判本次技能操作训练为零分或取消本次实训资格		

思考练习题

请编程实现 189+214−165 的运算结果，并保存在 MD200 中。

任务 4 天塔之光控制系统

任务描述

用 S7-1200 PLC 设计天塔之光控制系统。

本任务的要求：图 4-27 所示为天塔之光的造型图，共有 8 盏灯，按下起动按钮，8 盏灯按照 L1～L8 的顺序依次以 1 s 的时间间隔点亮，并不断重复进行；按下停止按钮，所有灯熄灭。

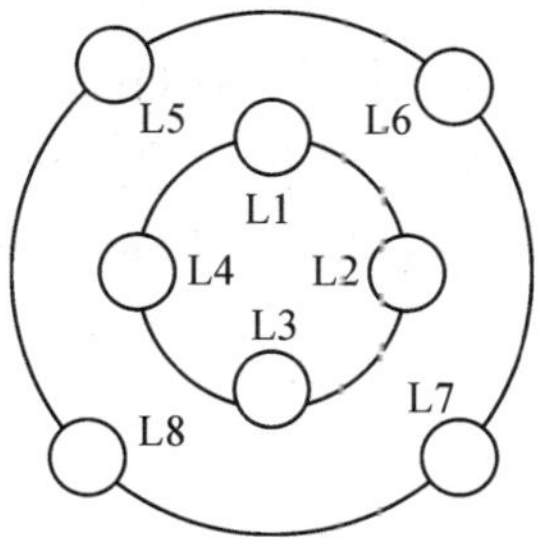

图 4-27　天塔之光造型图

职业岗位应知应会目标

(1) 熟悉移位指令和循环移位指令的工作原理。

(2) 掌握移位指令和循环移位指令在编程实践中的应用。

(3) 掌握天塔之光控制系统的接线、调试、操作方法。

相关知识

移位和循环指令包括左移指令(SHL)、右移指令(SHR)、循环左移指令(ROL)和循环右移指令(ROR)。这四个指令中，IN 和 OUT 端支持的数据类型有 Byte、Word 和 DWord。

1. 左移指令(SHL)

左移指令(SHL)梯形图如图 4-28 所示。当输入端 EN 为高电平“1”时，执行左移指令，将输入端 IN 指定的内容按位从右向左移动，并将移动后的结果写入到输出端 OUT 中，输入 N 端中的数字指定移位的位数。

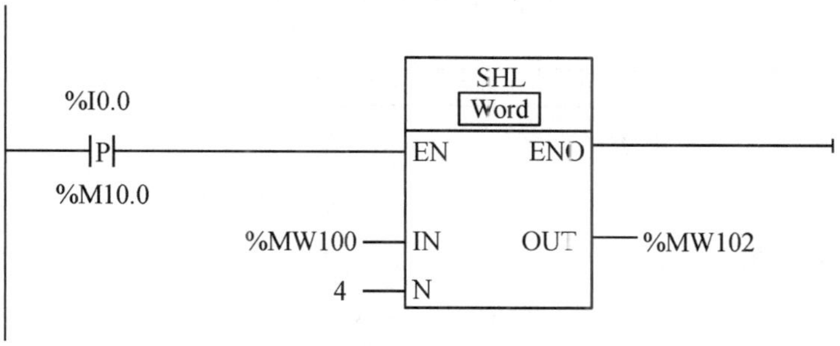

图 4-28　左移指令梯形图

SHL 指令用 0 填充右侧部分因移位空出的位。

以下用一个例子来说明左移指令。如图 4-28 所示，当 I0.0 闭合时，产生一个扫描周期的上升沿脉冲，执行移位指令，IN 中的字存储在 MW100 中。假设这个字为 2#1001 1111 0101 0110，向左移动 4 位后，OUT 端的 MW102 中的数是 2#1111 0101 0110 0000。左移指令示意图如图 4-29 所示(I0.0 每闭合一次，就会左移 4 位)。

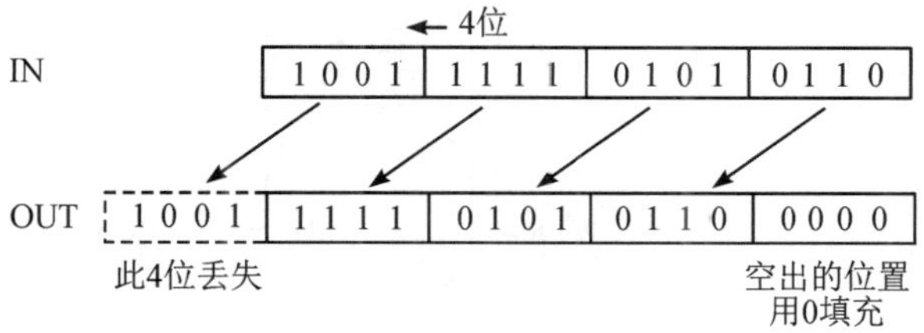

图 4-29　左移指令(SHL)示意图

2. 右移指令(SHR)

右移指令(SHR)梯形图如图 4-30 所示。当输入端 EN 为高电平“1”时，执行右移指令，将输入端 IN 指定的内容按位从左向右移动，并将移动后的结果写入到输出端 OUT 中，输入 N 端中的数字指定移位的位数。

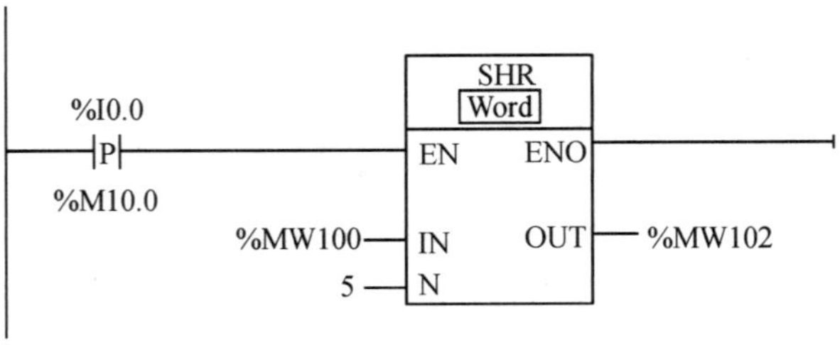

图 4-30 右移指令梯形图

对于无符号二进制数，移位时左边区域空出的位用 0 填充；对于有符号二进制数，则用符号位的值填充空出的位。

以下用一个例子来说明右移指令。如图 4-30 所示，当 I0.0 闭合时，产生一个扫描周期的上升沿脉冲，执行移位指令，IN 中的字存储在 MW100 中，假设这个字是无符号的二进制数 2#1001 1111 0101 0110，向右移动 5 位后，OUT 端的 MW102 中的数是 2#0000 0100 1111 1010，右移指令示意图如图 4-31 所示(I0.0 每闭合一次，就会右移 5 位)。

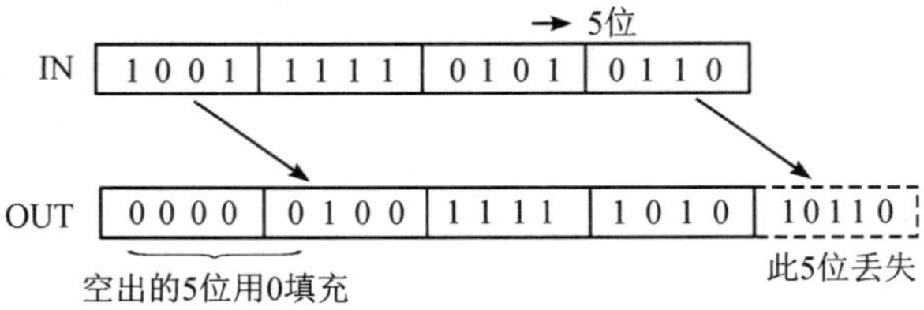

图 4-31 右移指令示意图

3. 循环左移指令(ROL)

循环左移指令梯形图如图 4-32 所示。当输入端 EN 为高电平“1”时，执行循环左移指令，将输入端 IN 指定的内容循环左移 N 端指定的位数，并将移动后的结果写入到输出端 OUT 中。

以下用一个例子来说明循环左移指令。如图 4-32 所示，当 I0.0 闭合时，执行循环左移指令，IN 中的字存储在 MW100 中，假设这个字是 2#1001 1111 0101 0110，循环左移 6 位后，OUT 端的 MW102 中的数是 2#1101 0101 1010 0111，循环左移指令示意图如图 4-33 所示。

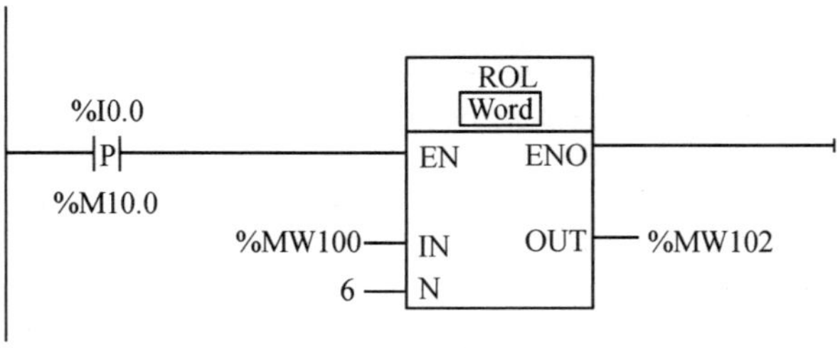

图 4-32 循环左移梯形图

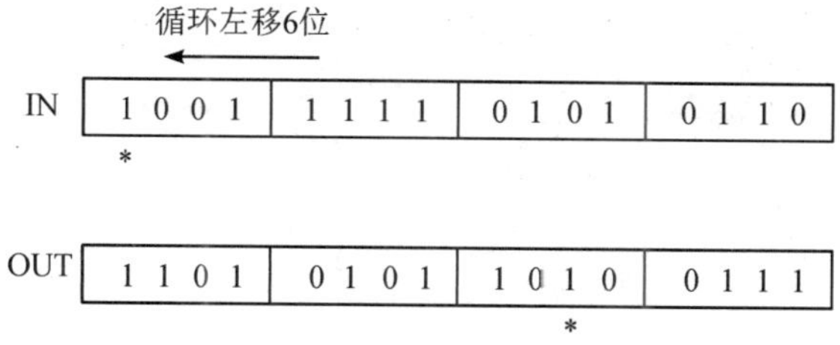

图 4-33　循环左移示意图

4. 循环右移指令(ROR)

循环右移指令梯形图如图 4-34 所示。当输入端 EN 为高电平“1”时，执行循环右移指令，将输入端 IN 指定的内容循环右移 N 端指定的位数，并将移动后的结果写入到输出端 OUT 中。

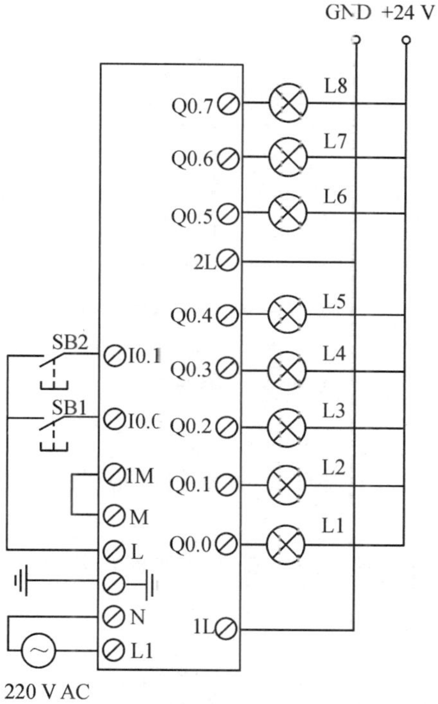

图 4-34　天塔之光系统电气接线图

表 4-13 是对 Byte 数据类型的数据执行 ROR 和 ROL 指令后将输入端 IN 指定的内容循环移动 N 位的运行结果。

表 4-13　循环移位指令示例

IN	N	OUT(ROR)	OUT(ROL)
0000 0101	0	0000 0101	0000 0101
	1	1000 0010	0000 1010
	2	0100 0001	0001 0100
	3	1010 0000	0010 1000
	4	0101 0000	0101 0000

任务实施

1. 设计安装电气系统

1) 分配 I/O

根据控制要求及 PLC 输入/输出点分配原则，分配 I/O 地址，见表 4-14。

表 4-14　I/O 地址分配表

输　　入		输　　出	
PLC 接口	元器件	PLC 接口	元器件
I0.0	起动按钮 SB1	Q0.0	L1
I0.1	停止按钮 SB2	Q0.1	L2
		Q0.2	L3
		Q0.3	L4
		Q0.4	L5
		Q0.5	L6
		Q0.6	L7
		Q0.7	L8

2) 设计电气接线图

根据 PLC 的 I/O 分配表，设计天塔之光控制系统电气接线图，如图 4-34 所示。

3) 连接并检查电路

根据图 4-34 安装元器件、连接电路，并对照电路图检查电路。

(1) 检查电源连接是否正确。

(2) 根据电气原理图检查 PLC 的 I/O 信号线的连接是否正确。

2. 设计编写 PLC 程序

1) 编写变量表

天塔之光控制系统的 PLC 变量表如图 4-35 所示。

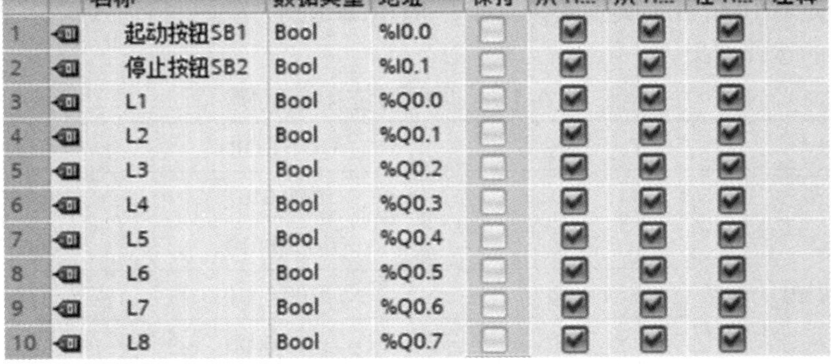

	名称	数据类型	地址	保持	从 H...	从 H...	在 H...	注释
1	起动按钮SB1	Bool	%I0.0		☑	☑	☑	
2	停止按钮SB2	Bool	%I0.1		☑	☑	☑	
3	L1	Bool	%Q0.0		☑	☑	☑	
4	L2	Bool	%Q0.1		☑	☑	☑	
5	L3	Bool	%Q0.2		☑	☑	☑	
6	L4	Bool	%Q0.3		☑	☑	☑	
7	L5	Bool	%Q0.4		☑	☑	☑	
8	L6	Bool	%Q0.5		☑	☑	☑	
9	L7	Bool	%Q0.6		☑	☑	☑	
10	L8	Bool	%Q0.7		☑	☑	☑	

图 4-35　天塔之光控制系统的 PLC 变量表

2) 编写程序

根据任务要求，按照图 4-35 所示的 PLC 变量表编写本任务的 PLC 程序，如图 4-36 所示。(如图 4-12 所示勾选“启用时钟存储器字节”。)

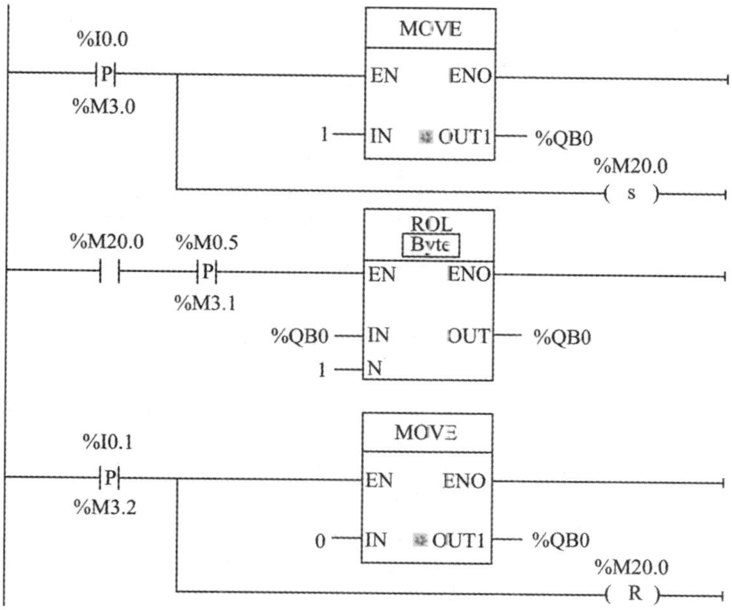

图 4-36　天塔之光控制系统 PLC 程序

(1) 按下起动按钮，I0.0 产生一个扫描周期的上升沿脉冲，将“1”传送给 QB0，即将 2#0000 0001 储存在 QB0 中(Q0.1～Q0.7 均为 0，Q0.0 = 1)，并将 M20.0 置位。

(2) 时钟存储器 M0.5 产生以 1 s 为周期的上升沿脉冲，则循环左移指令 ROL 的输入端 IN 中的 QB0(2#0000 0001)每间隔 1 s，循环向左移动一位。表 4-15 列出了每一次循环左移的结果。

表 4-15　2#0000 0001 每一次循环左移一位的结果

IN	循环左移次数	OUT(ROL)
2#0000 0001	1 次	2#0000 0010
	2 次	2#0000 0100
	3 次	2#0000 1000
	4 次	2#0001 0000
	5 次	2#0010 0000
	6 次	2#0100 0000
	7 次	2#1000 0000
	8 次	2#0000 0001

(3) 按下停止按钮，I0.1 产生一个扫描周期的上升沿脉冲，将“0”传送给 QB0，并将 M20.0 复位。

3) 调试系统

将调试好的程序下载到 PLC 中，如果能实现以下功能，则表示完成任务；如果没有实现以下功能，则需分析原因，然后将系统调试成功。

(1) 按下起动按钮 SB1，L1～L8 8 个灯以 1 s 的时间间隔依次循环点亮。

(2) 按下停止按钮 SB2，所有灯熄灭。

任务评价

对任务的完成情况进行评价，评价标准见表 4-16。

表 4-16 任 务 评 价

评价内容	评 价 标 准	配分	扣分
设计安装电气控制系统	(1) 不会设计电气控制系统的主电路，扣 10 分； (2) 不会设计电气控制系统的 PLC 控制部分，扣 20 分； (3) 不会安装电气控制系统，扣 15 分	30	
编写 PLC 程序	(1) 编写 PLC 程序不规范，扣 20 分； (2) 不能按要求编写 PLC 程序，扣 30 分	50	
调试系统	不会调试或未记录调试现象，扣 10 分	20	
安全文明生产	如违反安全文明生产要求，酌情扣 10～40 分；情节严重者，可判本次技能操作训练为零分或取消本次实训资格		

思考练习题

1. 将 2#1001 1011 左移 5 位是___________，循环右移 3 位是___________。

2. 如果 QB0 = 5，则 Q0.0 = ______，Q0.1 = ______，Q0.3 = ______。

3. 利用 PLC 实现 8 个指示灯从左到右循环依次闪亮的控制程序，每个指示灯闪亮时间为 2 s。

任务 5 基于 FC 的三台电动机星三角降压起动控制系统

任务描述

某设备中有三台三相异步电动机，它们都以星三角降压起动的方式起动，且起动的时间一样；按下停止按钮，三台电动机同时停止。经分析，可以把星三角降压起动部分的程序放在一个函数 FC 中，作为一个子程序调用，这样可以避免重复编写同一个任务的程序。

本任务的要求：用 S7-1200 PLC 设计基于 FC 的三台电动机星三角降压起动控制系统。

职业岗位应知应会目标

(1) 熟悉函数 FC 的接口区定义。

(2) 掌握函数 FC 在编程实践中的应用。

(3) 掌握基于函数FC的三台电动机星三角降压起动控制系统的接线、调试、操作方法。

相关知识

西门子 S7-1200 PLC 支持四种程序块，即 OB(组织块)、FC(函数)、FB(函数块)、DB(数据块)。表 4-17 为西门子 S7-1200 PLC 支持的数据块与说明。

表 4-17　西门子 S7-1200 PLC 支持的数据块与说明

程序块	说　明
组织块(OB)	由操作系统调用。Main 主程序是组织块 OB1，OB1 是唯一一个用户必需的程序块
函数(FC)	没有存储空间，只有临时局部数据
函数块(FB)	具有存储空间，可将值存储在背景数据块中，即使在函数执行完成后，这些值仍然有效
数据块(DB)	存储用户数据的区域

1. 函数

函数(FC)是用户编写的子程序，将具有相同控制过程的程序编写在 FC 中，然后在主程序 Main(OB1)的不同位置多次调用同一个 FC，这可以简化重复执行的任务的编程。函数没有固定的存储区，FC 函数执行结束后，其临时变量中的数据就丢失了。

2. 函数(FC)的应用

以“用函数 FC 实现电动机的自锁控制”为例讲解函数(FC)的应用。

(1) 新建一个项目。如图 4-37 所示，打开项目视图中项目树下的文件夹“PLC_1”→“程序块”，双击“添加新块”，弹出如图 4-38 所示的“添加新块”界面。

(2) 单击图 4-38 中的“函数”按钮，修改函数名称为“自锁控制”，默认语言为“LAD”(梯形图)，编号选择“自动”，最后单击“确定”按钮，弹出如图 4-39 所示的函数(FC)的程序编辑器界面，在项目树的文件夹“PLC_1”→“程序块”中可以看见新生成的函数“自锁控制[FC1]”。

图 4-37　打开“添加新块”

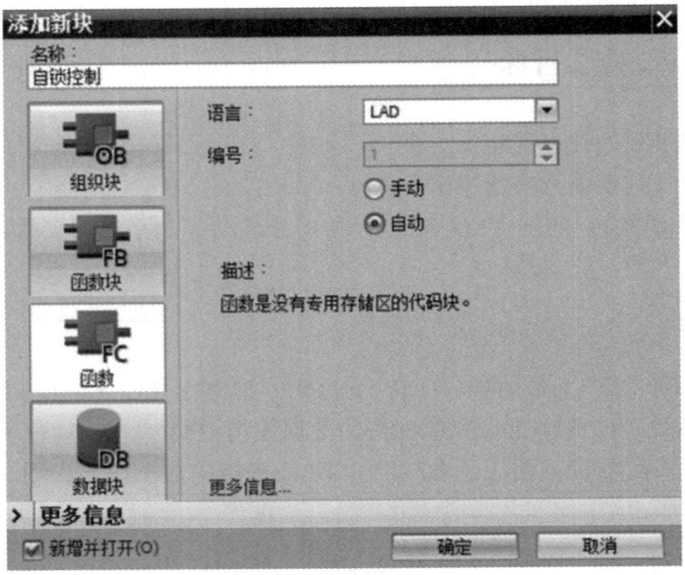

图 4-38 “添加新块”界面

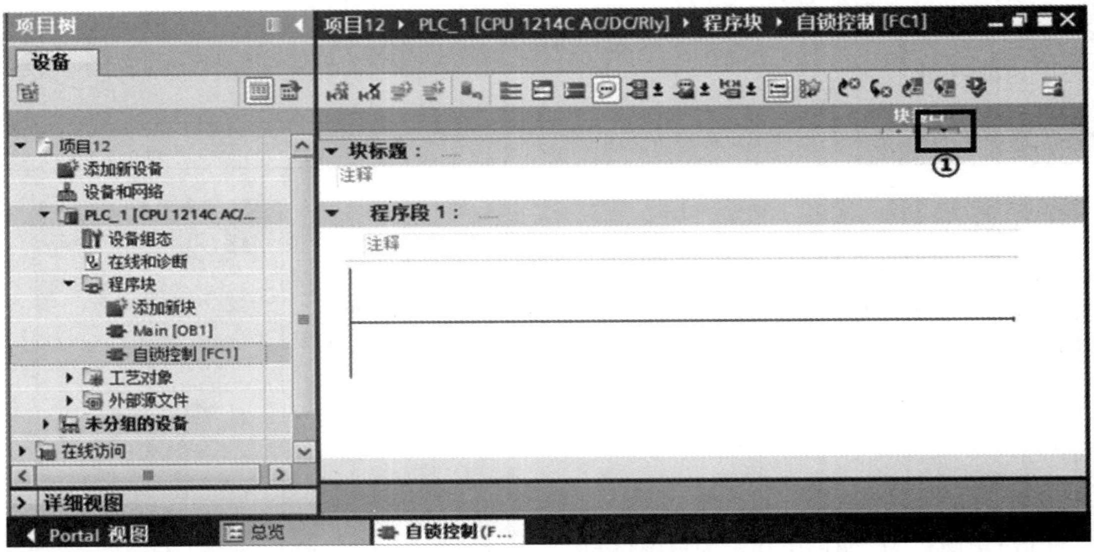

图 4-39 函数(FC)的程序编辑器界面

(3) 单击图 4-39 中①处的箭头，展开局部变量在块的接口区，接口区如图 4-40 所示，单击②处的箭头，收起接口区。

函数的局部变量只能在它所在的块中使用。局部变量可由字符(包括汉字)和数字命名。局部变量分为输入参数(Input)、输出参数(Output)、输入输出参数(InOut)、临时局部变量(Temp)、常量(Constant)和返回值(Return)。具体含义如下：

Input(输入参数)：用于接收调用它的调用模块提供的输入数据。

Output(输出参数)：用于将函数(FC)的程序执行结果返回给调用模块。

InOut(输入输出参数)：初值由调用模块提供，函数(FC)的程序执行后将值返回给调用模块。

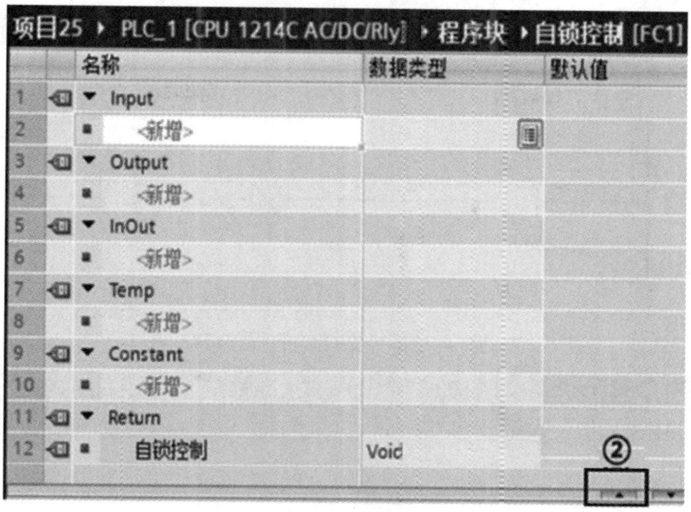

图 4-40　展开接口区

Return(返回值)：自动生成的返回值“FC1”与函数的名称相同，属于输出参数，其值返回给调用它的块。返回值默认的数据类型为 Voic，表示函数没有返回值，在调用 FC1 时，看不到它。如果将它设置为Void之外的数据类型，在FC1 内部编程时可以使用该输出变量，调用 FC1 时可以在方框的右边看到它，说明它属于输出参数。

Temp(临时局部变量)：用于存储临时中间结昊的变量，函数(FC)执行结束后，临时局部变量中存储的数据值丢失。

在本例中，在如图 4-40 所示的接口区中，在 Input(输入参数)下新建参数“起动”和“停止”，数据类型为“Bool”；再在 InOut(输入输出参数)下新建参数“电动机”，数据类型为“Bool”，如图 4-41 所示。

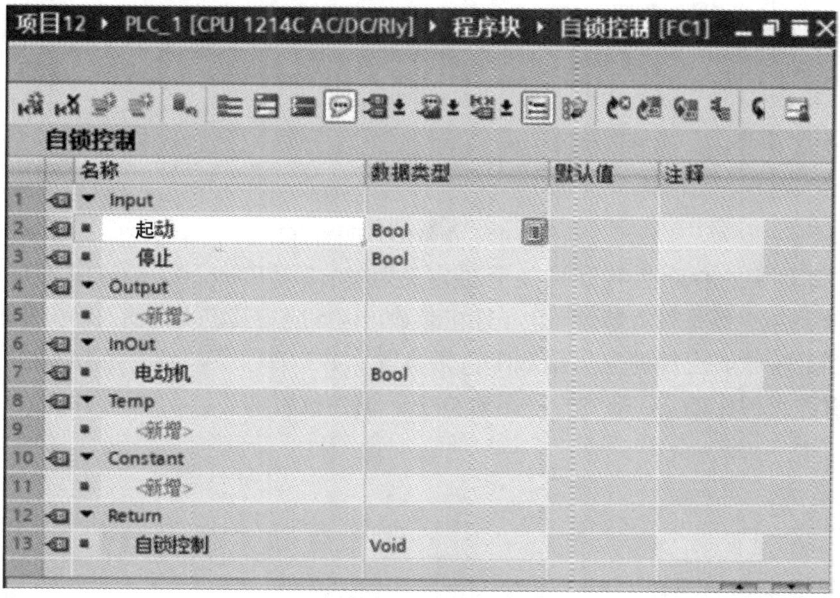

图 4-41　新建输入输出参数

(4) 在程序段 1 中输入程序，如图 4-42 所示。双击“<??.?>”，然后点击图 4-43 所示界面中③处的按钮，可选择新建的参数，最后得到如图 4-44 所示的程序。

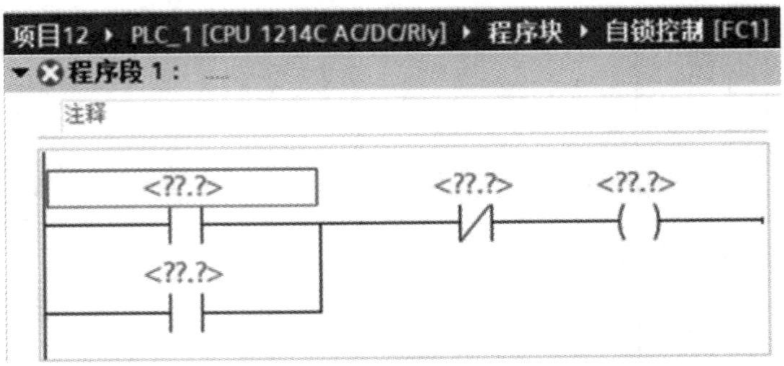

图 4-42　函数(FC)的程序(1)

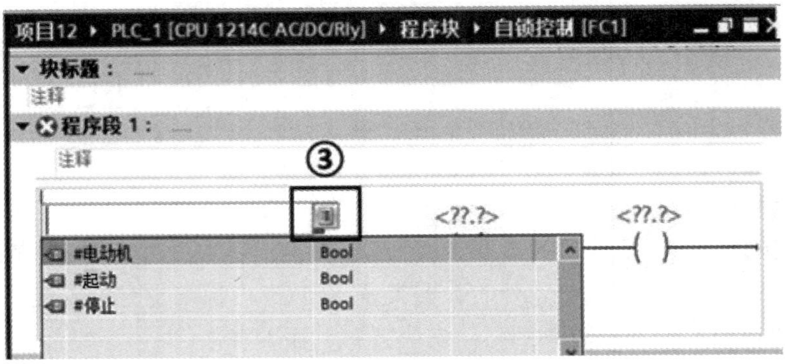

图 4-43　选择新建参数

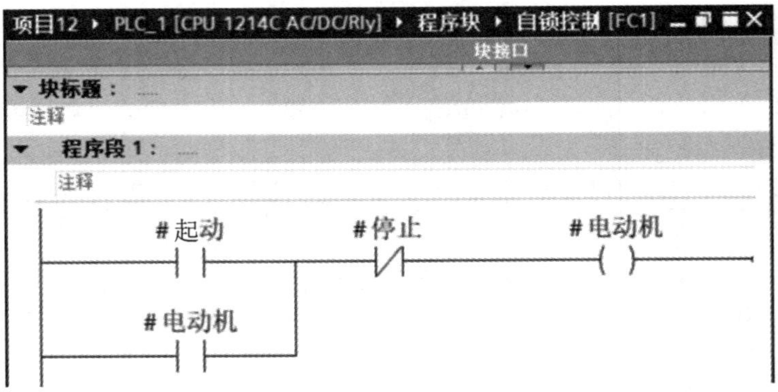

图 4-44　函数(FC)的程序(2)

说明：本例中的参数“#电动机”，不能定义为输出参数(Output)，因为图 4-44 所示的程序中参数“#电动机”既是输入参数，也是输出参数，因此应将其定义为输入输出参数(InOut)。

通过以上步骤，已经建立了函数(FC)并编写了 FC 的程序。当主函数 Main 要调用 FC 时，只需将项目树中的 FC 拖到程序编辑框中的适当位置即可。

任务实施

1. 设计安装电气系统

1) 分配 I/O

根据控制要求及 PLC 输入/输出点分配原则，分配 I/O 地址，见表 4-18。

表 4-18　I/O 地址分配表

输　入		输　出	
PLC 接口	元器件	PLC 接口	元器件
I0.0	起动按钮 SB1(起动电动机 M1)	Q0.0	M1-KM
I0.1	起动按钮 SB2(起动电动机 M2)	Q0.1	$M1\text{-}KM_Y$
I0.2	停止按钮 SB3	Q0.2	$M1\text{-}KM_\triangle$
I0.3	起动按钮 SB4(起动电动机 M3)	Q0.3	M2-KM
		Q0.4	$M2\text{-}KM_Y$
		Q0.5	$M2\text{-}KM_\triangle$
		Q0.6	M3-KM
		Q0.7	$M3\text{-}KM_Y$
		Q1.0	$M3\text{-}KM_\triangle$

2) 设计电气接线图

根据 PLC 的 I/O 分配表，设计三台电动机星三角降压起动控制系统，其中主电路采用三台并联星三角连接，此处主电路图略。电动机控制系统电气接线图如图 4-45 所示。

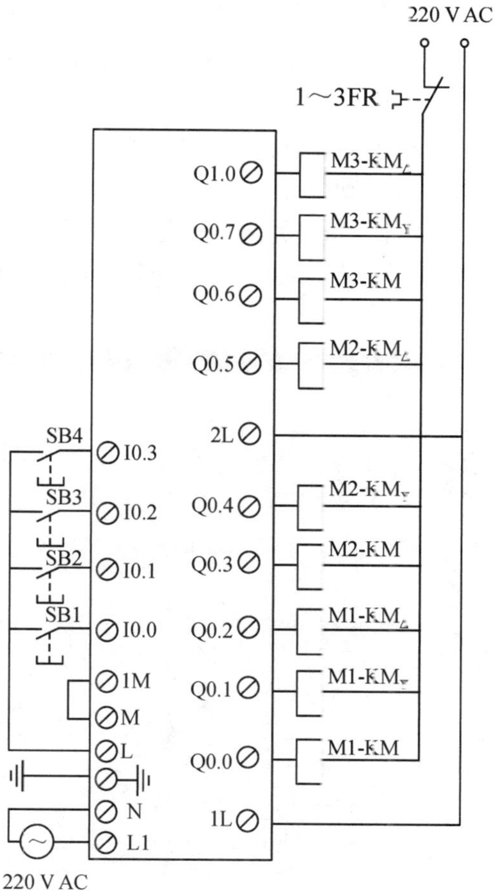

图 4-45　基于 FC 的三台电动机星三角降压起动控制系统电气接线图

3) 连接并检查电路

根据图 4-45 安装元器件、连接电路，并对照电路图检查电路。

(1) 检查电源连接是否正确。

(2) 根据电气原理图检查 PLC 的 I/O 信号线的连接是否正确。

2. 设计编写 PLC 程序

1) 编写变量表

基于 FC 的三台电动机星三角降压起动控制系统的 PLC 变量表如图 4-46 所示。

变量表_1

	名称	数据类型	地址	保持	从 H...	从 H...	在 H...
1	起动M1	Bool	%I0.0	☐	☑	☑	☑
2	起动M2	Bool	%I0.1	☐	☑	☑	☑
3	起动M3	Bool	%I0.3	☐	☑	☑	☑
4	停止	Bool	%I0.2	☐	☑	☑	☑
5	M1-KM	Bool	%Q0.0	☐	☑	☑	☑
6	M1-KMY	Bool	%Q0.1	☐	☑	☑	☑
7	M1-KM三角形	Bool	%Q0.2	☐	☑	☑	☑
8	M2-KM	Bool	%Q0.3	☐	☑	☑	☑
9	M2-KMY	Bool	%Q0.4	☐	☑	☑	☑
10	M2-KM三角形	Bool	%Q0.5	☐	☑	☑	☑
11	M3-KM	Bool	%Q0.6	☐	☑	☑	☑
12	M3-KMY	Bool	%Q0.7	☐	☑	☑	☑
13	M3-KM三角形	Bool	%Q1.0	☐	☑	☑	☑

图 4-46　基于 FC 的三台电动机星三角降压起动控制系统的 PLC 变量表

2) 编写程序

(1) 新建一个项目。在项目视图的项目树中选中并单击已经添加的设备“PLC_1”→“程序块”→“添加新块”，弹出添加新块界面。

(2) 如图 4-47 所示，在“添加新块”界面中，选择创建块的类型为“函数”，再输入函数的名称“星三角”，选择编辑语言为 LAD，最后单击“确定”按钮，弹出函数的程序编辑器界面。

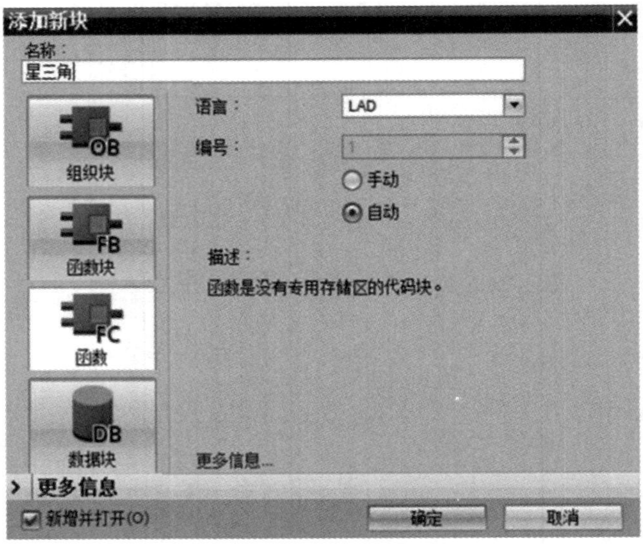

图 4-47　添加新块

(3) 在项目视图的项目树中，双击函数“星三角[FC1]”，打开函数，弹出“程序编辑器”界面，在接口区中填写如图 4-48 所示的参数。其中“设定时间”的参数类型为“Time”，由于定时器既有 PT 端输入的参数“设定时间”，又有 Q 端的输出，所以“定时器”定义为输入输出(InOut)，参数类型为“IEC_TIMER”。

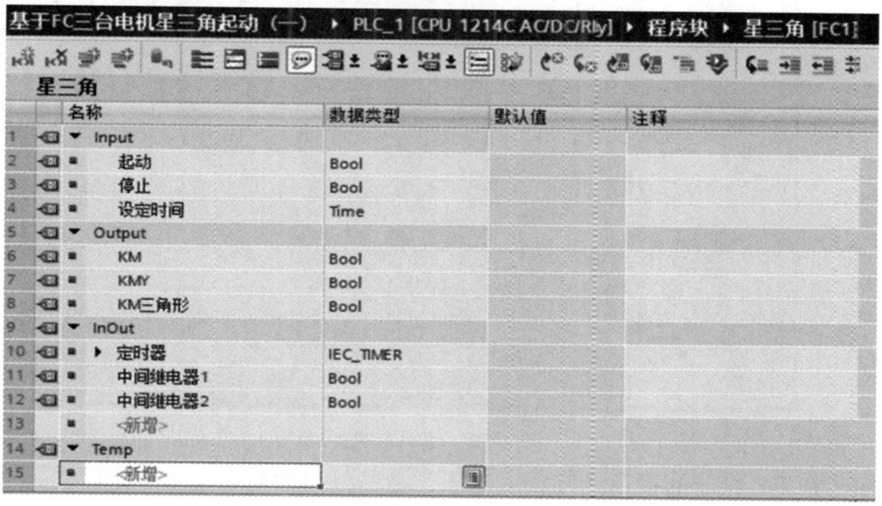

图 4-48　函数“星三角[FC1]”的参数

(4) 在程序段 1 中输入程序，如图 4-49 所示。使用定时器时，在自动弹出的“调用选项”对话框中单击“取消”按钮，如图 4-50 所示。

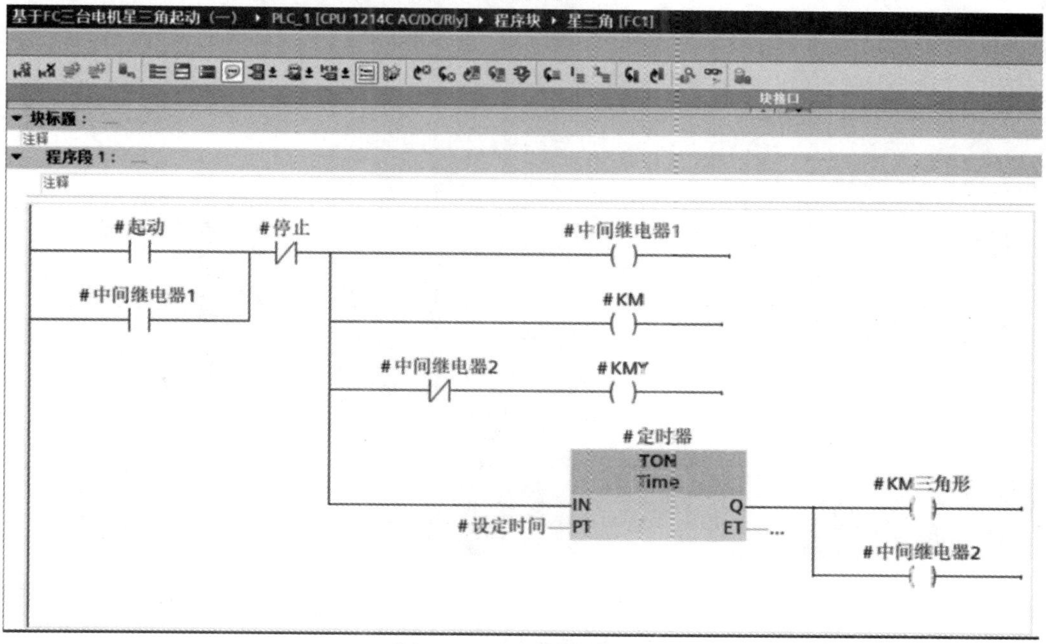

图 4-49　FC 函数的程序

对图 4-49 中的星三角降压起动程序分析如下：

① 按下起动按钮，中间继电器 1、KM 线圈和 KMY 线圈得电，电动机以 Y 形接线方式运行，中间继电器的常开触点闭合构成自锁；同时定时器开始定时。

② 当定时时间到，KM 三角形线圈和中间继电器 2 得电，中间继电器 2 的常闭触点断

开，KMY 线圈断电，停止以 Y 形连接方式运行，开始以三角形连接方式运行。

③ 按下停止按钮，KM 线圈和 KM 三角形线圈断电，电动机停止运行。

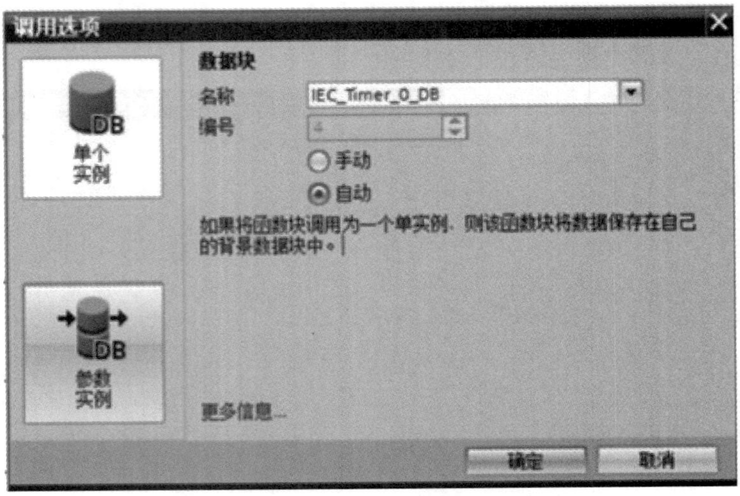

图 4-50 使用定时器

(5) 由于在 FC 程序的接口区的输入输出类型的接口中定义了一个定时器，而在 FC 中并没有给定时器分配存储数据的背景数据块(DB)，因此要在项目树的程序块中建立定时器的 DB，DB 的类型为“IEC_TIMER”，如图 4-51 所示。由于本项目中有三台三相异步电动机，因此需要建立三个定时器的 DB，建立好的 DB 如图 4-52 所示。

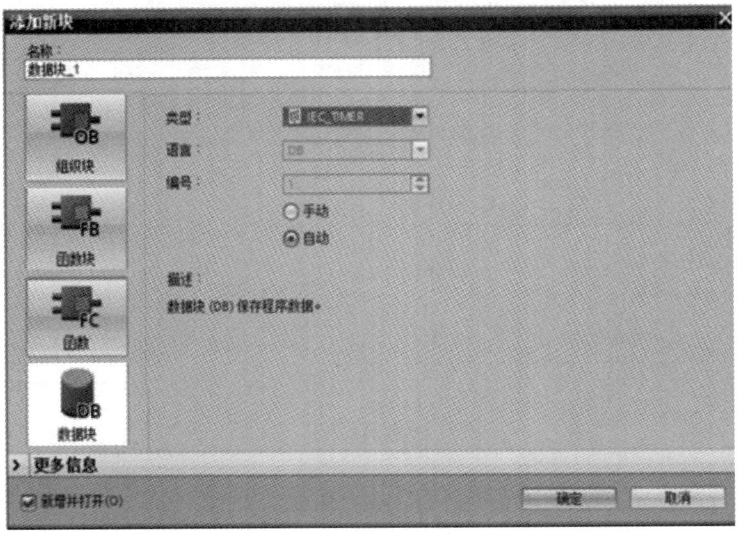

图 4-51 建立定时器 DB

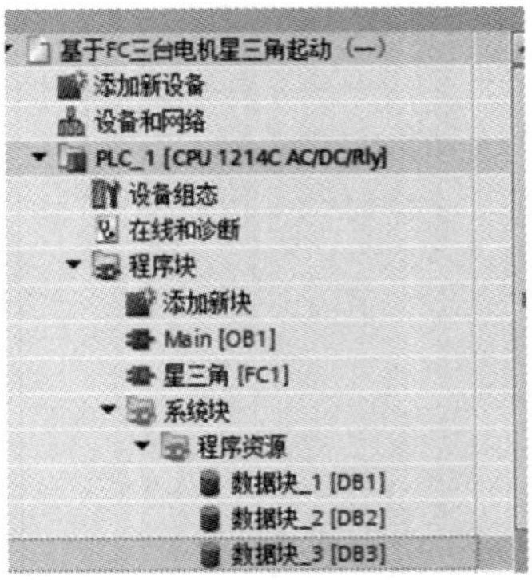

图 4-52 建立好的三个定时器 DB

说明：数据块(DB)用于存储用户数据及程序中间变量。

(6) 在项目视图的项目树中，双击“Main[OB1]”，打开主程序块“Main[OB1]”，选中新创建的函数“星三角[FC1]”，并将其拖到程序编辑器中，如图 4-53 所示。

(7) 将图 4-46 所示变量表中的变量连接到 Main[OB1]程序中函数 FC1 的输入输出端口上，最终的 Main[OB1]程序如图 4-54 所示的三段程序。其中输入端口定时器处的数据连接步骤为：双击“<??.?>”→单击[按钮]按钮→选择建立的定时器 DB“数据块_1”→单击“无”。

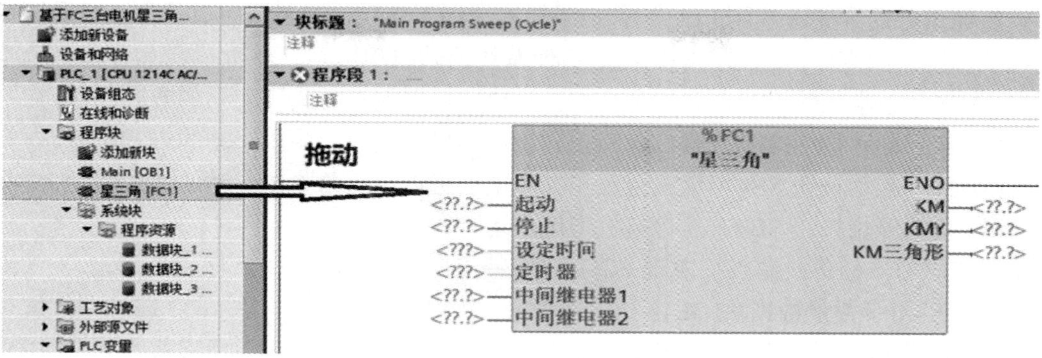

图 4-53　在 Main[OB1]程序中调用函数 FC1

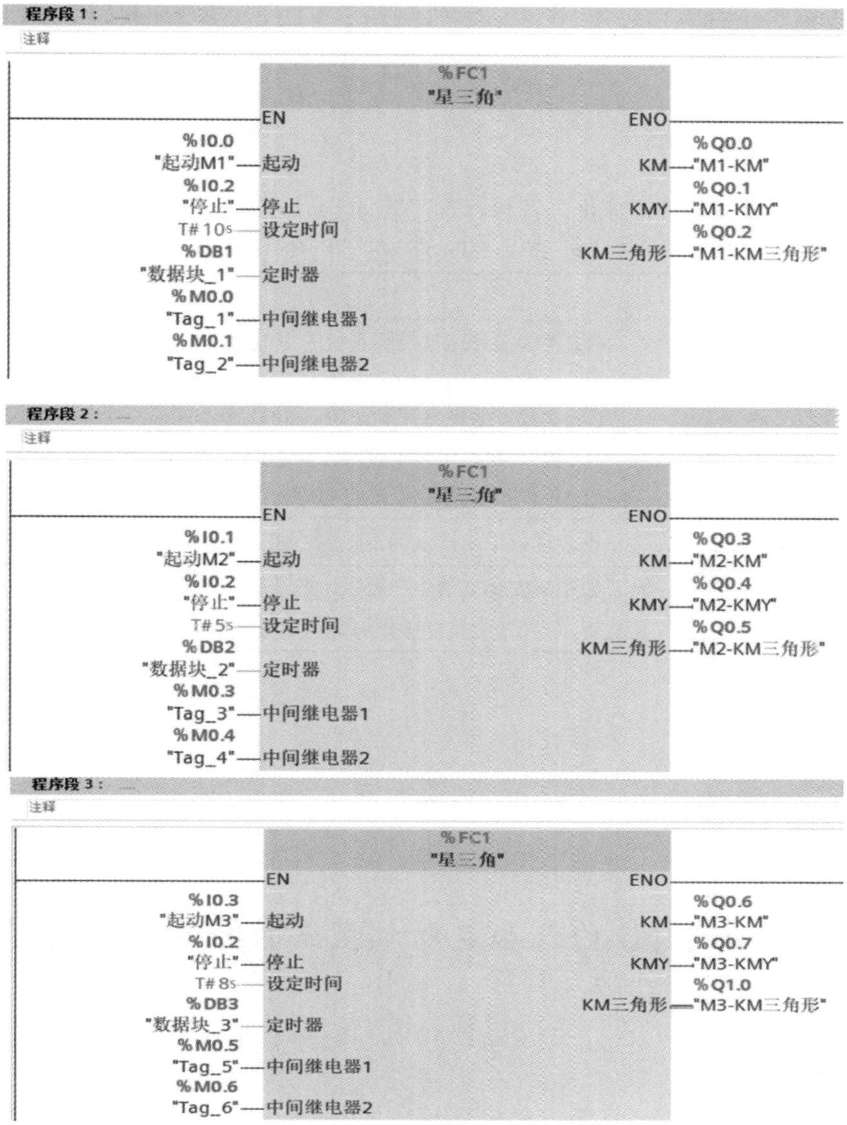

图 4-54　Main[OB1]中的程序

3) 调试系统

将调试好的程序下载到 PLC 中，如果能实现以下功能，则表示完成任务；如果没有实现以下功能，则需分析原因，解决问题后使系统调试成功。

(1) 按下起动按钮 SB1，第一台三相异步电动机以星三角降压起动的方式起动。

(2) 按下起动按钮 SB2，第二台三相异步电动机以星三角降压起动的方式起动。

(3) 按下起动按钮 SB4，第三台三相异步电动机以星三角降压起动的方式起动。

(4) 按下停止按钮 SB3，三台电机均停止运行。

通过学习本任务，总结后发现 FC 有以下特点：

(1) FC 不带背景数据块(DB)。

(2) 如果 FC 中用到数据块(DB)，则需要在项目视图的项目树中建立新的数据块(DB)，用以存放相应的数据，例如本任务中的定时器。

(3) InOut 接口会在 Main 函数调用 FC 时显示出来，如果接口数量增多，则会增加调用 FC 的复杂性。

任务评价

对任务的完成情况进行评价，评价标准见表 4-19。

表 4-19 任 务 评 价

评价内容	评 价 标 准	配分	扣分
设计安装电气控制系统	(1) 不会设计电气控制系统的主电路，扣 10 分； (2) 不会设计电气控制系统的 PLC 控制部分，扣 20 分； (3) 不会安装电气控制系统，扣 15 分	30	
编写 PLC 程序	(1) 编写 PLC 程序不规范，扣 20 分； (2) 不能按要求编写 PLC 程序，扣 30 分	50	
调试系统	不会调试或未记录调试现象，扣 10 分	20	
安全文明生产	如违反安全文明生产要求，酌情扣 10～40 分；情节严重者，可判本次技能操作训练为零分或取消本次实训资格		

思考练习题

使用函数 FC 控制两台三相异步电动机的正反转。

任务 6 基于 FB 的三台电动机星三角降压起动控制系统

任务描述

在任务 5 中，使用 FC 虽然简化了相同任务的编程，但如果接口数量较多，也会增加调用 FC 的复杂性。FB 比 FC 多了一种接口类型，即 Static，该接口类型的参数不会生成外部接口。

本任务的要求：使用 FB 完成任务 5 的控制要求。

职业岗位应知应会目标

(1) 熟悉 FB 的接口区定义。

(2) 掌握 FB 在编程实践中的应用。

(3) 掌握基于 FB 的三台电动机星三角降压起动控制系统的接线、调试、操作方法。

相关知识

1. 函数块(FB)

函数块(FB)是用户编写的有自己的存储区——DB(背景数据块)的代码块。背景数据块随 FB 的调用而打开，在结束调用时自动关闭。FB 的接口区中，输入参数(Input)、输出参数(Output)和静态局部变量(Static)保存在背景数据块中，但是临时局部变量(Temp)不会保存在背景数据块中。FB 调用结束后，背景数据块中的数据不会丢失。

2. 函数块(FB)的应用

下面以“用函数块(FB)实现电动机的自锁控制”为例讲解函数块(FB)的应用。

(1) 新建一个项目。打开项目视图中项目树下的文件夹“PLC_1”→“程序块”，双击“添加新块”，单击 “函数块”按钮，修改函数块名称为“FB1”，默认语言为 LAD(梯形图)，编号选择“自动”→“确定”，弹出如图 4-55 所示的函数的程序编辑器界面，在项目树的文件夹“\PLC_1\程序块”中可以看见新生成的函数“自锁控制[FB1]”。

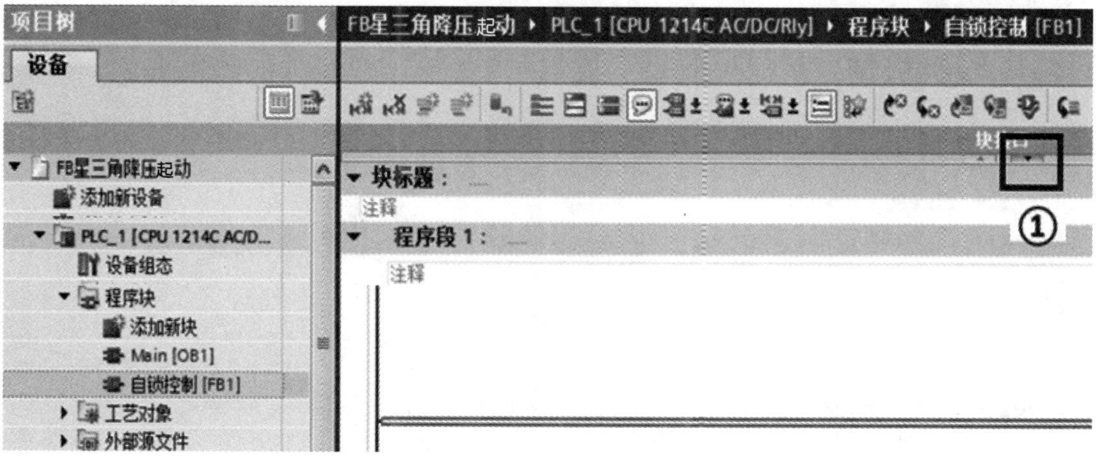

图 4-55　函数块(FB)的程序编辑器界面

(2) 单击图 4-55 中①处的箭头，展开局部变量在块的接口区，接口区如图 4-56 所示，单击②处的箭头，收起接口区。

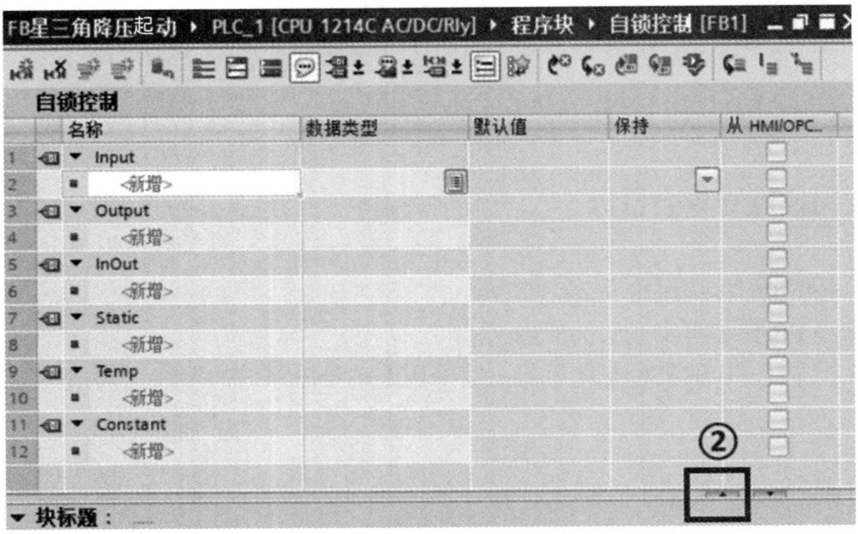

图 4-56　展开接口区

函数块的局部变量只能在它所在的块中使用。与 FC 相同，FB 的局部变量中也有输入参数(Input)、输出参数(Output)、输入输出参数(InOut)和临时变量(Temp)。静态变量(Static)不是输入、输出类型的参数，类似于 Temp，但是 Static 变量可以保存在背景数据块中，而 Temp 变量不可以保存在背景数据块中。

在本例中，在如图 4-56 所示的接口区中，在 Input(输入参数)下新建参数“起动”和“停止”，数据类型为“Bool”；在 Output(输入/输出参数)下新建参数“电动机”，数据类型为“Bool”；在 Static(静态变量)下新建参数“中间继电器”，数据类型为“Bool”，如图 4-57 所示。

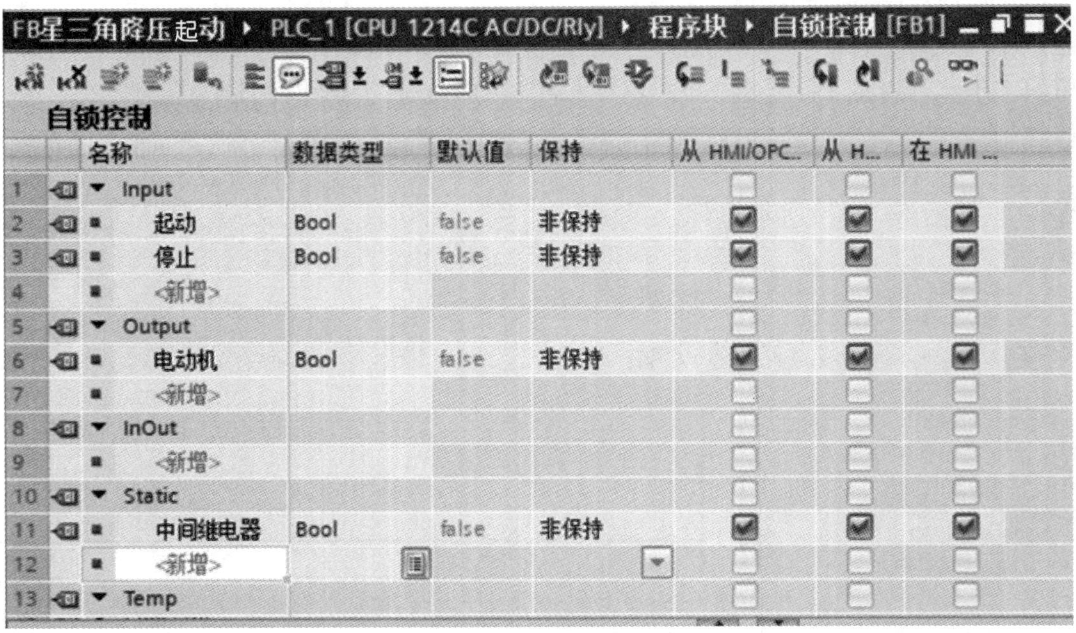

图 4-57　新建接口参数

(3) 在程序段 1 中输入程序，如图 4-58 所示。

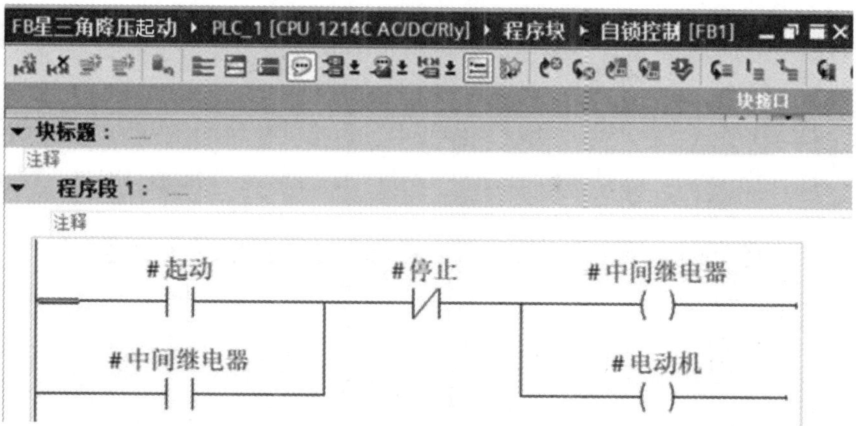

图 4-58　函数 FB 的程序

通过以上步骤新建了函数块(FB)，并且完成了 FB 程序的编写。在 Main 函数中，从项目树中将“自锁控制[FB1]”拖到编辑框的相应位置。

任务实施

1. 设计安装电气系统

I/O 分配与电气接线图与任务 5 完全相同。

2. 设计编写 PLC 程序

1) 编写变量表

基于 FB 的三台电动机星三角降压起动控制系统的 PLC 变量表如图 4-59 所示。

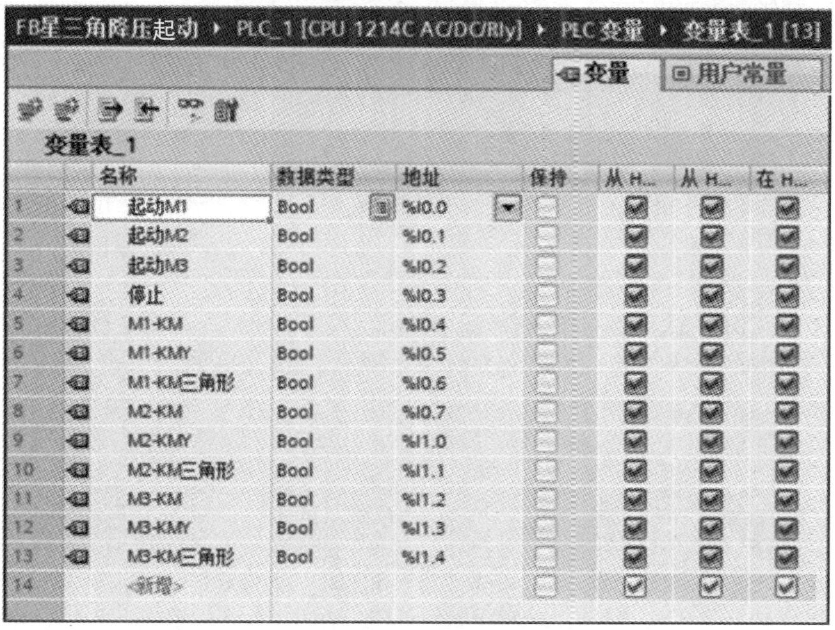
FB星三角降压起动 ▸ PLC_1 [CPU 1214C AC/DC/Rly] ▸ PLC 变量 ▸ 变量表_1 [13]

变量　用户常量

变量表_1

	名称	数据类型	地址	保持	从 H...	从 H...	在 H...
1	起动M1	Bool	%I0.0	☐	☑	☑	☑
2	起动M2	Bool	%I0.1	☐	☑	☑	☑
3	起动M3	Bool	%I0.2	☐	☑	☑	☑
4	停止	Bool	%I0.3	☐	☑	☑	☑
5	M1-KM	Bool	%I0.4	☐	☑	☑	☑
6	M1-KMY	Bool	%I0.5	☐	☑	☑	☑
7	M1-KM三角形	Bool	%I0.6	☐	☑	☑	☑
8	M2-KM	Bool	%I0.7	☐	☑	☑	☑
9	M2-KMY	Bool	%I1.0	☐	☑	☑	☑
10	M2-KM三角形	Bool	%I1.1	☐	☑	☑	☑
11	M3-KM	Bool	%I1.2	☐	☑	☑	☑
12	M3-KMY	Bool	%I1.3	☐	☑	☑	☑
13	M3-KM三角形	Bool	%I1.4	☐	☑	☑	☑
14	<新增>			☐	☑	☑	☑

图 4-59　基于 FB 的三台电动机星三角降压起动控制系统的 PLC 变量表

2) 编写程序

(1) 新建一个项目。在项目视图的项目树中选中并单击已经添加的设备“PLC_1”→“程序块”→“添加新块”，弹出“添加新块”界面。

(2) 如图 4-60 所示，在“添加新块”界面中，选择创建块的类型为“函数块”，再输入函数块的名称“星三角”，选择编辑语言为 LAD，最后单击“确定”按钮，弹出函数的程序编辑器界面。

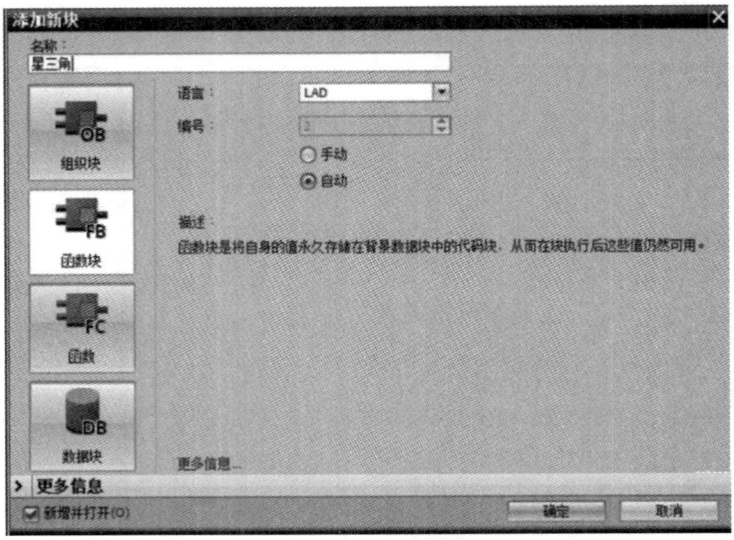

图 4-60　添加新块

(3) 在项目视图的项目树中，双击函数“星三角[FB1]”，打开函数，弹出程序编辑器界面，在接口区中填写如图 4-61 所示的参数。其中“定时时间”的参数类型为“Time”，“定时器”定义为静态变量(Static)，参数类型为“IEC_TIMER”。

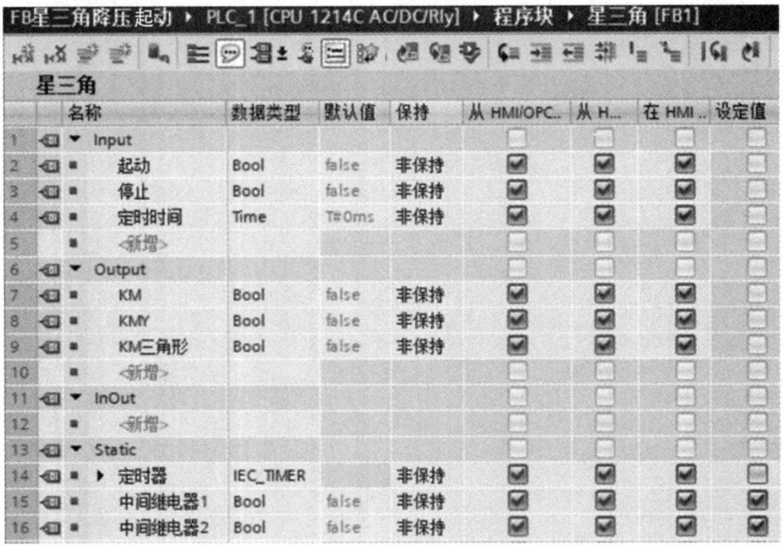

	名称	数据类型	默认值	保持	从 HMI/OPC..	从 H...	在 HMI ..	设定值
1	▼ Input				☐	☐	☐	☐
2	起动	Bool	false	非保持	☑	☑	☑	☐
3	停止	Bool	false	非保持	☑	☑	☑	☐
4	定时时间	Time	T#0ms	非保持	☑	☑	☑	☐
5	<新增>				☐	☐	☐	☐
6	▼ Output				☐	☐	☐	☐
7	KM	Bool	false	非保持	☑	☑	☑	☐
8	KMY	Bool	false	非保持	☑	☑	☑	☐
9	KM三角形	Bool	false	非保持	☑	☑	☑	☐
10	<新增>				☐	☐	☐	☐
11	▼ InOut				☐	☐	☐	☐
12	<新增>				☐	☐	☐	☐
13	▼ Static				☐	☐	☐	☐
14	▸ 定时器	IEC_TIMER		非保持	☑	☑	☑	☐
15	中间继电器1	Bool	false	非保持	☑	☑	☑	☑
16	中间继电器2	Bool	false	非保持	☑	☑	☑	☑

图 4-61　函数“星三角[FB1]”的参数

(4) 在程序段 1 中输入程序，如图 4-62 所示。在使用定时器时，在自动弹出的“调用选项”对话框中单击“取消”按钮，如图 4-63 所示。

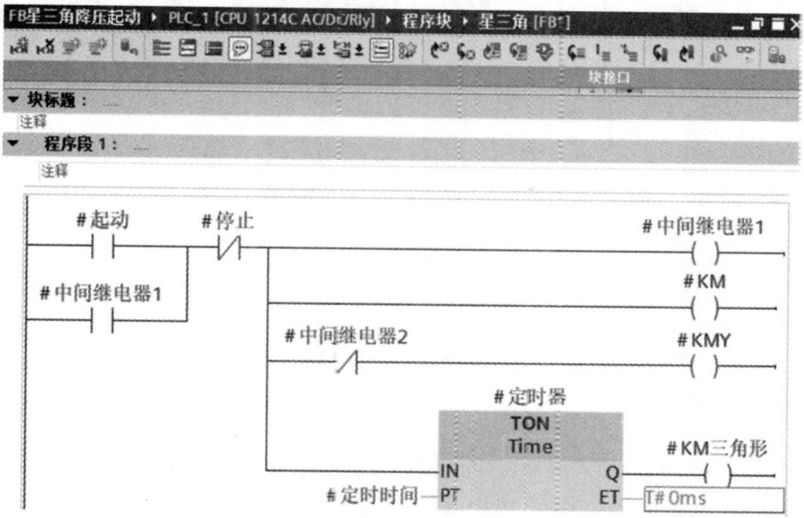

图 4-62　FC 函数的程序

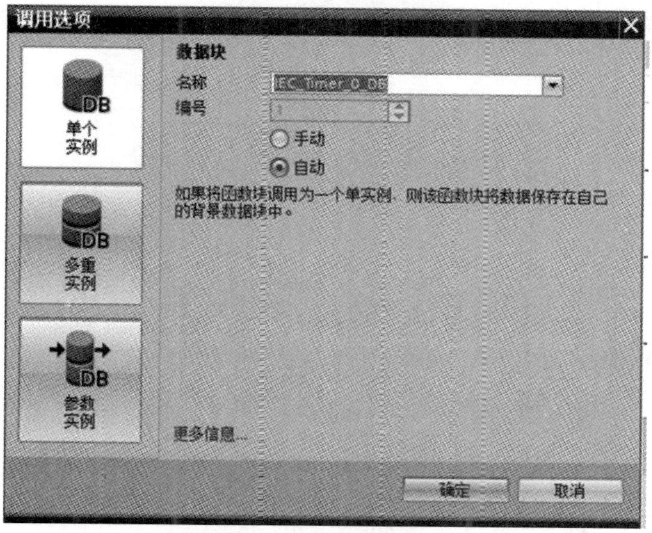

图 4-63　使用定时器

(5) 在项目视图的项目树中，双击“Main[OB1]”，打开主程序块“Main[OB1]”，选中新创建的函数“星三角[FB1]”，并将其拖到程序编辑器中，弹出如图 4-64(a)所示的对话框，单击“确定”按钮，得到如图 4-64(b)所示的程序。

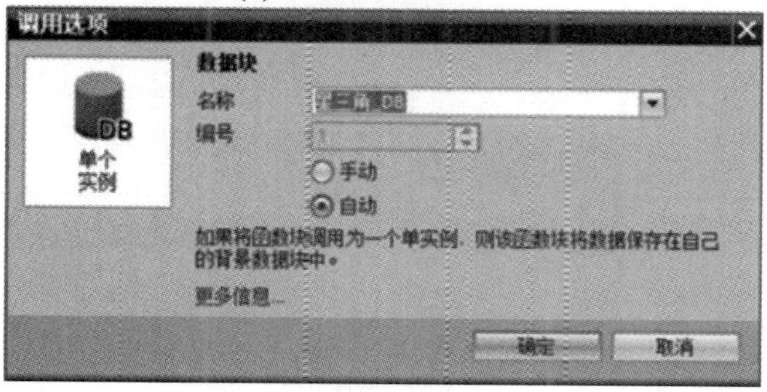

(a)

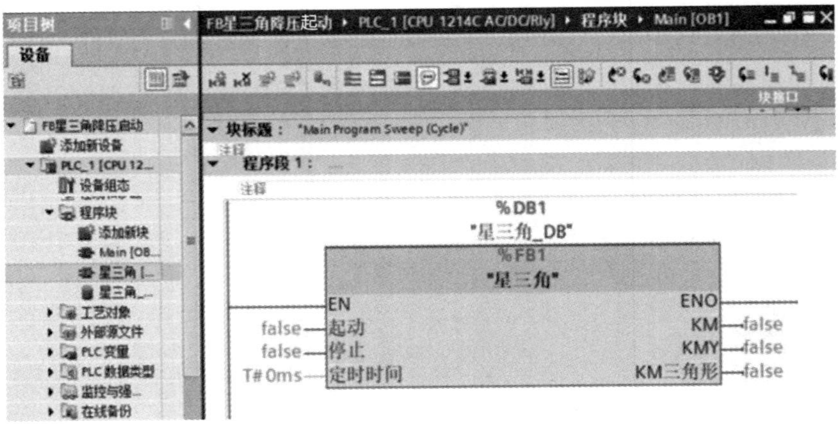

(b)

图 4-64　在 Main[OB1]程序中调用函数 FB1

(6) 将图 4-59 所示变量表中的变量连接到 Main[OB1]程序中函数 FB1 的输入/输出端口上，最终的 Main[OB1]程序为图 4-65 所示的三段程序。

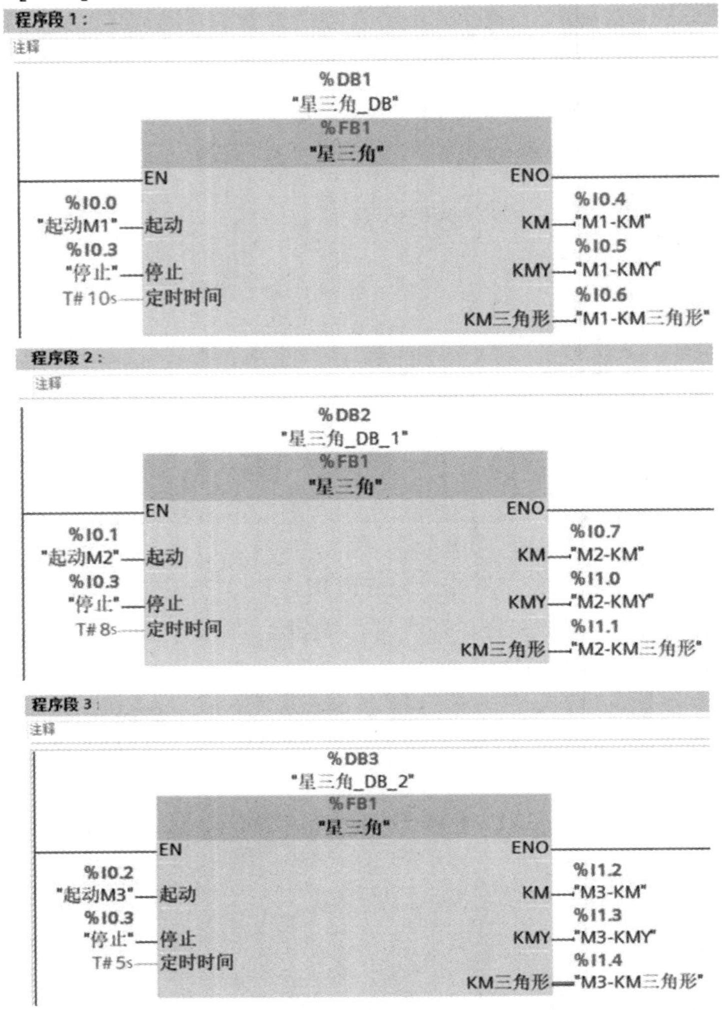

图 4-65　Main[OB1]中的程序

3) 调试系统

将调试好的程序下载到 PLC 中，如果能实现以下功能，则表示完成任务；如果没有实现以下功能，则需分析原因，然后将系统调试成功。

(1) 按下起动按钮 SB1，第一台三相异步电动机以星三角降压起动的方式起动。

(2) 按下起动按钮 SB2，第二台三相异步电动机以星三角降压起动的方式起动。

(3) 按下起动按钮 SB4，第三台三相异步电动机以星三角降压起动的方式起动。

(4) 按下停止按钮 SB3，三台电机均停止运行。

通过学习本任务，总结后发现 FB 有以下特点：

(1) FB 自带背景 DB。

(2) 和 FC 相比，本任务中将定时器作为静态变量的好处是减少了三个定时器的背景数据块。所以，如果函数块(FB)中用到定时器，则可以将定时器作为静态变量，这样可以减少定时器的背景数据块的使用，使程序更加简洁。

任务评价

对任务的完成情况进行评价，评价标准见表 4-20。

表 4-20　任 务 评 价

评价内容	评 价 标 准	配分	扣分
设计安装电气控制系统	(1) 不会设计电气控制系统的主电路，扣 10 分； (2) 不会设计电气控制系统的 PLC 控制部分，扣 20 分； (3) 不会安装电气控制系统，扣 15 分	30	
编写 PLC 程序	(1) 编写 PLC 程序不规范，扣 20 分； (2) 不能按要求编写 PLC 程序，扣 30 分	50	
调试系统	不会调试或未记录调试现象，扣 10 分	20	
安全文明生产	如违反安全文明生产要求，酌情扣 10～40 分；情节严重者，可判本次技能操作训练为零分或取消本次实训资格		

思考练习题

1. 函数(FC)和函数块(FB)有何区别？

2. 使用函数块(FB)实现按下起动按钮，两台三相异步电动机同时起动，并运行 10 s 后自动停止。

任务 7　小车行程控制系统

任务描述

在工业控制中，除了过程控制系统，大部分控制系统属于顺序控制系统。所谓顺序控制系统，是指按照生产工艺预先规定的顺序，在各个输入信号的作用下，根据内部状态和时间顺序，控制生产过程中的各个执行机构自动有序地进行操作。一套完善的顺序控制系统中，为了适应各种功能要求，需具有手动控制、点动控制、自动控制和回原点控制等功能。要实现这些复杂的功能，用基本指令完成编程设计就会相当烦琐，而且设计出来的梯形图可读性差，调试、修改难度大，也很难从梯形图中看出工艺流程的控制思想。为此，PLC 提供了功能强大的步进指令。

本任务的要求：

图 4-66 所示为一运料小车行程控制示意图，货物通过运料小车从 A 地运往 B 地，在 B 地卸料后小车再从 B 地返回 A 地。

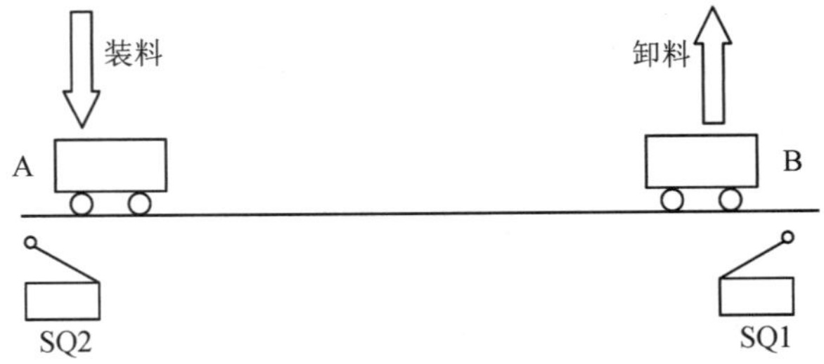

图 4-66　小车行程控制示意图

假设小车的初始位置在左侧限位开关处，按下起动按钮 SB1，开始装料，10 s 后装料结束，KM1 接通，小车开始右行，撞压行程开关 SQ1 后停下，开始卸料，8 s 后卸料结束，KM2 接通，小车开始左行，撞压行程开关 SQ2 后，停止运行，返回初始状态。

职业岗位应知应会目标

(1) 掌握 PLC 顺序功能图的构成方法和基本规则。
(2) 掌握 S7-1200 PLC 中单序列顺序功能图转变为梯形图的方法。
(3) 掌握小车行程控制系统的接线、调试、操作方法。

相关知识

1. 顺序控制功能图

顺序功能图是一种描述控制系统的控制过程、功能和特性的图形，是设计 PLC 顺序控制系统的重要工具。

进行控制设计时，可先根据系统的工艺流程画出顺序功能图，然后根据顺序功能图画出梯形图。

2. 顺序功能图的构成

顺序功能图由步、动作、有向连线、转换和转换条件五个要素组成，如图 4-67 所示。

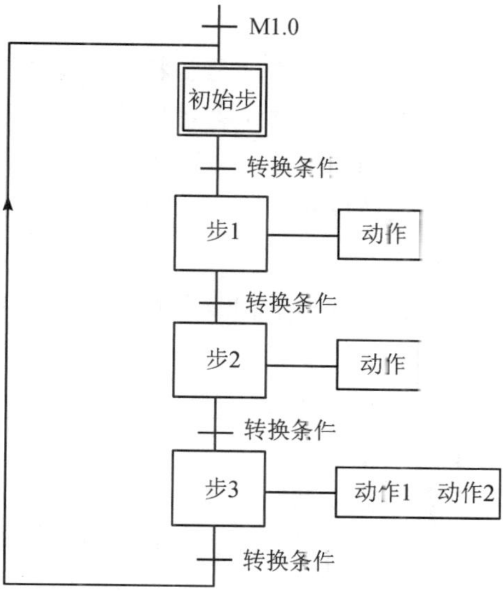

图 4-67　顺序功能图的构成

1) 步

采用顺序功能图进行控制设计时，最基本的思路是分析被控对象的工作过程及控制要求，根据控制系统输出状态的变化将系统的一个工作周期划分为若干个顺序相连的阶段，这些阶段称为步，只要输出量的状态发生变化就在该处划出一步，并用编程元件(如位存储器 M)来代表各步。

通常用方框表示一个步，在方框内用一个位元件来对该步进行命名。在顺序功能图中，有初始步、活动步和非活动步。

(1) 初始步。初始步表示系统的初始工作状态，用双线框表示，初始状态一般是系统等待起动命令的相对静止状态。每一个顺序功能图至少应该有一个初始步。

(2) 活动步与非活动步。活动步是指系统正在执行的那一步，反之则称为非活动步。步处于活动状态时，该步对应的动作被执行；步处于非活动状态时，该步对应的动作停止执行。

2) 动作

与步对应的动作或命令用于在每一步内把状态为 ON 的输出位表示出来。可以将一个控制系统划分为被控系统和施控系统。对于被控系统，在某一步要完成某些“动作”；对于施控系统，在某一步要发出某些“命令”。将这些“命令”和“动作”统称为动作，用矩形框中的文字或者符号表示，放在对应步的右边。在每一步内只标出状态为 ON 的输出位，一般用输出类指令(如输出、置位、复位等)。

根据需要，指令与对象的动作响应之间可能有多种情况，如有的动作仅在指令激活的时间内有响应，指令结束后动作终止，而有的一旦发出指令，动作就一直继续，除非再发出停止或撤销指令，这就需要用不同的符号来修饰动作。常用的动作修饰词如表 4-21 所示。

表 4-21　常用的动作修饰词

修饰词	动作类型	说　　明
S	置位	当步变为非活动步时动作继续，直到动作被复位
R	复位	被修饰词 S 起动的动作被终止

3) 有向连线

在顺序功能图中，随着控制的进展，步的活动状态会发生变化，这种变化按有向连线规定的路线和方向进行。在画顺序功能图时，将各步的方框按它们成为活动步的先后顺序从上到下排列，并用有向连线将它们连起来。有向连线的默认方向由上至下，在这个方向的有向连线上的箭头可以省略，凡是与此方向不同的连线均应标注箭头以表示方向。

4) 转换

转换用有向连线上与有向连线垂直的短划线来表示，转换用于将相邻两步分隔开。

5) 转换条件

转换条件是指与该转换相关的逻辑变量，可以用文字语言、布尔代数表达式或图形符号等标注在表示转换的短划线旁。

转换实现的条件是前级步为活动步和转换条件满足，两者缺一不可。转换完成后，所有该转换的后级步均成为活动步，而所有前级步则成为非活动步。

3. 画顺序功能图的注意事项

在进行顺序功能图的设计时，必须要注意：

(1) 顺序功能图中必须有初始步，否则系统将无法开始和返回。

(2) 两个相邻步不能直接相连，必须用一个转换条件将它们分开，两个转换之间也必须用步隔开。

(3) 自动控制系统应能多次重复完成某一控制过程，由于系统可以重复循环执行某一程序，因此顺序功能图应是一个闭环。

4. 顺序功能图的基本结构

顺序功能图有三种结构：单序列、选择序列和并行系列。

(1) 单序列：没有分支，由一系列按顺序排列、相继激活的步组成。每一步的后面只有一个转换，每个转换的后面仅有一步，如图 4-68(a)所示。

(2) 选择序列：选择序列的开始称为分支，转换符号只能标在水平连线之下，如图 4-68(b)所示。步 4 后有两个转换 h 和 k 所引导的两个选择序列，如果步 4 为活动步并且转换条件 h 满足，则步 5 变为活动步，步 4 变为非活动步；如果步 4 为活动步并且转换条件 k 满足，则步 8 变为活动步，步 4 变为非活动步。一般只允许选择一个序列。

选择序列的合并是指几个选择序列合并为一个公共序列。此时，用需要重新组合的序列相同数量的转换符号和水平连线来表示，转换符号只允许在水平连线之上。图 4-68(b)中如果步 6 为活动步并且转换条件 j 满足，则步 7 被触发；如果步 8 为活动步并且转换条件 n 满足，则步 7 也被触发。

(3) 并行系列：当转换条件的满足导致几个序列同时激活时，这些序列称为并行序列。并行序列用来表示系统中几个同时工作的独立部分，如图 4-68(c)所示。并行序列的开始称为分支。当步 13 是活动步并且满足转换条件 e 时，步 14、步 16 这两步同时变为活动步，同时步 13 变为非活动步。为了强调转换的实现，水平连线用双线表示。步 14、步 16 被同时激活后，每个序列中活动步的进展将是独立的。在表示同步的水平双线上，只允许有一个转换条件。并行序列的结束称为合并，在表示同步水平双线之下，只允许有一个转换条件。只有当直接连在双线上的所有前级步(步 15、步 17)都处于活动状态，并且转换状态条件 p 满足时，才会发生步 15、步 17 到步 18 的进展，步 15、步 17 同时变为非活动步，而步 18 变为活动步。

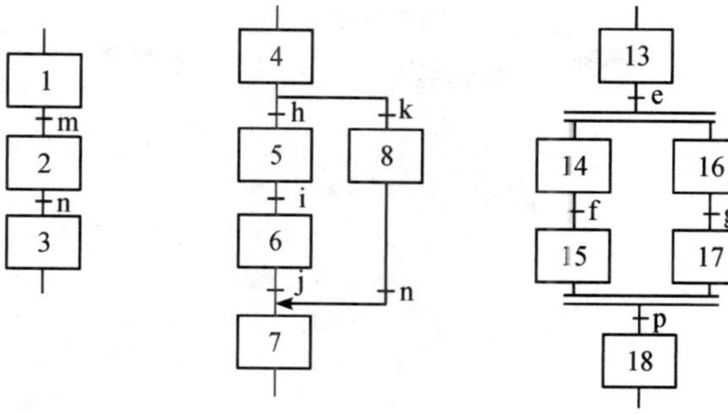

(a) 单序列　(b) 选择序列　(c) 并行序列

图 4-68　顺序功能图类型

5. 使用置位复位指令将单序列顺序功能图转换为梯形图

1) 使用置位复位指令设计顺序控制程序

在使用置位复位指令设计顺序控制程序时，将各转换的所有前级步对应的常开触点与转换对应的触点或电路串联，从而使所有后续步对应的存储器位置位，以及使所有的前级步对应的存储器位复位。

2) 编程方法举例

将图 4-69 所示的单序列顺序功能图转换为梯形图。

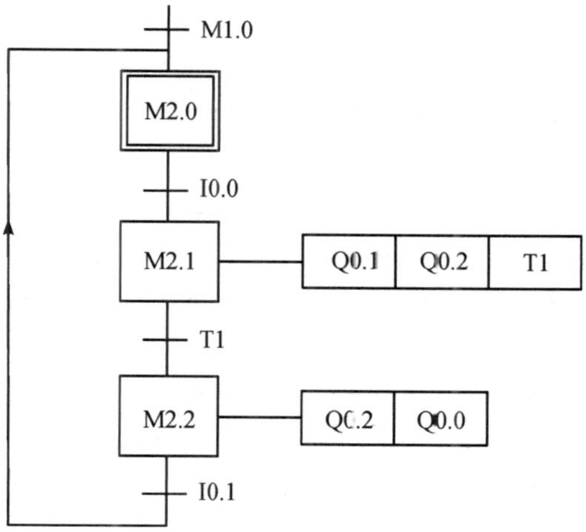

图 4-69　单序列顺序功能图

M1.0(首次循环，FirstScan)为系统存储器，在 CPU 首次扫描时，M1.0 闭合一个扫描周期。

将某一步(图 4-69 中的 M2.1)转换为活动步的两个条件是：前级步(M2.0)是活动步(M2.0 为 ON)和满足转换条件(I0.0 为 ON)。在梯形图中，可以用 M2.0 和 I0.0 的常开触点组成的串联电路来表示上述条件。该电路接通时，两个条件同时满足。此时将该步(M2.1)变为活动步，即用置位指令将 M2.1 置位；前级步(M2.0)变为非活动步，即用复位指令将 M2.0 复位。在编写梯形图之前，勾选图 4-70(a)中的“启用系统存储器字节”，即可将图 4-69 所示的顺序功能图转换成图 4-70(b)所示的梯形图。

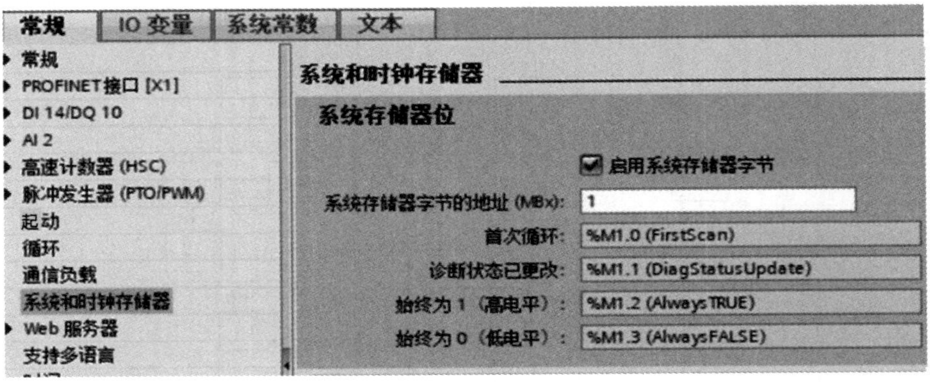

(a)

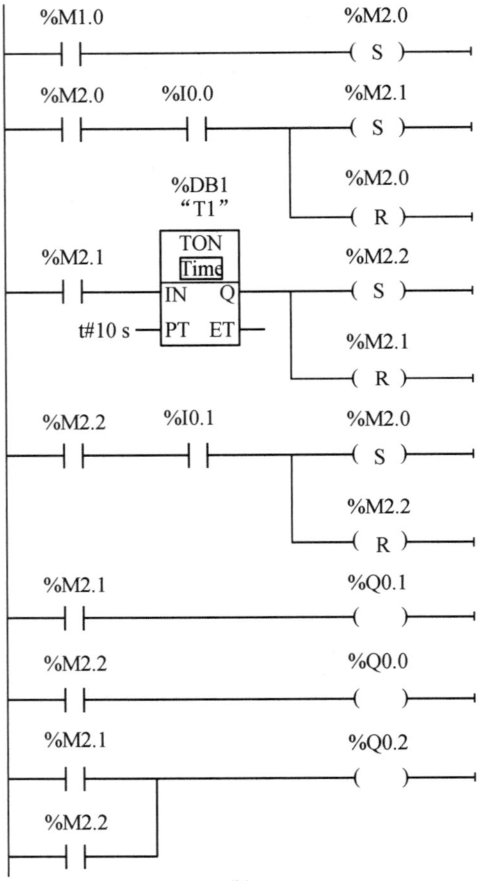

(b)

图 4-70　单序列顺序功能图的梯形图

任务实施

1. 设计安装电气系统

1) I/O 分配

根据控制要求及 PLC 输入/输出点分配原则，分配 I/O 地址，见表 4-22。

表 4-22　I/O 地址分配表

输　入		输　出	
PLC 接口	元器件	PLC 接口	元器件
I0.0	起动按钮 SB1	Q0.0	右行 KM1
I0.1	行程开关 SQ1	Q0.1	左行 KM2
I0.2	行程开关 SQ2		

2) 电气接线图设计

根据 PLC 的 I/O 地址分配表，设计小车行程控制系统电气接线图，如图 4-71 所示。

3) 连接并检查电路

根据图 4-71 安装元器件、连接电路，并对照电路图检查电路。

(1) 检查电源连接是否正确。

(2) 根据电气原理图检查 PLC 的 I/O 信号线的连接是否正确。

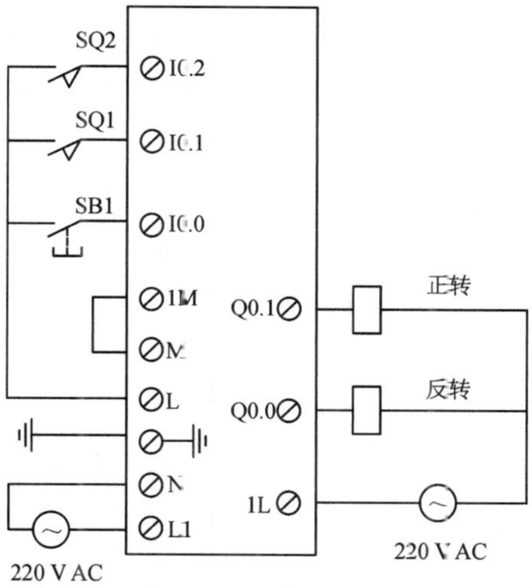

图 4-71　小车行程控制系统电气接线图

2. 设计编写 PLC 程序

1) 编写变量表

小车行程控制系统的 PLC 变量表如图 4-72 所示。

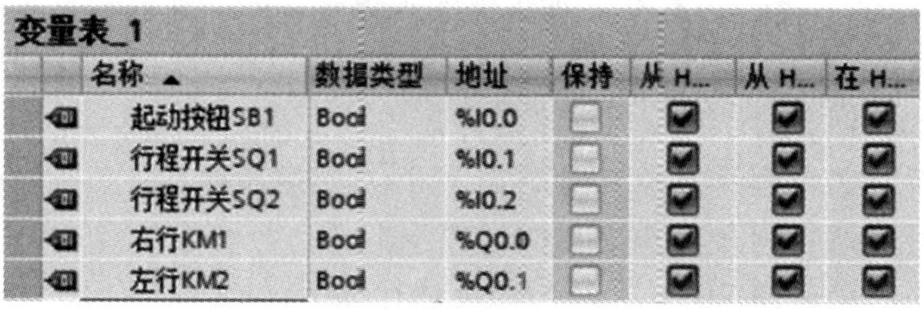

图 4-72　小车行程控制系统的 PLC 变量表

2) 编写程序

(1) 小车行程控制系统顺序功能图如图 4-73 所示。

(2) 小车行程控制系统梯形图如图 4-74 所示。

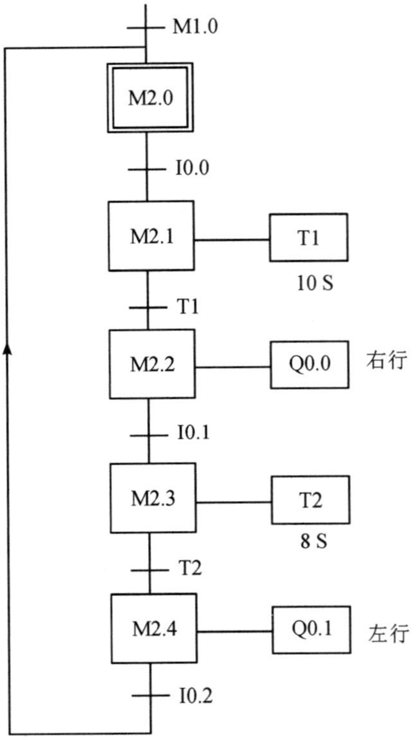

图 4-73　小车行程控制系统顺序功能图

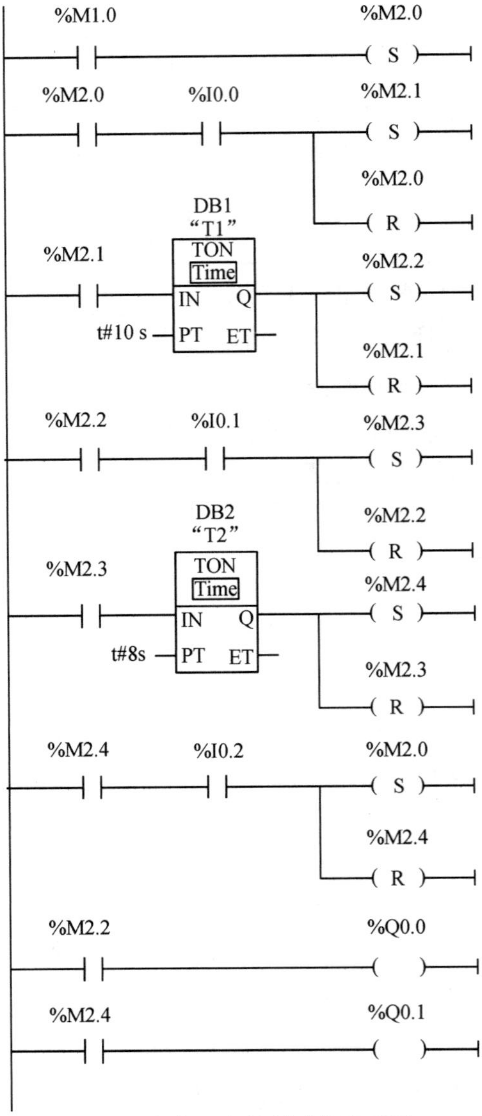

图 4-74　小车行程控制系统梯形图

3) 调试系统

将调试好的程序下载到 PLC 中，如果能实现以下功能，则表示完成任务；如果没有实现以下功能，则需分析原因，然后将系统调试成功。

(1) 按下起动按钮 SB1，10 s 后小车右行。

(2) 小车右行到达行程开关 SQ1 处时，停 8 s，然后左行。

(3) 小车左行到达行程开关 SQ2 处时，停下。

(4) 再次按下起动按钮 SB1，小车按照上述行程运行。

任务评价

对任务的完成情况进行评价，评价标准见表 4-23。

表 4-23　任 务 评 价

评价内容	评 价 标 准	配分	扣分
设计安装电气控制系统	(1) 不会设计电气控制系统的主电路，扣 10 分； (2) 不会设计电气控制系统的 PLC 控制部分，扣 20 分； (3) 不会安装电气控制系统，扣 15 分	30	
编写 PLC 程序	(1) 编写 PLC 程序不规范，扣 20 分； (2) 不能按要求编写 PLC 程序，扣 30 分	50	
调试系统	不会调试或未记录调试现象，扣 10 分	20	
安全文明生产	如违反安全文明生产要求，酌情扣 10～40 分；情节严重者，可判本次技能操作训练为零分或取消本次实训资格		

思考练习题

1. 什么是顺序控制系统？
2. 在功能图中，什么是步、初始步、活动步、动作和转换条件？
3. 步的划分原则是什么？

任务 8　自动开关门控制系统

任务描述

用 S7-1200 PLC 设计自动开关门控制系统。

本任务的要求：如图 4-75 所示，当人靠近门时，感应器(光电传感器)X0 为 ON，高速开门。碰到减速开关 SQ1 时，变为减速开门，碰到开门极限开关 SQ2 时，电动机停转且开门动作停止，开始延时 0.5 s。若在 0.5 s 内感应器 X0 检测无人，则高速关门。碰到关门减速开关 SQ4 时，改为减速关门，碰到关门极限开关 SQ5 时，电动机停转且关门动作停止。在关门期间，若感应器 X0 检测到有人，则停止关门，延时 0.5 s 后自动转换为高速开门。

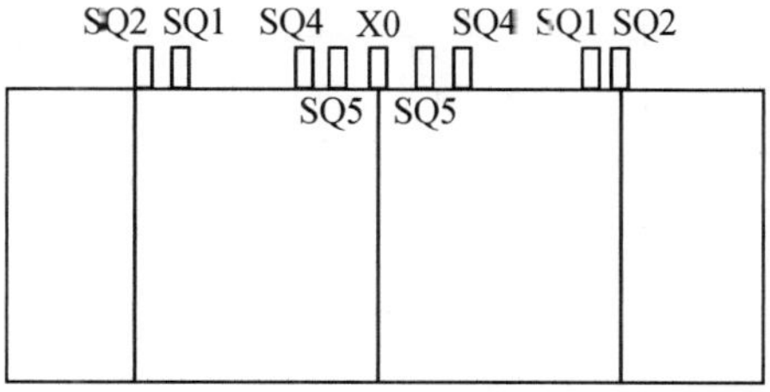

图 4-75　自动开关门示意图

职业岗位应知应会目标

(1) 掌握 PLC 顺序功能图的构成方法和基本规则。
(2) 掌握 S7-1200 PLC 中将序列顺序功能图转变为梯形图的方法。
(3) 掌握自动开关门控制系统的接线、调试、操作方法。

相关知识

将图 4-76 所示的选择序列顺序功能图转换为图 4-77 所示的梯形图。

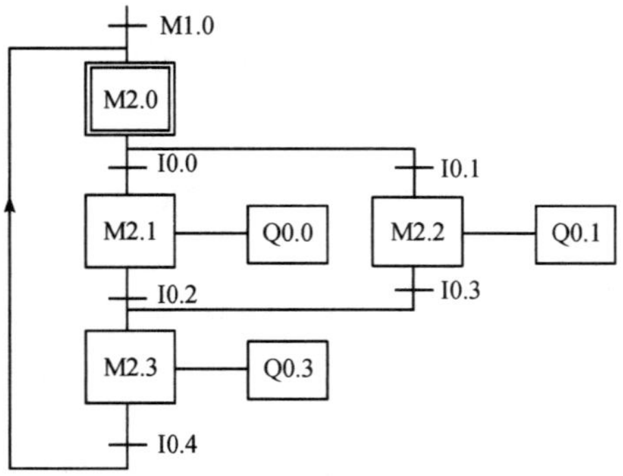

图 4-76　选择序列顺序功能图

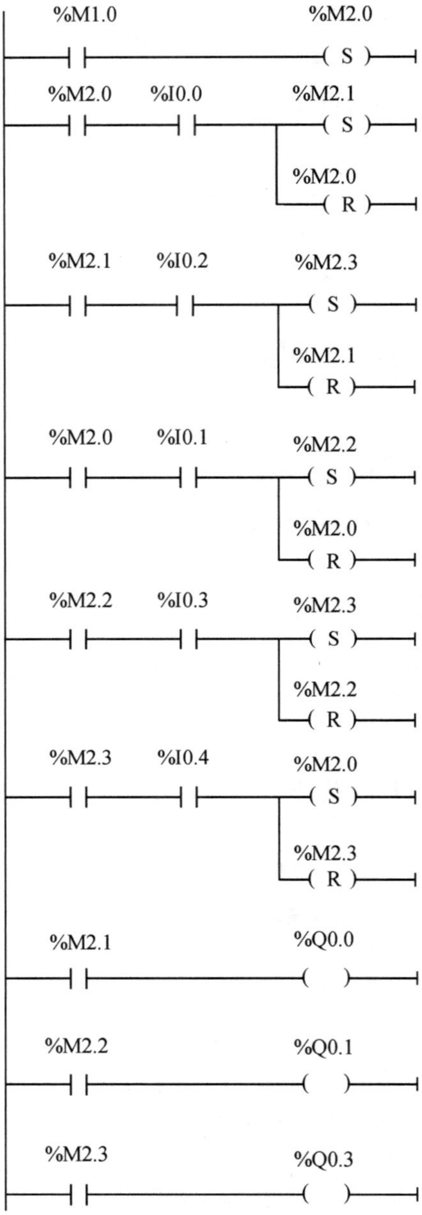

图 4-77　图 4-76 所示选择序列顺序功能图对应的梯形图

1. 选择序列分支的编程

在图 4-76 中，步 M2.0 之后有一个选择序列的分支。当 M2.0 为活动步时，可以有两种不同的选择：① 当转换条件 I0.0 满足时，后续步 M2.1 变为活动步，M2.0 变为非活动步；② 当转换条件 I0.1 满足时，后续步 M2.2 变为活动步，M2.0 变为非活动步。

当 M2.0 被置为“1”时，后面有两个分支可以选择：① 当转换条件 I0.0 为 ON 时，执行图 4-77 所示程序段中的置位 M2.1 指令，活动步将转换到步 M2.1，然后向下继续执行；② 当转换条件 I0.1 为 ON 时，执行程序段中的置位 M2.2 指令，然后向下继续执行。

2. 选择序列合并的编程

在图 4-76 中，步 M2.3 之前有一个选择序列的合并。当 M2.1 为活动步且转换条件 I0.2 满足，或者步 M2.2 为活动步且转换条件 I0.3 满足时，步 M2.3 变为活动步。

任务实施

1. 设计安装电气系统

1) I/O 分配

根据控制要求及 PLC 输入/输出点分配原则，分配 I/O 地址，见表 4-24。

表 4-24　I/O 地址分配表

输　入		输　出	
PLC 接口	元器件	PLC 接口	元器件
I0.0	感应器 X0	Q0.1	高速开门 KM1
I0.1	开门低速开关 SQ1	Q0.2	低速开门 KM2
I0.2	开门极限开关 SQ2	Q0.4	高速关门 KM4
I0.4	关门低速开关 SQ4	Q0.5	低速关门 KM5
I0.5	关门极限开关 SQ5		

2) 设计电气接线图

根据 PLC 的 I/O 分配表，设计自动开关门控制系统电气接线图，如图 4-78 所示。

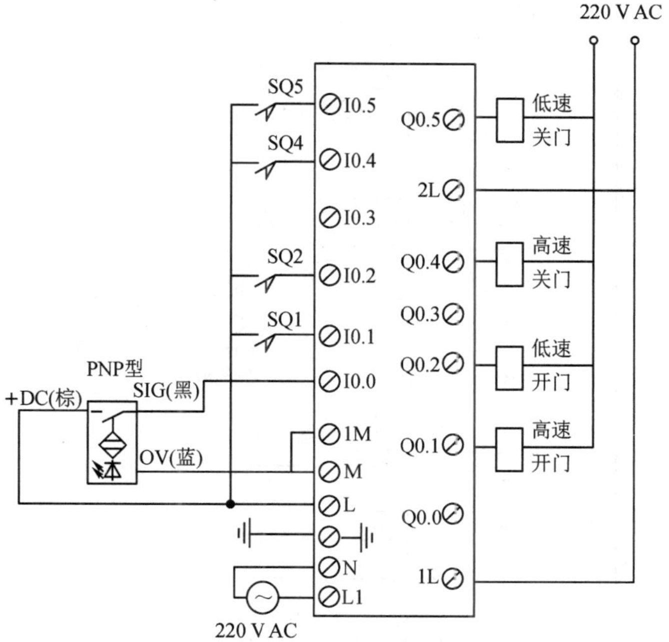

图 4-78　自动开关门控制系统电气接线图

3) 连接并检查电路

根据图 4-78 安装元器件、连接电路，并对照电路图检查电路。

(1) 检查电源连接是否正确。

(2) 根据电气原理图检查 PLC 的 I/O 信号线的连接是否正确。

2. 设计编写 PLC 程序

1) 编写变量表

自动开关门控制系统的 PLC 变量表如图 4-79 所示。

变量表_1

	名称	数据类型	地址	保持	从 H...	从 H...	在 H...
1	感应器X0	Bool	%I0.0	☐	☑	☑	☑
2	开门减速开关SQ1	Bool	%I0.1	☐	☑	☑	☑
3	开门极限开关SQ2	Bool	%I0.2	☐	☑	☑	☑
4	关门减速开关SQ4	Bool	%I0.4	☐	☑	☑	☑
5	关门极限开关SQ5	Bool	%I0.5	☐	☑	☑	☑
6	高速开门	Bool	%Q0.1	☐	☑	☑	☑
7	低速开门	Bool	%Q0.2	☐	☑	☑	☑
8	高速关门	Bool	%Q0.4	☐	☑	☑	☑
9	低速关门	Bool	%Q0.5	☐	☑	☑	☑

图 4-79　自动开关门控制系统的 PLC 变量表

2) 编写程序

(1) 自动开关门控制系统顺序功能图如图 4-80 所示。

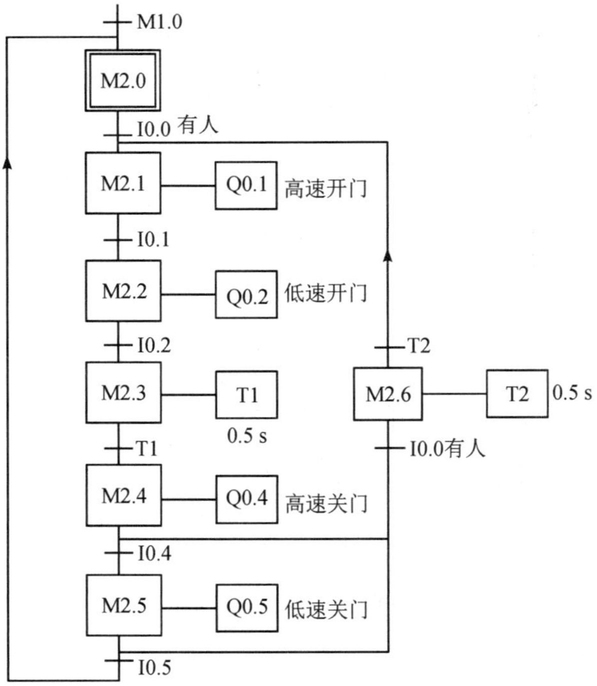

图 4-80　自动开关门控制系统顺序功能图

(2) 自动开关门控制系统梯形图如图 4-81 所示。

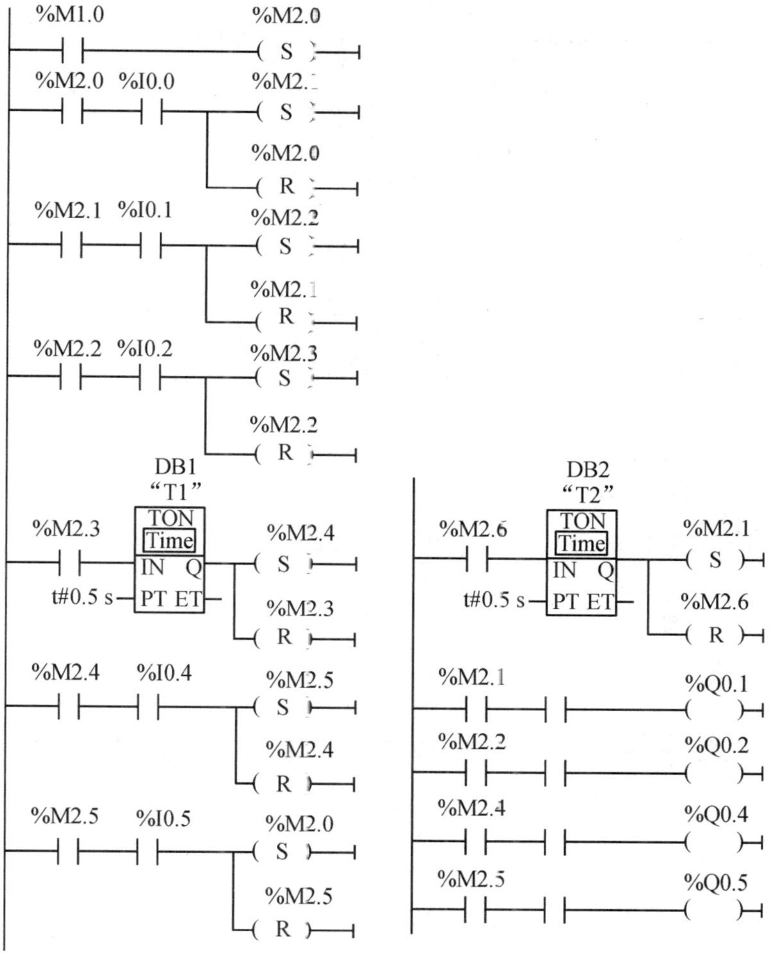

图 4-81　自动开关门控制系统梯形图

3) 调试系统

将调试好的程序下载到 PLC 中，如果能实现以下功能，则表示完成任务；如果没有实现以下功能，则需分析原因，然后将系统调试成功。

(1) 当有人靠近自动门时，高速开门，然后减速开门，最后停止，并且延迟 0.5 s。

(2) 在 0.5 s 时间内若未检测到人，则高速关门，然后低速关门，最后停止关门。

(3) 若在关门期间有人靠近，则自动停止关门，在延时 0.5 s 后变为高速开门。

任务评价

对任务的完成情况进行评价，评价标准见表 4-25。

表 4-25 任 务 评 价

评价内容	评 价 标 准	配分	扣分
设计安装电气控制系统	(1) 不会设计电气控制系统的主电路，扣 10 分； (2) 不会设计电气控制系统的 PLC 控制部分，扣 20 分； (3) 不会安装电气控制系统，扣 15 分	30	
编写 PLC 程序	(1) 编写 PLC 程序不规范，扣 20 分； (2) 不能按要求编写 PLC 程序，扣 30 分	50	
调试系统	不会调试或未记录调试现象，扣 10 分	20	
安全文明生产	如违反安全文明生产要求，酌情扣 10～40 分；情节严重者，可判本次技能操作训练为零分或取消本次实训资格		

思考练习题

用 PLC 控制一台电动机，控制要求如下：

(1) 按下起动按钮，电动机正转，5 s 后自动反转。

(2) 电动机反转 3 s 后自动正转，如此反复。

(3) 循环 5 个周期后，电动机自动停转。

任务 9 十字路口交通信号灯控制系统

任务描述

用 S7-1200 PLC 设计十字路口交通信号灯控制系统。交通信号灯一个周期为 70 s，工作时序图如图 4-82 所示。南北信号灯和东西信号灯同时工作，在 0～30 s 期间，南北信号灯绿灯亮，东西信号灯红灯亮；在 30～35 s 期间，南北信号灯黄灯亮，东西信号灯红灯亮；在 35～65 s 期间，南北信号灯红灯亮，东西信号灯绿灯亮；在 65～70 s 之间，南北信号灯红灯亮，东西信号灯黄灯亮。

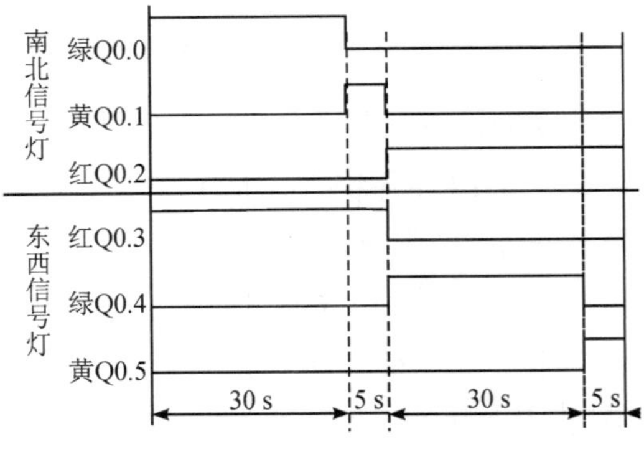

图 4-82 十字路口交通灯控制系统时序图

本任务的要求：按钮 SB1 闭合时，交通信号灯开始工作；按钮 SB1 断开时，信号灯在该周期结束后停止工作。

职业岗位应知应会目标

(1) 掌握 PLC 顺序功能图的构成方法和基本规则。

(2) 掌握 S7-1200 PLC 中并行序列顺序功能图转变为梯形图的方法。
(3) 掌握十字路口交通灯控制系统的接线、调试、操作方法。

相关知识

将图 4-83 所示的并行序列顺序功能图转换为图 4-84 所示的梯形图。

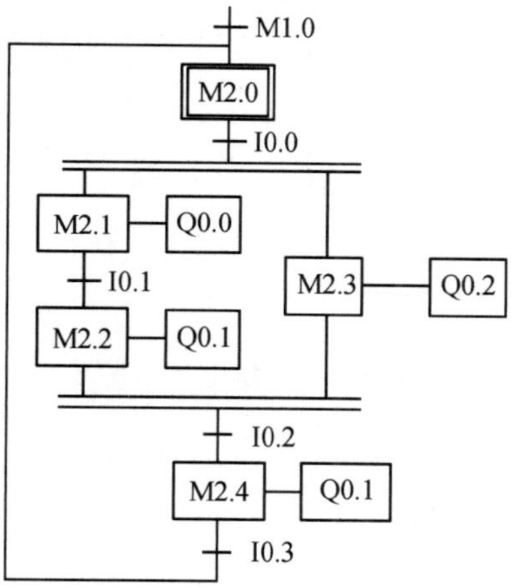

图 4-83　并行序列顺序功能图

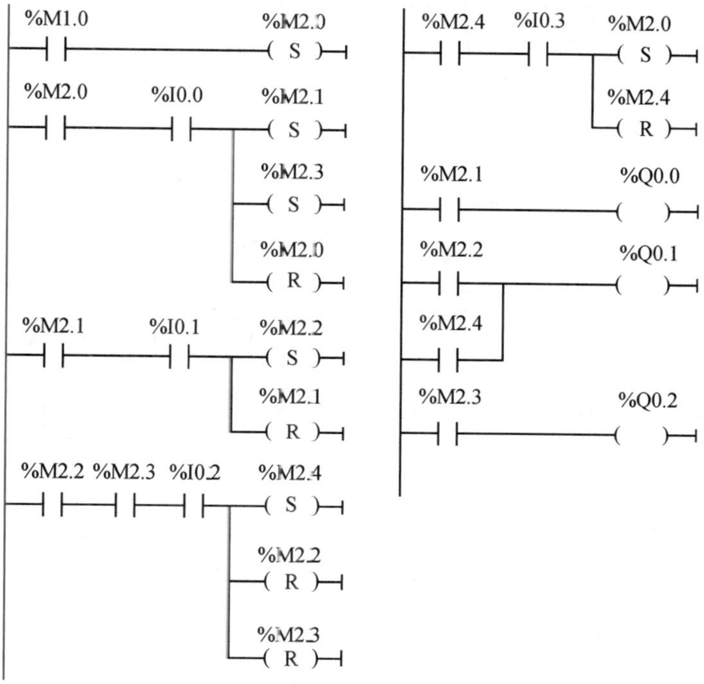

图 4-84　并行序列顺序功能图的梯形图

1. 并行序列分支的编程

如图 4-83 所示，步 M2.0 之后有一个并行序列的分支。当 M2.0 是活动步，并且转换条件 I0.0 满足时，步 M2.1 和步 M2.3 同时变为活动步，M2.0 变为非活动步，这时用 M2.0 和 I0.0 的常开触点串联电路使 M2.1 和 M2.2 同时置位，用复位指令使步 M2.0 变为非活动步。梯形图如图 4-84 所示。

2. 并行序列合并的编程

如图 4-83 所示，在转换条件 I0.2 之前有一个并行序列的合并。当所有的前级步 M2.2 和 M2.3 都是活动步，并且转换条件 I0.2 满足时，实现并行序列的合并。用 M2.2、M2.3 和 I0.2 的常开触点串联电路使后续步 M2.4 置位，用复位指令使步 M2.2 和 M2.3 均变为非活动步。

任务实施

1. 设计安装电气系统

1) I/O 分配

根据控制要求及 PLC 输入/输出点分配原则，分配 I/O 地址，见表 4-26。

2) 电气接线图设计

根据 PLC 的 I/O 分配表，设计十字路口交通灯控制系统电气接线图，如图 4-85 所示。

表 4-26 I/O 地址分配表

输入		输出	
PLC 接口	元器件	PLC 接口	元器件
I0.0	按钮 SB1	Q0.0	南北绿灯
		Q0.1	南北黄灯
		Q0.2	南北红灯
		Q0.3	东西绿灯
		Q0.4	东西黄灯
		Q0.5	东西红灯

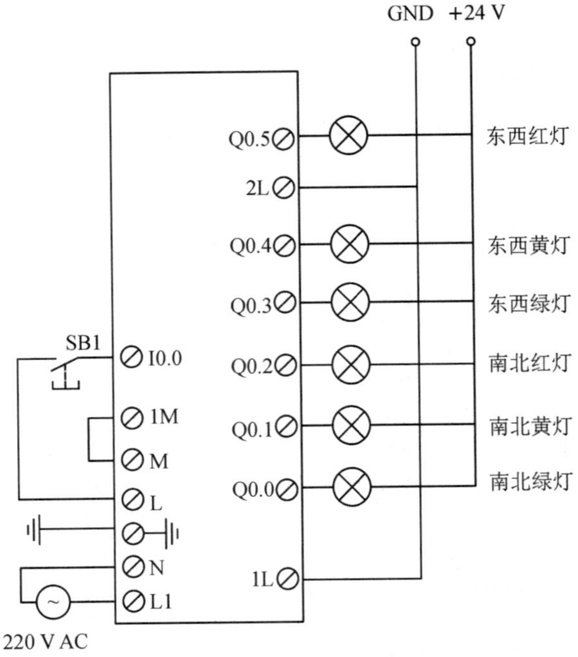

图 4-85 十字路口交通灯控制系统电气接线图

3) 连接并检查电路

根据图 4-85 安装元器件、连接电路，并对照电路图检查电路。

(1) 检查电源连接是否正确。

(2) 根据电气原理图检查 PLC 的 I/O 信号线的连接是否正确。

2. 设计编写 PLC 程序

1) 编写变量表

十字路口交通灯控制系统的 PLC 变量表如图 4-86 所示。

变量表_1

	名称	数据类型	地址	保持	从 H...	从 H...	在 H...
1	起动开关SB1	Bool	%I0.0	☐	☑	☑	☑
2	南北绿灯	Bool	%Q0.0	☐	☑	☑	☑
3	南北黄灯	Bool	%Q0.1	☐	☑	☑	☑
4	南北红灯	Bool	%Q0.2	☐	☑	☑	☑
5	东西绿灯	Bool	%Q0.3	☐	☑	☑	☑
6	东西黄灯	Bool	%Q0.4	☐	☑	☑	☑
7	东西红灯	Bool	%Q0.5	☐	☑	☑	☑

图 4-86 十字路口交通灯控制系统的 PLC 变量表

2) 编写程序

(1) 十字路口交通灯控制系统顺序功能图如图 4-87 所示。

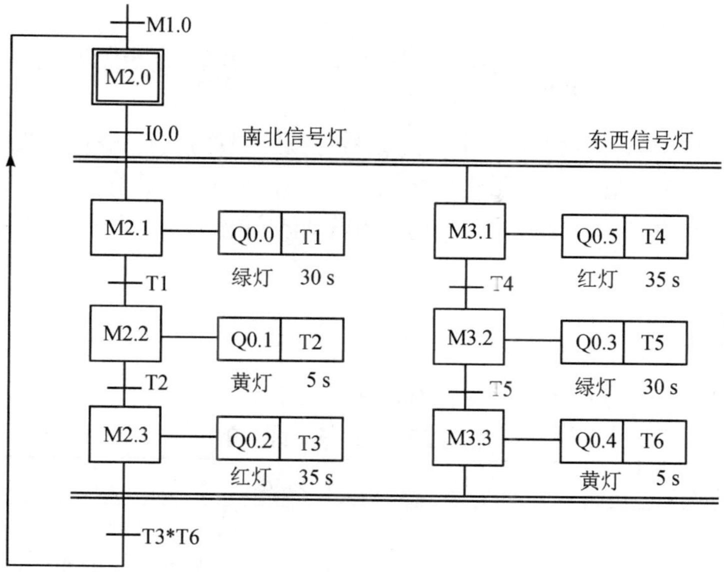

图 4-87　十字路口交通灯控制系统顺序功能图

(2) 十字路口交通灯控制系统梯形图如图 4-88 所示。

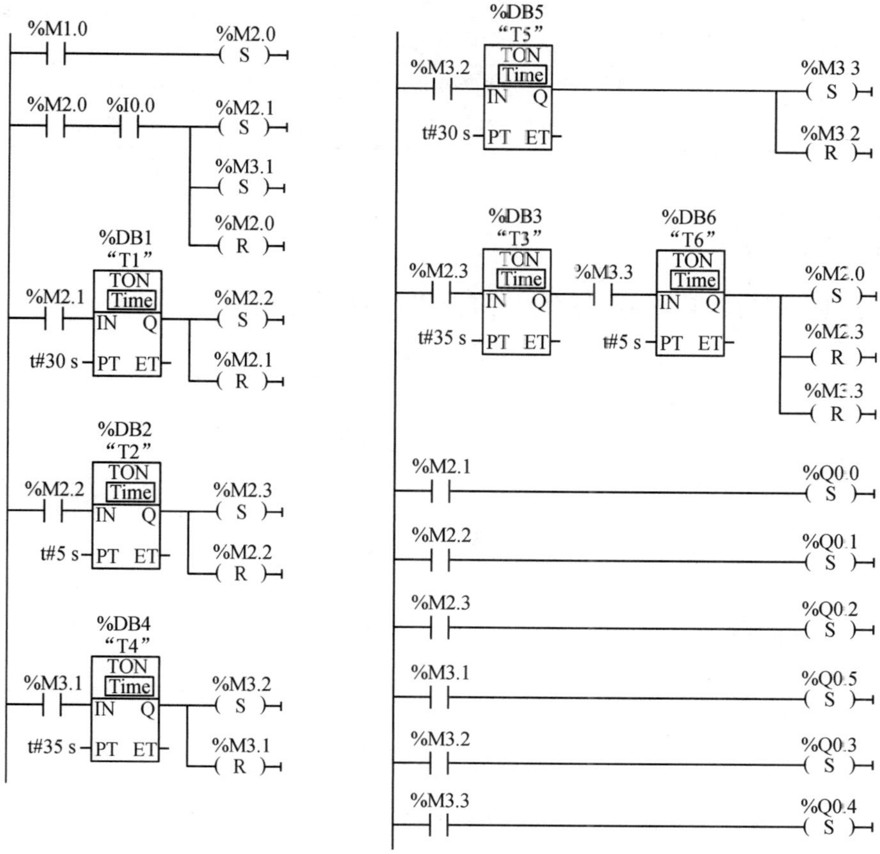

图 4-88　十字路口交通灯控制系统梯形图

3) 调试系统

将调试好的程序下载到 PLC 中，如果能实现以下功能，则表示完成任务；如果没有实现以下功能，则需分析原因，然后将系统调试成功。

(1) 当起动开关 I0.0 接通时，南北交通信号灯按照绿灯亮 30 s→黄灯亮 5 s→红灯亮 35 s 的顺序循环；东西交通信号灯按照红灯亮 35 s→绿灯亮 30 s→黄灯亮 5 s 的顺序循环。

(2) 当起动开关断开时，南北交通信号灯和东西交通信号灯此轮循环结束后所有灯熄灭。

任务评价

对任务的完成情况进行评价，评价标准见表 4-27。

表 4-27 任 务 评 价

评价内容	评 价 标 准	配分	扣分
设计安装电气控制系统	(1) 不会设计电气控制系统的主电路，扣 10 分； (2) 不会设计电气控制系统的 PLC 控制部分，扣 20 分； (3) 不会安装电气控制系统，扣 15 分	30	
编写 PLC 程序	(1) 编写 PLC 程序不规范，扣 20 分； (2) 不能按要求编写 PLC 程序，扣 30 分	50	
调试系统	不会调试或未记录调试现象，扣 10 分	20	
安全文明生产	如违反安全文明生产要求，酌情扣 10～40 分；情节严重者，可判本次技能操作训练为零分或取消本次实训资格		

思考练习题

选择序列顺序功能图与并行序列顺序功能图的区别是什么？

项目五

西门子 S7-1200 PLC 的高级应用(一)

任务 1　昆仑通态触摸屏与组态软件的认识

任务描述

随着多媒体信息技术的广泛使用，人们越来越多地接触到触摸屏，如手机的显示屏，银行、电信信息查询机的显示屏等都是触摸屏。

本任务的要求：

(1) 完成触摸屏的通信连接。

(2) 用 MCGS 嵌入版组态软件创建新工程。

职业岗位应知应会目标

(1) 了解触摸屏的基本工作原理、类型与硬件结构。

(2) 会进行触摸屏的通信连接及组态软件的安装。

(3) 懂得用 MCGS 嵌入版组态软件创建新工程的方法和过程。

(4) 能正确设置组态元件的属性。

相关知识

1. 触摸屏的工作原理

触摸屏是人与机器交流信息的窗口，人可以通过该窗口向机器发出指令，也可以通过该窗口监控“机器”的运行状态、信息等。触摸屏又称为人机界面，它是操作人员与机器设备间双向沟通的桥梁，用户可以自由地使用文字、按钮、图形、数字等代替鼠标、键盘来处理、监控管理或应付随时可能变化的信息。

触摸屏安装在显示器前端，人们用手指或其他物体触摸、单击触摸屏上的图标或菜单位置来输入信息。触摸屏由触摸检测部件和控制器组成。触摸检测部件安装在显示器屏的前面，用于检测操作人员的触摸位置，接收信息后送往控制器；控制器将接收到的触摸信息转换成触点坐标，再发送给 CPU，并接收 CPU 发来的命令加以执行。图 5-1 所示是昆仑通态 TPC 系列触摸屏的外形。

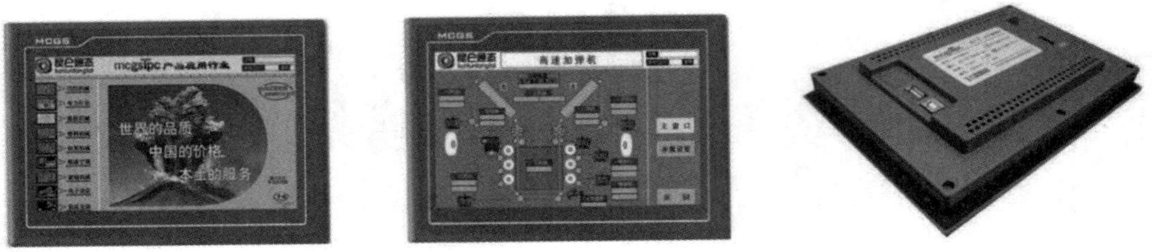

图 5-1　昆仑通态 TPC 系列触摸屏外形

2. 触摸屏的主要类型

按照触摸屏的工作原理和传输信息的介质，触摸屏可分为电阻式、电容感应式、红外线式和表面声波式四种。每一种触摸屏都有其各自的优缺点，适用的场合也不同。

(1) 电阻式触摸屏。

电阻式触摸屏的结构与工作原理如图 5-2 所示。电阻式触摸屏利用压力感应进行控制。其主要部分是一块与显示器表面匹配的电阻薄膜屏(多层的复合薄膜)，它以一层玻璃或硬塑料平板作为基层，表面涂有一层透明氧化金属 ITO(透明的导电电阻)导电层，上面再盖有一层经过了外表面硬化处理、光滑防擦的塑料层，该塑料层的内表面也涂有一层导电层，两层导电层之间有许多细小(直径小于 0.04 nm)的透明隔离点，把两层导电层绝缘隔开。当手指触摸屏幕时，两层导电层在触摸点位置就会有接触，电阻发生变化，在 X 和 Y 两个方向上产生信号，然后送往触摸屏控制器。控制器检测到这一接触信号并计算出(X，Y)的位置后，再进行相应的操作。

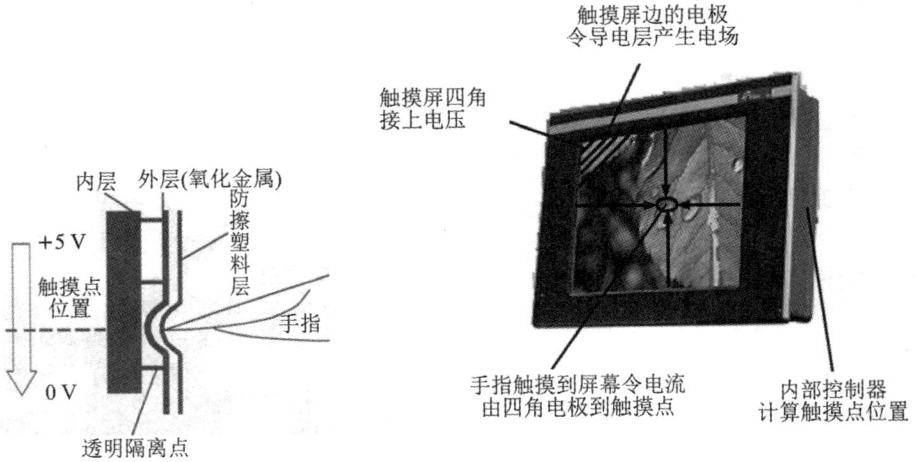

图 5-2　电阻式触摸屏的结构与工作原理

电阻式触摸屏的优点是具有光面和雾面处理，一次校正，稳定性高，无“漂移”现象。

(2) 电容感应式触摸屏。

电容感应式触摸屏是利用人体的感应进行工作的。其缺点是当环境的温度、湿度、电场发生变化时，都会引起电容感应式触摸屏的“漂移”，造成工作不准确。

(3) 红外线式触摸屏。

红外线式触摸屏是利用 X、Y 方向上密布的红外线矩阵来检测并定位用户的触摸位置进行工作的。其优点是任何触摸物体都可以改变触摸点上的红外线而实现触摸屏操作，分辨率高，可多层次自动调节以及可长时间在各种恶劣环境下任意使用。

(4) 表面声波式触摸屏。

表面声波是超声波的一种，是在介质(如玻璃或金属等刚性材料)表面浅层传播的机械能量波。表面声波式触摸屏以发射换能器和接收器将表面触摸的能量转变为电信号并确定相应的位置而工作。其优点是清晰度高、透光率好、抗刮伤性好、反应灵敏以及不受环境温度、湿度等因素的影响，目前在公共场合使用较多。其缺点是灰尘、油污一旦阻塞表面的导波槽，就会使声波不能正常发射，影响触摸屏的正常使用，因此需经常擦拭屏面。

3. 触摸屏的通信连接

如图 5-3 所示为触摸屏的通信连接图。计算机编程完成后通过 USB 接口下载到触摸屏中；串行通信口为触摸屏与 PLC 的通信接口。按图 5-3 所示连接 USB 接口和 24 V 直流电源接口后即可进行工程的上传与下载。

图 5-3　触摸屏的通信连接图

4. MCGSE 组态软件的安装方法与步骤

MCGS 嵌入版组态软件简称 MCGSE 组态软件，其最大的优点是使用便捷。MCGSE 组态软件安装程序可到昆仑通态官网(www.mcgs.cn)下载。安装程序下载完成后，解压安装程序，运行“Setup.exe”，安装步骤如图 5-4 所示。

在图 5-4(a)所示对话框中单击“下一步”按钮，按照提示步骤操作，随后，安装程序将弹出图 5-4(b)所示指定安装目录对话框，用户不变更时，系统默认安装到“D:\MCGSE”目录下，建议使用默认目录。之后，继续按照提示单击“下一步”按钮，进入图 5-4(c)所示对话框，系统默认选择安装所有驱动，建议安装所有驱动。然后，单击“下一步”按钮，直到弹出图 5-4(d)所示对话框，单击“完成”按钮，即可完成 MCGSE 组态软件的安装。

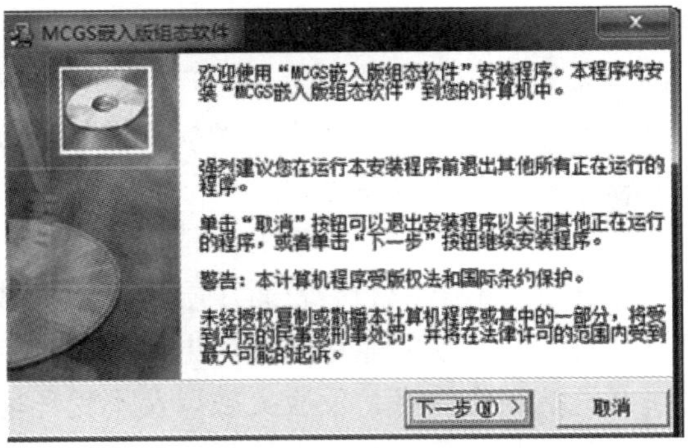

(a) 安装第一步

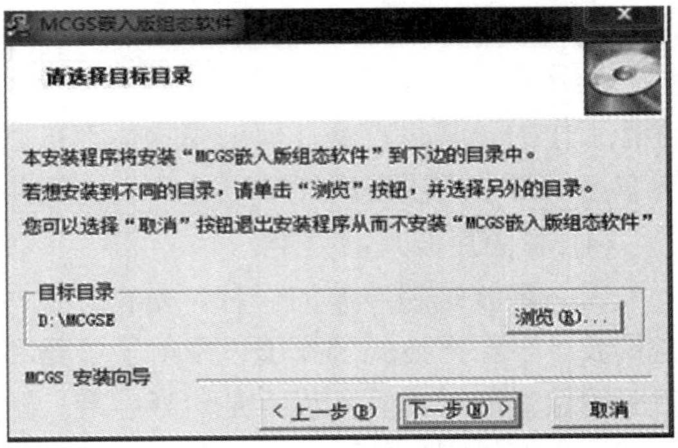

(b) 选择安装目录

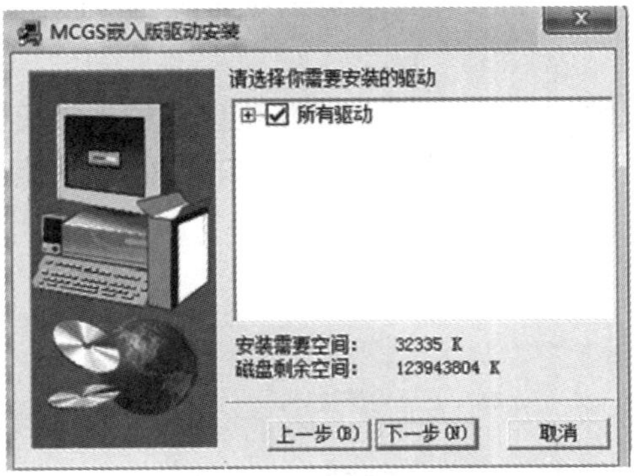

(c) 选择所有驱动

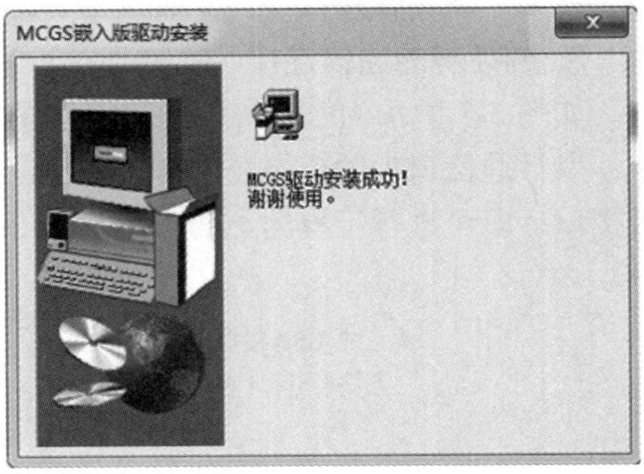

(d) 安装完成

图 5-4　MCGSE 组态软件的安装过程

5. 应用 MCGSE 组态软件创建新工程

1) 起动 MCGSE 组态软件

单击“开始”→“程序”→“MCGS 组态软件”→“嵌入版”→“MCGSE 组态环境”，即可起动 MCGSE 组态软件；或者双击如图 5-5 所示的桌面快捷方式，也可起动 MCGSE 组态软件。起动后屏幕显示 MCGSE 组态软件主界面，如图 5-6 所示。

图 5-5　MCGSE 组态环境

图 5-6　MCGSE 组态软件主界面

2) 新建工程

单击 MCGSE 组态软件主界面中的菜单栏“文件”，下拉菜单如图 5-7 所示，单击“新建工程”，弹出图 5-8 所示的选择触摸屏型号对话框。这里触摸屏型号选“TPC7062TX”，单击“确定”按钮，出现图 5-9 所示的工程主界面。

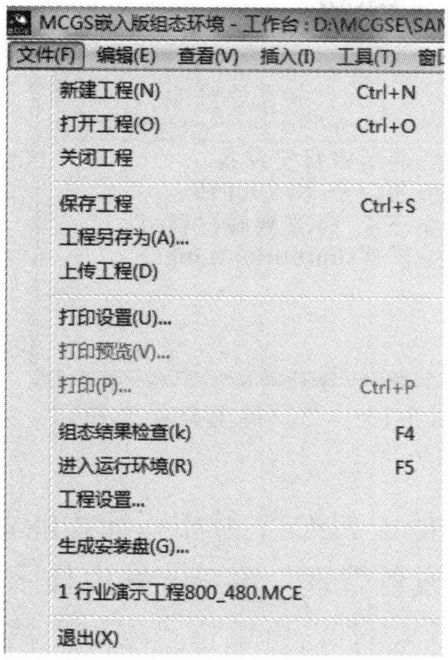

图 5-7　“文件”下拉菜单

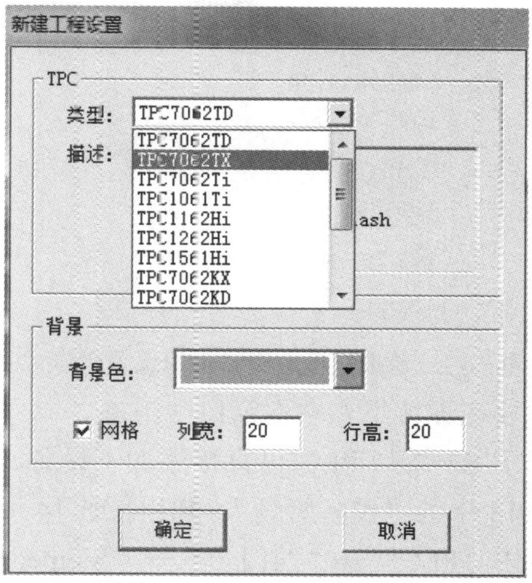

图 5-8　选择触摸屏型号对话框

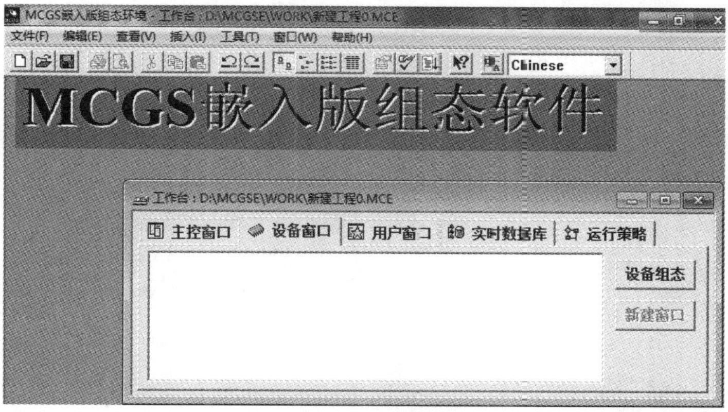

图 5-9　工程主界面

3) 设备组态

单击图 5-9 所示工程主界面中的“设备窗口”，弹出图 5-10 所示的设备窗口工作台。单击其中的“设备组态”按钮，弹出图 5-11 所示的设备组态空白窗口。

图 5-10　设备窗口工作台

图 5-11　设备组态空白窗口

在设备组态空白窗口中单击鼠标右键，弹出图 5-12 所示的选项栏。单击该选项栏中的“设备工具箱”，弹出图 5-13 所示的“设备工具箱”窗口。

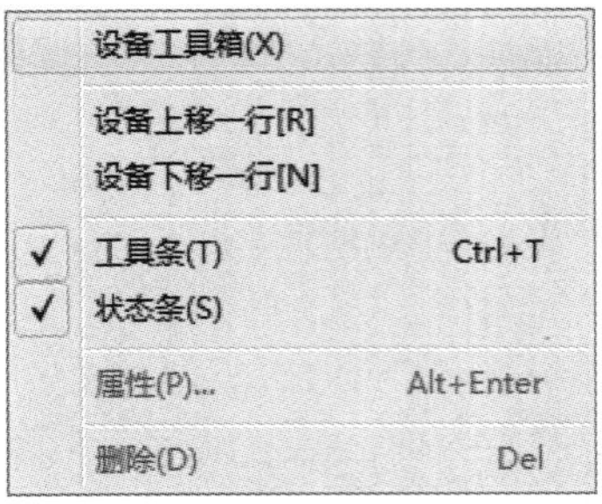

图 5-12　单击鼠标右键弹出的选项栏

图 5-13　“设备工具箱”窗口

下面要在设备组态空白窗口中组态。

西门子 S7 系列 PLC 可直接添加子设备。子设备要与 PLC 型号相匹配才能正常通信。单击图 5-13 中的“设备管理”，弹出图 5-14 所示的“设备管理”窗口，其中显示了所需的设备。单击“PLC”→“西门子”→“Siemens_1200 以太网”，再单击“增加”按钮，弹出“添加新设备”确认对话框，单击“是”。“设备管理”右侧窗口出现“Siemens_1200”，单击“确认”按钮。“设备工具箱”的最下方出现设备“Siemens_1200”，双击“Siemens_1200”，在设备组态空白窗口中出现“设备 0--[Siemens_1200]”，如图 5-15 所示。至此，完成新设备的添加。

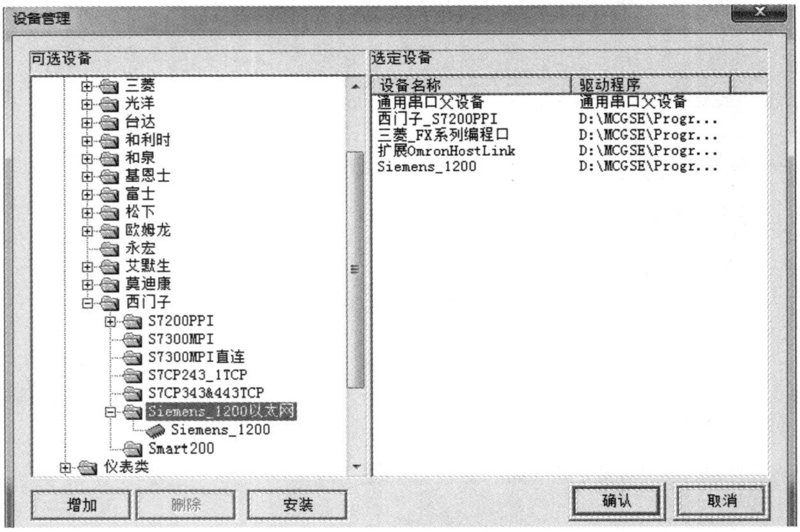

图 5-14　“设备管理”窗口

图 5-15　添加新设备组态窗口

说明：三菱 PLC 与触摸屏的连接，要先添加通用串口父设备后再添加子设备。父设备与硬件接口相对应，子设备放在父设备下，用于与该父设备对应的接口所连接的设备(如 PLC、变频器等)进行通信。操作方法：双击图 5-13 所示“设备工具箱”窗口中的“通用串口父设备”，这时会在设备组态空白窗口中出现“通用串口父设备 0--通用串口父设备”，如图 5-16 所示。之后添加子设备，双击“三菱_FX 系列编程口”即可完成添加。

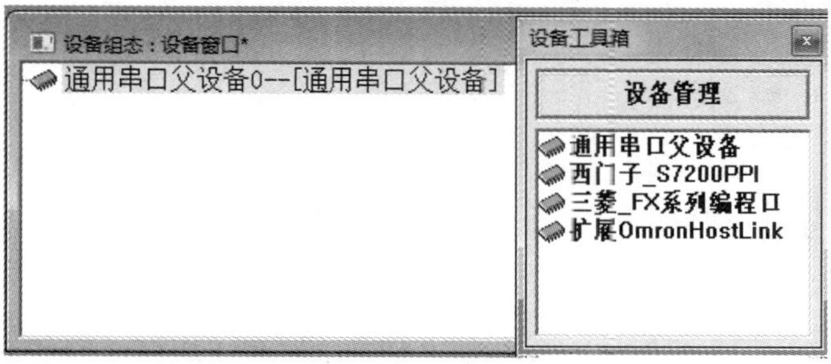

图 5-16　设备组态窗口添加通用串口父设备

在图 5-15 所示的新设备组态窗口中双击“设备 0--[Siemens_1200]”，弹出图 5-17 所示的“设备编辑窗口”。窗口中“设备属性名”的“本地 IP 地址”指触摸屏 IP 地址。触摸屏安装成功后，可查看 IP 地址。这里，本地 IP 地址修改为：192.168.0.11。“远端 IP 地址”指 PLC 的 IP 地址，这里修改为：192.168.0.1。

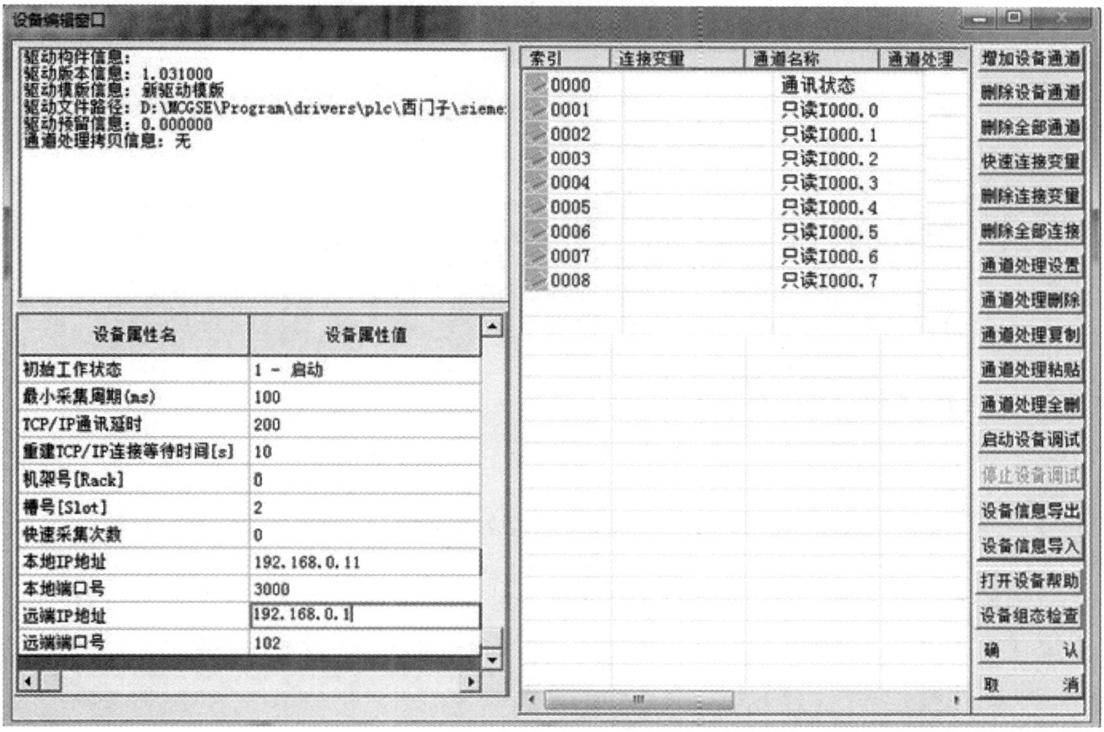

图 5-17　设备编辑窗口

在图 5-17 所示的“设备编辑窗口”右侧，默认通道 I0.0～I0.7，对应 PLC 的输入端。这里可以单击“删除全部通道”按钮，删除 I0.0～I0.7 通道。

在应用组态软件的新建工程中，需要添加 PLC 的 M 内部继电器(辅助继电器)单元来代替硬件输入通道 I0.0～I0.7，从而实现控制功能。单击图 5-17 所示“设备编辑窗口”中的“增加设备通道”，弹出图 5-18 所示的“添加设备通道”窗口。

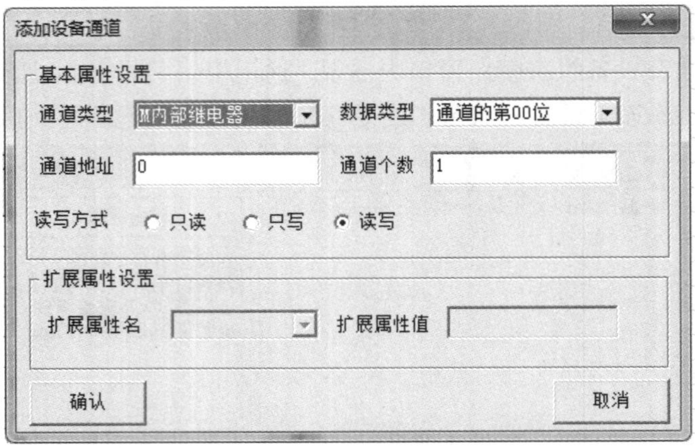

图 5-18 “添加设备通道”窗口

在图 5-18 所示的“添加设备通道”窗口中，通道类型选择“M 内部继电器”，通道地址填“0”，通道个数填“1”，读写方式选择“读写”，单击“确定”按钮。这样，PLC 中的 M0.0 内部继电器(辅助继电器)就添加到设备通道中。重复上述“添加设备通道”操作，当通道地址分别填“1”“2”“3”时，可添加 M0.1、M0.2、M0.3 通道。

在图 5-17 所示的“设备编辑窗口”中，单击“确定”按钮，保存设置并关闭该窗口。这时就返回到图 5-19 所示的设备组态窗口主界面。

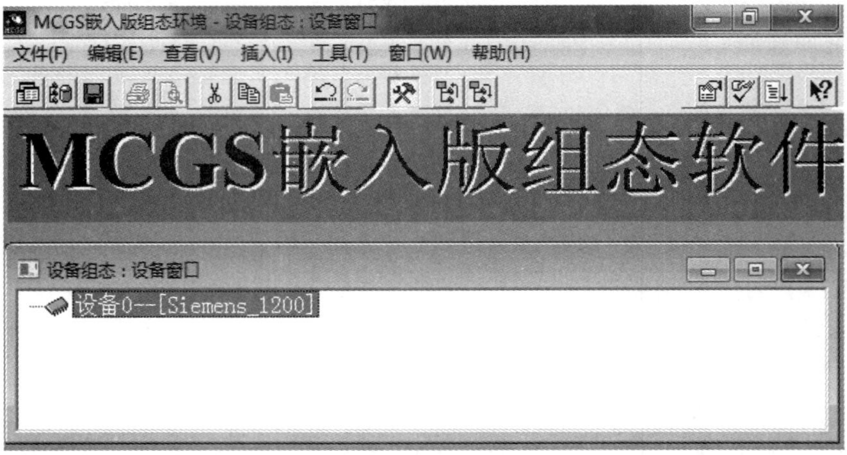

图 5-19 设备组态窗口主界面

在图 5-19 所示的设备组态窗口主界面中，单击主窗口的编辑条中的保存图标，保存设备组态，再单击设备组态窗口上的关闭窗口图标，关闭设备组态窗口。至此，设备组态工作完成。

4) *新建窗口*

设备组态工作完成后，返回到工程组态主界面，单击“用户窗口”，弹出新窗口，单击“新建窗口”，在工作台空白界面出现名为“窗口 0”的图标，它是我们创建的新窗口，也就是用户窗口，如图 5-20 所示。

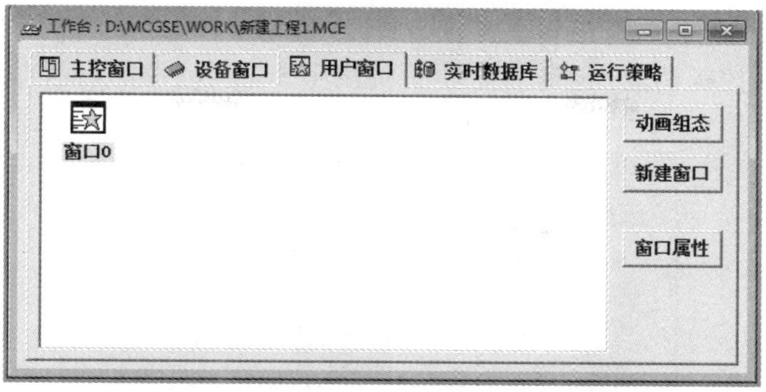

图 5-20　用户窗口工作台

5) 按钮元件属性设置

双击“窗口 0”图标，弹出“动画组态窗口 0”编辑界面，如图 5-21 所示。

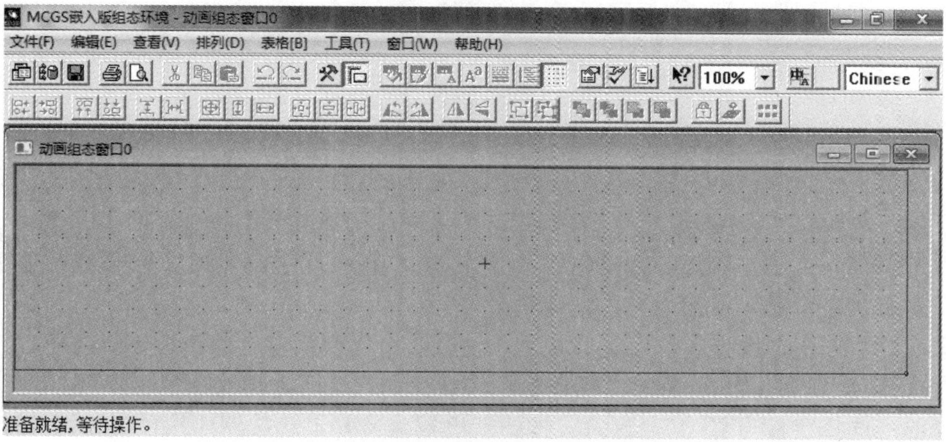

图 5-21　“动画组态窗口 0”编辑界面

(1) 创建按钮。单击主窗口的工具栏中的绘图工具箱图标，可以打开绘图工具箱，绘图工具箱如图 5-22 所示。单击图中标准按钮图标并将鼠标光标移至“动画组态窗口 0”中适当位置变成“十”字型。按住鼠标左键，拖动到合适大小，再松开左键，即可画出按钮，如图 5-23 所示。

图 5-22　绘图工具箱

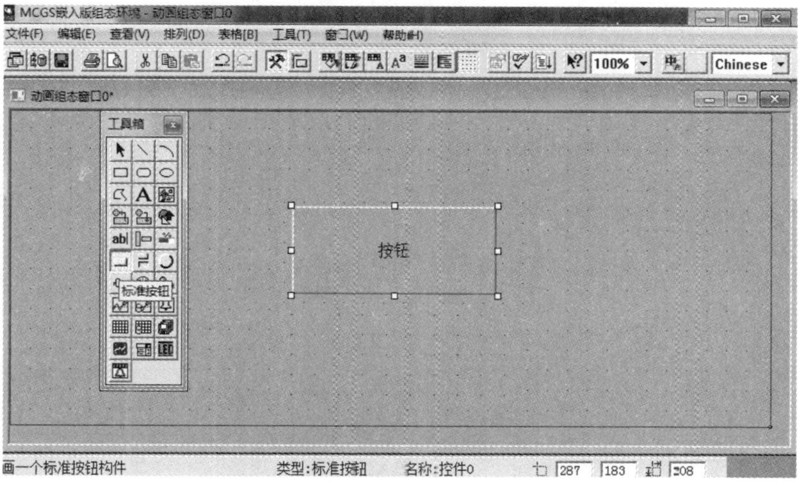

图 5-23　画按钮

(2) 按钮属性设置。只有正确设置按钮属性，才能与 PLC 内部的 M0.0、M0.1 等辅助继电器关联后实现控制功能。双击“按钮”，弹出图 5-24 所示的“标准按钮构件属性设置”窗口。

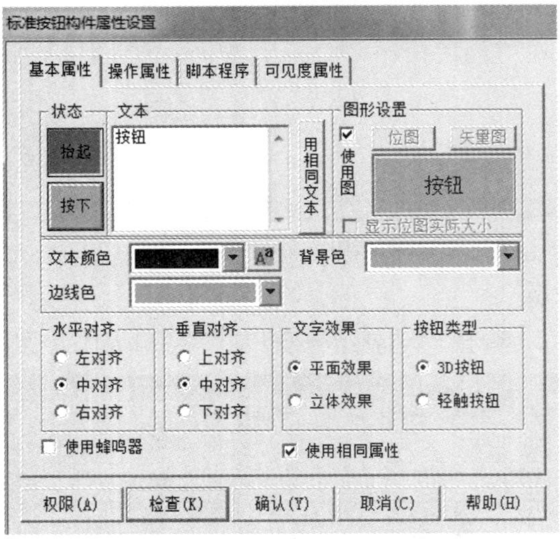

图 5-24 “标准按钮构件属性设置”窗口

首先，对按钮“基本属性”进行设置，如文本、文本颜色、背景色、边线色、图形设置等基本属性。其中，图形设置中勾选“使用图”，则有“位图”与“矢量图”选项。“矢量图”为系统自带的丰富的元件库，使用方便。

其次，对按钮“操作属性”进行设置，使其具有操作功能。单击图 5-24 中的“操作属性”，窗口切换到图 5-25 所示的“操作属性”设置。勾选“数据对象值操作”，单击右侧▼下拉菜单，选择“按 1 松 0”，这时，按钮就设置成常开点动按钮(例如，起动按钮)。单击右侧“？”菜单，弹出图 5-26 所示的“变量选择”窗口，进行“变量选择方式”设置。按钮的操作变量要与 PLC 程序中的 M 内部继电器(例如，M0.0 内部继电器)相对应才能实现操作功能。

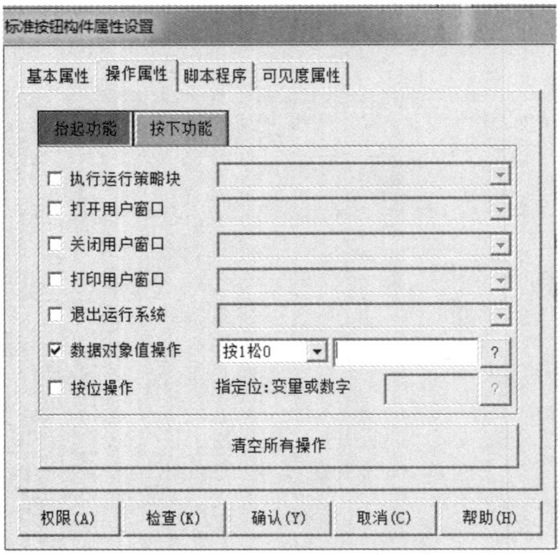

图 5-25 “操作属性”设置

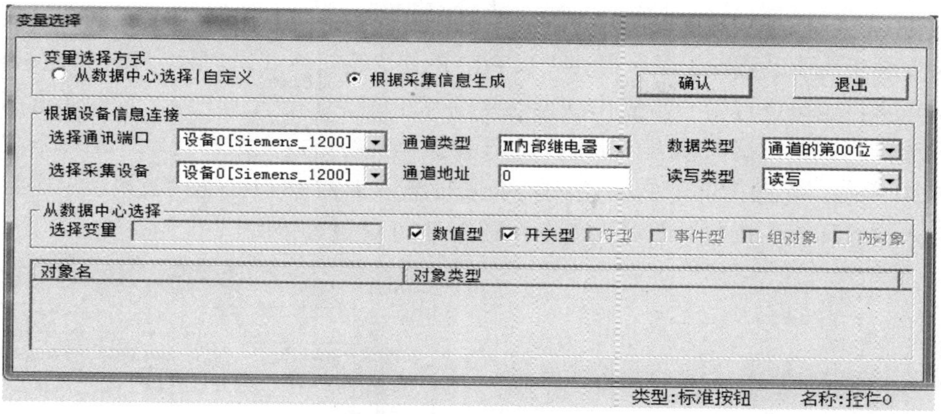

图 5-26　所示“变量选择”窗口

以该按钮对应 M0.0 内部继电器为例，在图 5-26 所示的窗口中，选择“根据采集信息生成”选项，会出现之前的设备组态信息。在“通道类型”下拉菜单中选择“M 内部继电器”，“通道地址”填“0”，“读写类型”下拉菜单中选择“读写”，单击“确认”按钮，完成变量选择。

完成变量选择后，会返回到图 5-25 所示“标准按钮构件属性设置”窗口。这时“数据对象值操作”右侧第二栏中出现“设备 0_读写 M000_0”，如图 5-27 所示，说明该按钮已关联 PLC 的 M0.0 内部继电器。单击“检查(K)”按钮，弹出图 5-28 所示的对话框，单击“确定”按钮，再次返回到“标准按钮构件属性设置”窗口，单击窗口中的“确认(Y)”按钮，完成按钮元件组态设置。

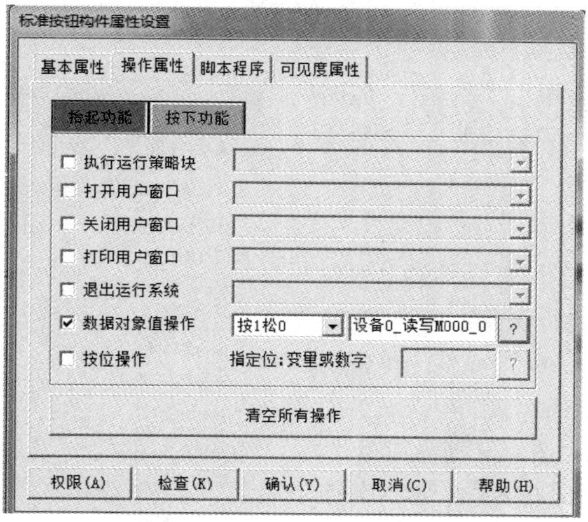

图 5-27　按钮关联 M0.0 内部继电器图

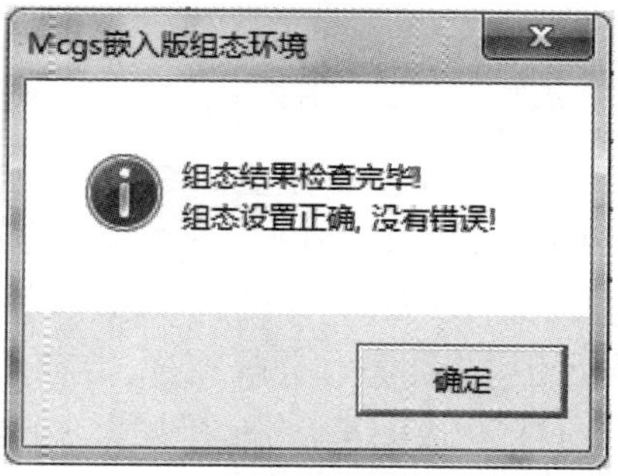

图 5-28　按钮组态检查对话框

完成按钮等元件组态后，返回到图 5-24 所示的“动画组态窗口 0”编辑界面，单击图标，保存工程。

6. 工程下载

单击菜单栏中的“工具”→“下载配置…”，弹出图 5-29 所示的“下载配置”窗口。单击“连机运行”按钮，“连接方式”下拉框可选“TCP/IP 网络”或“USB 通讯”。如选择

“USB 通讯”，可以用 USB 电缆将计算机与触摸屏的 USB 口连接起来，系统会自动识别触摸屏并安装相应驱动程序。图示选择“TCP/IP 网络”连接方式。之后，单击“通讯测试”，若测试正常，则可进行下一步操作；否则要检查并重新连接通讯电缆，直到通讯测试正常为止。通讯测试正常后，单击“工程下载”按钮，等待进度完成，提示“工程下载成功”，如图 5-30 所示。将触摸屏与 PLC 之间用 RS232 转 RS422 串口线连接起来，单击触摸屏上的“进入运行环境”按钮，即可进入操作画面对 PLC 进行控制。

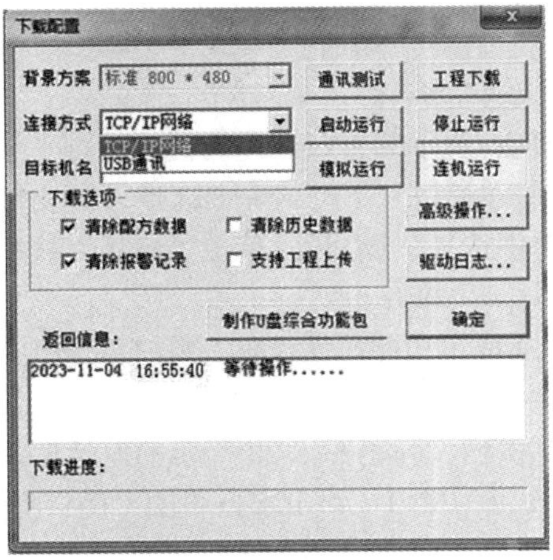

图 5-29 “下载配置”窗口

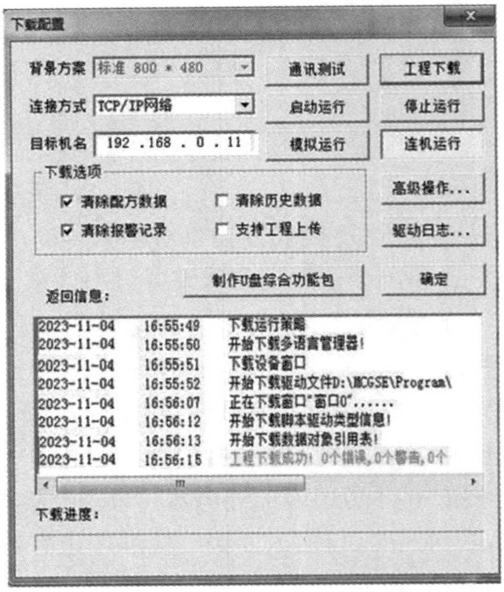

图 5-30 “工程下载成功”提示

7. 认识 MCGSE 组态软件界面绘图工具

在 MCGSE 组态软件主界面菜单栏中单击“查看”，如图 5-31 所示，可勾选“绘图工具箱”和“绘图编辑条”，方便绘图或选择图形。

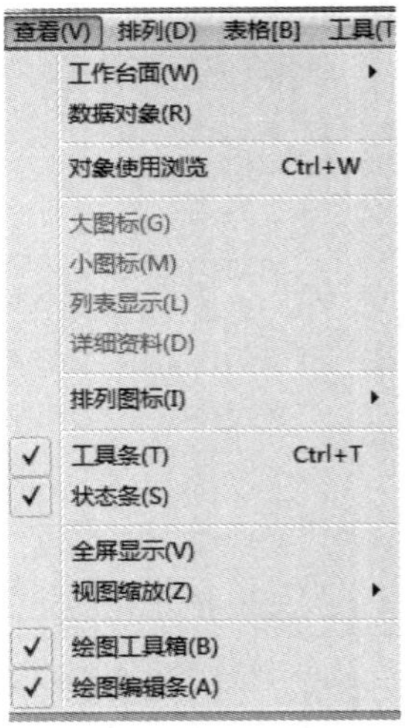

图 5-31 “查看”下拉菜单

1) 绘图编辑条

图 5-32 所示是绘图编辑条，该编辑条能对元件的上下左右对齐、等大小、层叠、组合、翻转等进行调整。操作方法：按住 Ctrl 键→依次单击需要操作的多个(或单个)元件→单击编辑条上相关按钮，即可完成相应功能，操作比较简单。这里主要介绍构成图符、分解图符、锁定/解锁、多重复制等功能。

(1) 构成图符、分解图符。构成图符是将多个图形合并作为一个图形。操作方法：按住 Ctrl 键→依次选择多个图形→单击编辑条内的“构成图符”按钮。分解图符则刚好相反，将合并的图形拆分成原来的多个图形。构成图符示意图如图 5-33 所示。

(2) 锁定/解锁。锁定是将元件锁定在窗口中，使元件在编辑时不能被移动。解锁是解除元件的锁定状态，使其能够被移动。操作方法：选择元件→单击编辑条内的“锁定/解锁”按钮，使元件锁定或解锁。

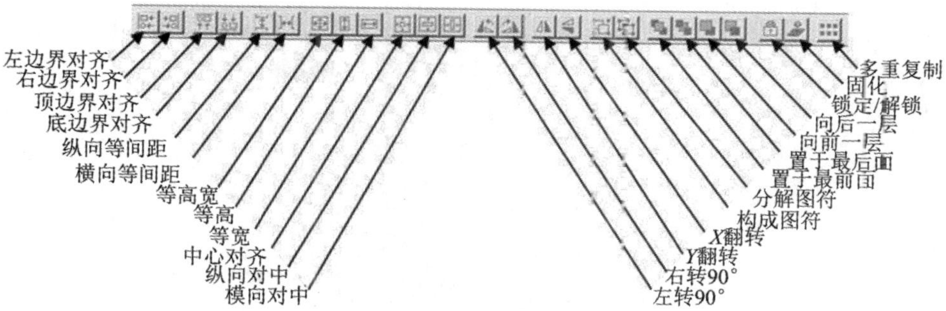

图 5-32　绘图编辑条

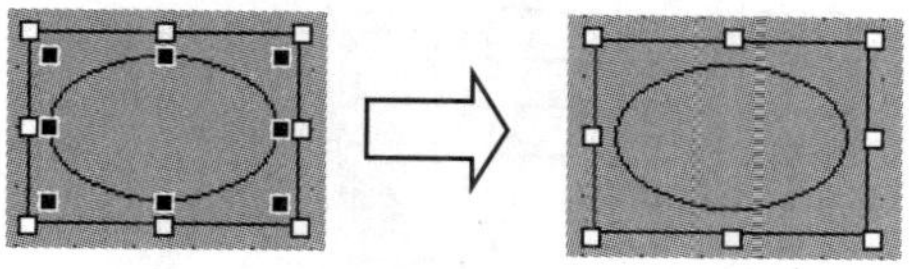

图 5-33　构成图符示意图

(3) 固化。固化是将元件融合到窗口背景中变成窗口背景的一部分，固化后的元件不能被编辑和删除，工程下载后，固化的元件也不能被操作。其操作方法：选择元件→单击编辑条内的“固化”按钮，元件即被固化；双击被固化的元件，即可解除固化。

(4) 多重复制。多重复制是使元件实现阵列式批量复制。操作方法：选择元件→单击编辑条内的“多重复制”按钮→弹出图 5-34(a)所示的“多重复制构件”窗口→填写相关数字。例如，“水平方向个数”填“2”，“垂直方向个数”填“3”，“水平间隔像素”填“10”，“垂直间隔像素”填“10”，“水平偏移像素”保持原始值“0”，“垂直偏移像素”保持原始值“0”，单击“确定”按钮，完成多重复制。复制效果如图 5-34(b)所示。

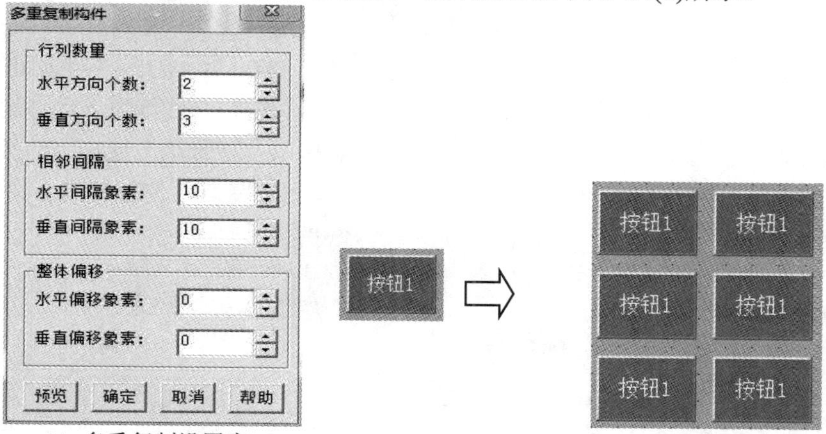

(a) 多重复制设置窗口　　(b) 多重复制效果

图 5-34　“多重复制”操作及效果

“多重复制构件”窗口中的“水平间隔像素”与“垂直间隔像素”取值范围是 1～500，用于控制元件之间的水平间距与垂直间距；“水平偏移像素”与“垂直偏移像素”用于控制阵列中所有元件整体在水平与垂直方向上的偏移量，不影响元件之间的间距。

2) 绘图工具箱

绘图工具箱包含了 MCGSE 组态软件中的所有元件，是用户窗口及其元件组态的重要工具。图 5-35 所示为绘图工具箱各按钮及其功能。

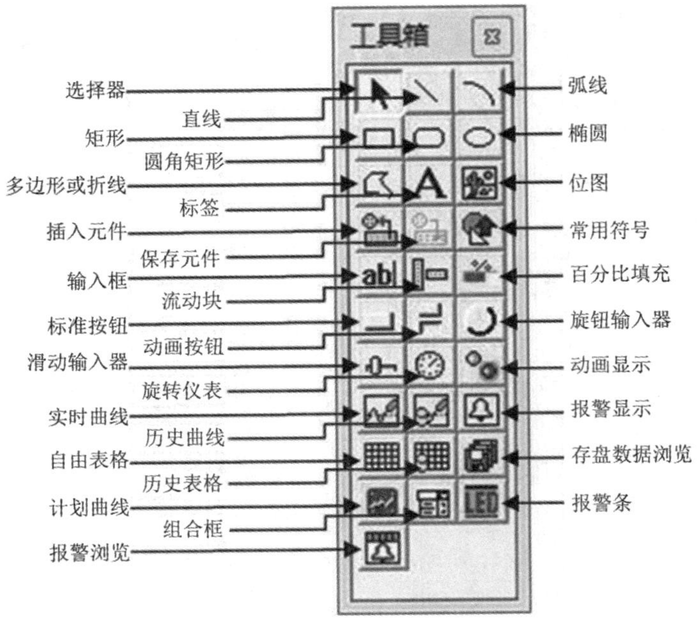

图 5-35　绘图工具箱各按钮功能

(1) 选择器。选择器用于选择各种图形、符号及元件。按住 Ctrl 键，可选择多个图形、符号及元件。

(2) 绘图工具。“直线”“弧线”“矩形”“圆角矩形”“椭圆”和“多边形或折线”是工具箱中的绘图工具，可分别绘制相应的图形，其中，“多边形或折线”可以绘制任何形状的多边形或开口折线。

(3) 标签。“标签”可作为静态文本对窗口中的元件进行标识，也可作为动态文本实现指示灯功能。双击用户窗口中绘制好的标签，可进行图 5-36(a)所示的标签动画组态属性设置。静态属性部分可修改标签的填充颜色、边线颜色、字符颜色、边线线型。动态属性部分可设置标签的颜色动画连接、位置动画连接、输入输出连接以及特殊动画连接。动画连接可连接到 PLC 内部的 M 内部继电器单元、I/O 输入/输出继电器等变量，使标签具备指示灯功能。

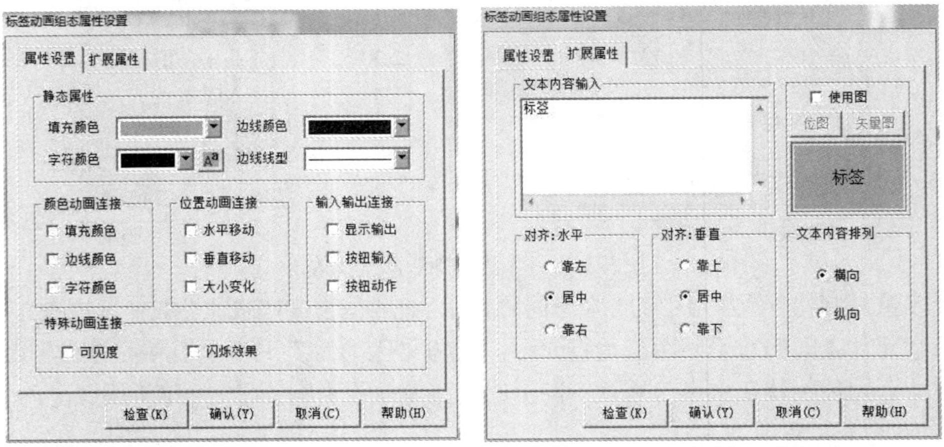

(a) 基本属性设置　　(b) 扩展属性设置

图 5-36　标签动画组态设置窗口

图 5-36(b)所示的扩展属性设置窗口，可输入标签的显示文本、调整文本的对齐方式，还可设置位图和矢量图作为标签的背景。

(4) 位图。位图用于装载和显示图片，可以在用户窗口的任意位置显示用户想要的图片，使用户窗口内容丰富、形象。位图的装载步骤：单击工具箱中的“位图”按钮→用户窗口中按住鼠标左键，拖动至合适大小松开鼠标→在放置好的位图元件上单击鼠标右键→弹出图 5-37 所示的菜单，单击“装载位图”选项→弹出图 5-38 所示的文件搜索框，选中需装载的 .jpg 和 .bmp 格式图片文件即可。

图 5-37　位图右键弹出菜单

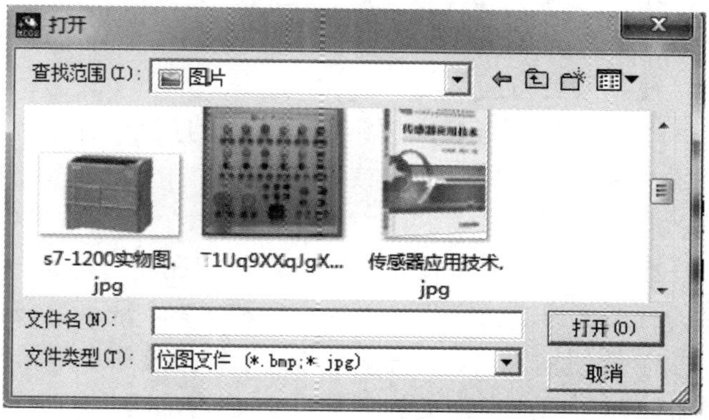

图 5-38　位图文件搜索框

(5) 插入元件。MCGSE 组态软件内部自带了各种图形化元件对象，可以直接调用，方便、快捷。操作方法：单击绘图工具箱中的“插入元件”按钮→弹出图 5-39 所示的“对象元件库管理”窗口，单击“图形对象库”下的子项目→显示相关的元件图标，单击右边需要的元件图标→单击“确定”按钮，被选元件就放置在用户窗口中了。

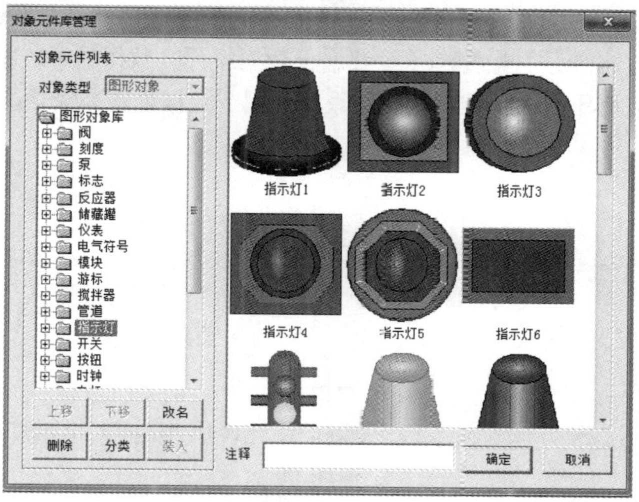

图 5-39　对象元件库管理窗口

(6) 保存元件。用户可根据需要自己创建元件并保存元件。保存元件就是将用户通过绘图工具、标签、位图、按钮等工具自己创建的图形元件保存到对象元件库中，作为备用。

(7) 常用符号。常用符号中包含了一些常用形状的图形，属于绘图工具。单击绘图工具箱中的“常用符号”按钮→弹出如图 5-40 所示的“常用图符”工具框，单击其中的图形按钮→在用户窗口中按住鼠标左键，拖动至合适大小松开左键，即在用户窗口画出所选图形。

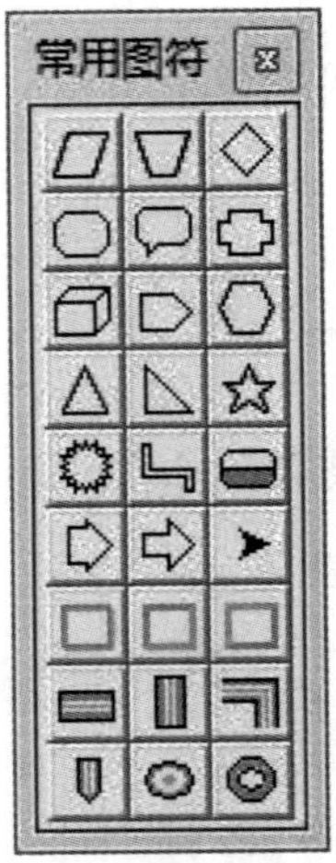

图 5-40 常用图符工具框

(8) 输入框。输入框用于输入数值，可将数值赋予用户自定义的变量或 PLC 内部的数值变量单元。

(9) 流动块。流动块是一种动态指示工具，可与 PLC 内部的继电器单元或输入/输出单元关联，实现指示功能。

(10) 百分比填充。百分比填充类似于进度条，用于将用户自定义的变量或 PLC 内部的数值变量以百分比形式通过进度条显示出来，使数值更加直观。

(11) 标准按钮。标准按钮是最常用的按钮元件，可以通过多种方式控制用户自定义变量或 PLC 内部继电器(如 M 内部继电器)。常见属性设置前面已介绍。

(12) 动画按钮。动画按钮与标准按钮在使用功能上类似，主要区别是动画按钮可根据关联的开关量改变按钮所显示的图形和文本，而标准按钮只能改变文本。

(13) 旋钮输入器。旋钮输入器用于模拟旋钮电位器操作，使用功能与“输入框”类似，可将数值赋予用户自定义的变量或 PLC 内部的数值变量单元。

(14) 滑动输入器。滑动输入器的功能与旋钮输入器类似，模拟滑动电位器操作。

(15) 旋转仪表。 旋转仪表用于模拟实际中的各种指针式仪表，将用户自定义变量或 PLC 内部数值变量的数值通过虚拟指针式仪表显示出来。

(16) 动画显示。动画显示与动画按钮的属性设置有相似之处，不同之处是动画显示只能根据关联的开关量改变显示的图形和文本，而没有按钮控制功能。

(17) 其他功能。实时曲线、历史曲线、报警显示、自由表格、历史表格、存盘数据浏览、计划曲线、组合框、报警条、报警浏览等都属于数据统计、数据显示、报警数据统计、报警数据显示功能，一般用于复杂工业过程控制系统，属于数据处理高级功能，这里不作介绍。

任务实施

1. 通信连接

认真观察触摸屏背面的通信接口，完成相应的通信连接。

2. 创建新工程

应用 MCGSE 组态软件创建新工程，设置按钮元件属性，插入指示灯元件，下载工程等。

任务评价

对任务的完成情况进行评价，评价细则与标准见表 5-1。

表 5-1　任 务 评 价

评价内容	评 价 标 准	配分	扣分
MCGSE 组态软件的安装	不会组态软件的安装，扣 10 分	10	
新工程的创建	(1) 新工程创建方法、过程不正确，扣 20 分； (2) 设备组态参数设置不正确，扣 20 分	30	
按钮元件的创建	按钮元件创建方法、过程、参数设置不正确，不得分	30	
绘图编辑条的操作	绘图编辑条使用不熟练，酌情扣分	10	
工具栏中常用工具的使用	工具栏中常用工具使用不熟练，酌情扣分	20	
安全文明生产	(1) 要求现场整洁干净，电机、仪表摆放整齐； (2) 遵守安全操作规程，不发生任何安全事故； (3) 违反安全文明生产规程，扣 10～40 分，发生人身和设备安全事故，不及格		

思考练习题

1. 触摸屏安装在显示器前端，它的检测部件用于检测操作人员的触摸________，接收后送往控制器。控制器将接收到的触摸信息转换成________，再发送给 CPU 处理。

2. 触摸屏分为______________、__________________、_________________和表面声波式触摸屏，其中___________触摸屏适用范围较广。

3. 红外线式触摸屏的优点是____。

4. 常开点动按钮(例如，起动按钮)的“数据对象值操作”选项应设置为__________，常闭点动按钮(例如，停止按钮)选项应设置为__________。

5. 绘图编辑条的主要功能是____。

任务 2　用触摸屏控制电动机可逆运行

任务描述

电动机的可逆运行控制是电气控制的基本环节，它广泛应用于生产实践中。如何用触摸屏控制电动机的可逆运行呢？触摸屏是控制电器的操作媒体，它本身不能编写程序，只能通过 PLC 等控制设备的程序对电动机进行控制。因此，用触摸屏控制电动机的运行，分为两部分：一是编写 PLC 控制程序，二是编写关联 PLC 控制程序的触摸屏操作组态。

本任务的要求：应用触摸屏控制电动机的可逆运行，正转绿色指示灯亮，反转红色指示灯亮。指示灯采用 12VDC 电源供电。

职业岗位应知应会目标

(1) 熟悉用触摸屏控制电动机运行的编程与编写操作组态的方法。

(2) 掌握 PLC 控制系统输出端不同电源的接线方法。
(3) 能应用组态软件中“标准按钮”“插入元件”创建按钮、指示灯等。
(4) 会创建一个完整的人机界面工程。

任务实施

1. 设计安装电气控制系统

(1) I/O 分配。根据控制要求，PLC 的 I/O 分配如表 5-2 所示。

表 5-2　I/O 分配表

输入			输出	
PLC 接口	内部继电器	元器件	PLC 接口	元器件
I0.0	M0.0	正向起动按钮 SB0	Q0.0	KA1 线圈
I0.1	M0.1	反向起动按钮 SB1	Q0.1	KA2 线圈
I0.2	M0.2	停止按钮 SB2	Q0.5	绿灯
			Q0.6	红灯

(2) 电路设计。接触器控制系统与 PLC 控制系统设计如图 5-41 所示。
(3) 电路安装接线。按图 5-41 准备训练材料并安装元器件，连接电路。
(4) 自检。对照电路图检查电路连接情况。
① 检查接触器控制系统的连接是否正确。
② 检查 PLC 的输入端及电源的连接是否正确。
③ 检查 PLC 的输出连接是否正确。

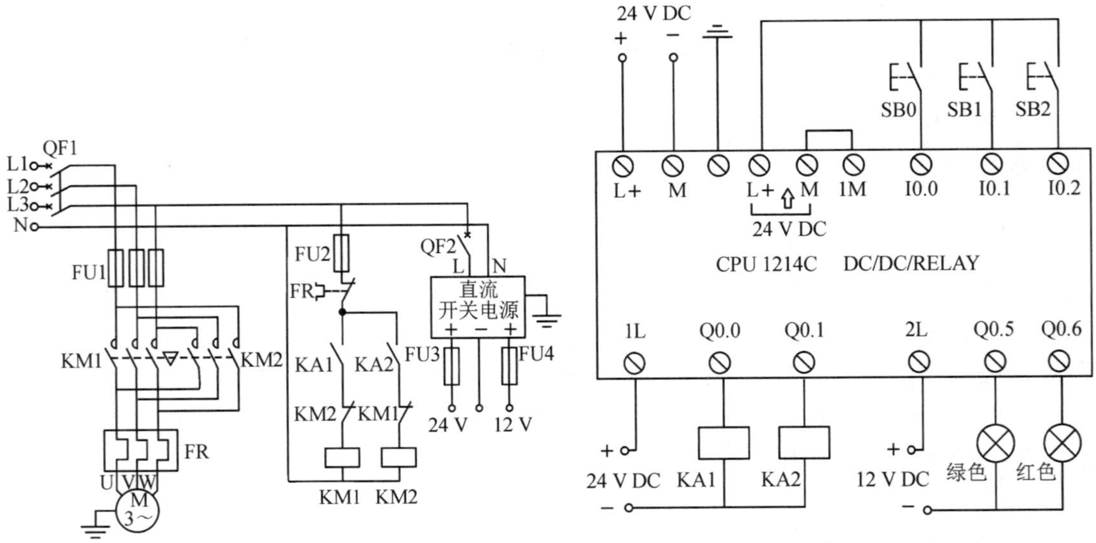

(a) 接触器控制系统　　(b) PLC控制系统

图 5-41　电动机正反转控制电路

2. 设计编写 PLC 程序

1) 编写变量表

三相异步电动机正反转控制 PLC 控制系统变量表如图 5-42 所示。

项目111 ▸ PLC_1 [CPU 1214C DC/DC/Rly] ▸ PLC 变量 ▸ 变量表_5

	名称	数据类型	地址	保持	从 H...	从 H...	在 H...
1	正向起动按钮SB0	Bool	%I0.0	☐	☑	☑	☑
2	反向起动按钮SB1	Bool	%I0.1	☐	☑	☑	☑
3	停止按钮SB2	Bool	%I0.2	☐	☑	☑	☑
4	KA1	Bool	%Q0.0	☐	☑	☑	☑
5	KA2	Bool	%Q0.1	☐	☑	☑	☑

图 5-42　电动机正反转控制 PLC 控制系统变量表

2) 编写程序

根据任务要求及 I/O 分配表，编写 PLC 控制梯形图，如图 5-43 所示。

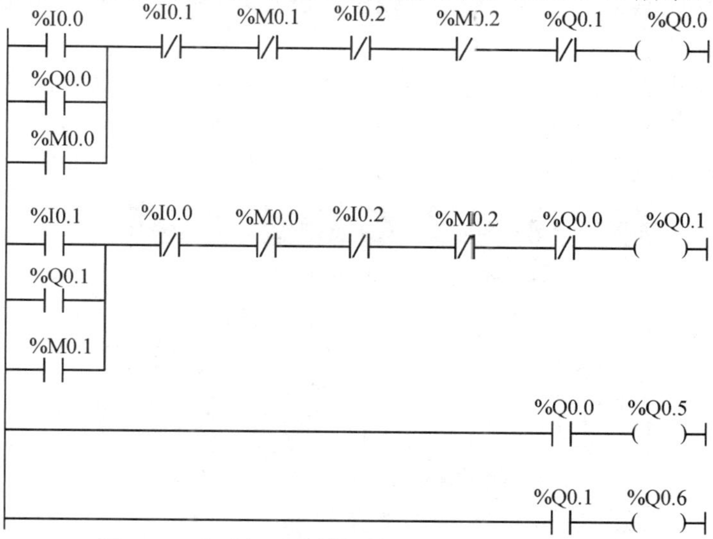

图 5-43　电动机正反转控制 PLC 控制程序梯形图

3. PLC 控制系统调试

将调试好的程序下载到 PLC 中，在教师的指导、监督下给系统上电进行调试，记录调试过程中的现象，填入表 5-3 中。

表 5-3　通 电 调 试

操　作	现象	是否正常	分析原因	排除方法
按下 SB0，再按下 SB2				
按下 SB1，再按下 SB2				
先后按下 SB0、SB1，再按下 SB2				

4. 触摸屏工程创建

1) 创建新工程及通信组态

(1) 起动 MCGSE 组态软件→新建工程→选择触摸屏类型“TPC7062TX”→单击“确定”，弹出“工作台：新建工程”窗口→单击“设备窗口”选项→双击“设备窗口”图标，弹出“设备组态：设备窗口”弹窗→在窗口中空白区域单击右键，弹出菜单→单击菜单中的“设备工具箱”，弹出“设备工具箱”窗口。

(2) 双击“设备工具箱”下的“通用串口父设备”→双击“西门子 S7200PPI”，单击选项“是”，可看到“设备组态：设备窗口”中含有“设备 0--[西门子 S7200PPI]”子项目。

(3) 双击“设备 0--[西门子 S7200PPI]”子项目，弹出“设备编辑窗口”窗口。在该窗口将右侧默认通道全部删除，添加 M 内部继电器 M0.0、M0.1、M0.2 三个通道，单击“确定”按钮，关闭“设备编辑窗口”弹窗。之后，单击主界面基本工具栏上的“存盘”按钮，保存刚才的通信组态设置；然后，关闭“设备组态：设备窗口”窗口，回到工作台。

2) 创建用户窗口及正转按钮

(1) 单击工作台的“用户窗口”选项→单击右侧“新建窗口”，弹出“窗口 0”图标→双击“窗口 0”图标，弹出“动态组态窗口 0”窗口以及绘图工具箱和常用图符。

(2) 单击绘图工具箱上“标准按钮”按钮，在窗口中按住左键，拖动到合适大小，即可画出第一个按钮。

(3) 双击刚画出的按钮，弹出图 5-44 所示的“标准按钮构件属性设置”窗口。在“基本属性”的“文本”栏中修改为“正转”，→单击“文本颜色”及字号“A^{a}”图标，对弹出的对话框更行修改，建议将字号改为“二号”，单击“确认(Y)”按钮。

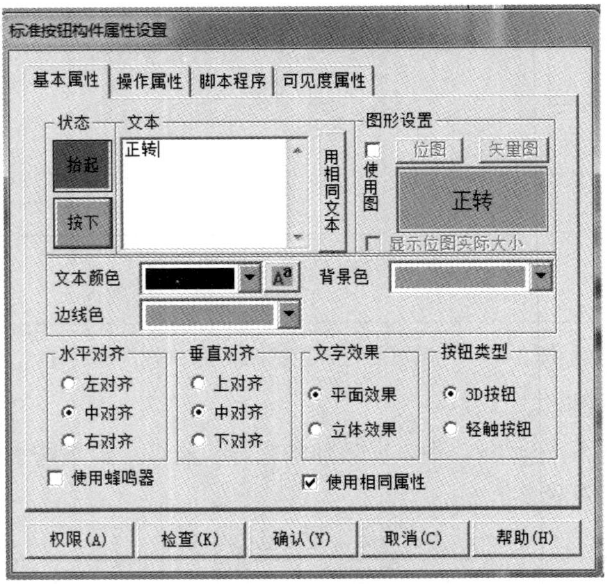

图 5-44　标准按钮构件属性设置

单击图 5-44 所示的“标准按钮构件属性设置”窗口中的“背景色”右侧下拉▼，在弹出的颜色选项中选择“浅绿色 00FF00”作为按钮背景色。

(4) 按钮操作属性设置。单击图 5-44 所示窗口的“操作属性”选项→勾选“数据对象值操作”复选框，单击右侧下拉▼，选择“按 1 松 0”，按钮即被设置为点动(起动)按钮→单击该项目最右边的“？”图标，弹出如图 5-45 所示的“变量选择”窗口→选择“根据采集信息生成”→“通道类型”选择“M 内部继电器”，“通道地址”填“0”，其他保持默认选项。单击“确认”按钮→返回到按钮操作属性设置窗口→单击“确认(Y)”按钮，关闭操作属性设置窗口。按钮基本属性及操作属性设置完成。

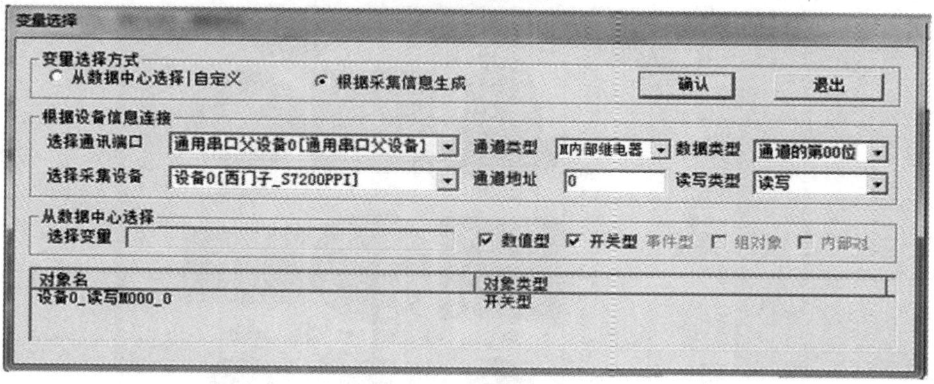

图 5-45　按钮“变量选择”窗口

3) 创建反转和停止按钮

创建反转按钮和停止按钮的步骤与正转按钮相同，设置其操作通道分别为 M0.1 和 M0.2，操作方式都是“按 1 松 0”，按钮背景颜色分别为“灰色”和“红色”。三个按钮创建完成后的效果如图 5-46 所示。

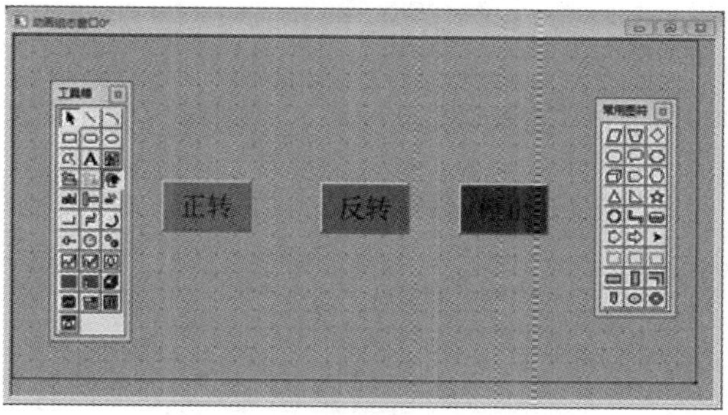

图 5-46　三个按钮创建完成后的效果

4) 创建指示灯

创建绿色指示灯。MCGSE 组态软件元件库已提供了大量的图形元件供用户直接调用，用户也可自己创建图形元件并保存到 MCGSE 组态软件元件库中以备调用。这里指示灯采用元件库中的图形元件。

单击绘图工具箱中的“插入元件”按钮→弹出图 5-47 所示的“对象元件库管理”窗口→单击窗口左侧“图形对象库”列表下的“指示灯”子目录→拖动窗口最右边的滑动条，找到绿色“指示灯 3”→单击“指示灯 3”图标→单击“确定”按钮，绿色“指示灯 3”元件就出现在窗口中。

将窗口中的绿色“指示灯 3”拖动到合适位置并调整到合适大小→对其双击鼠标左键→弹出图 5-48 所示的“单元属性设置”窗口→单击“数据对象”标签→单击“可见度”→单击最右侧问号“？”图标，弹出如图 5-49 所示的“变量选择”窗口→点选“根据采集信息生成”，“通道类型”栏选“Q 输出继电器”，“通道地址”栏填“0”，“数据类型”栏选“通道的第 05 位”，“读写类型”栏选“只读”→单击“确认”按钮，保存参数，关闭该窗口，返回到“单元属性设置”窗口，单击“确认(Y)”按钮，保存参数，关闭窗口。此时，绿色指示灯与 PLC 的 Q0.5 输出点关联，即为电动机正转指示灯。

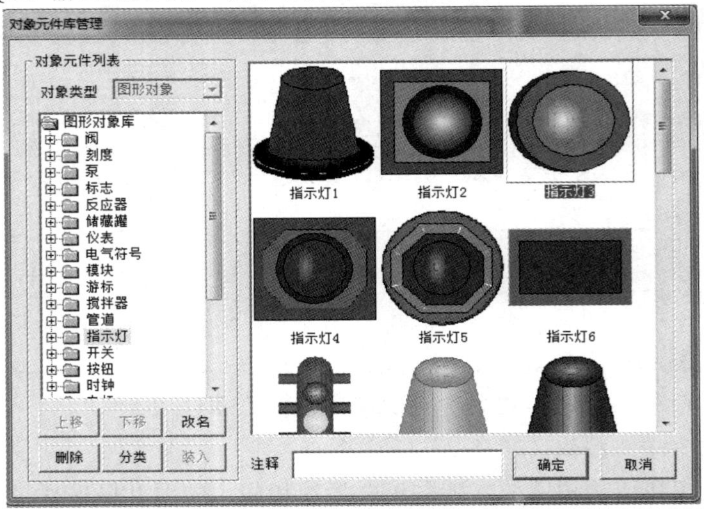

图 5-47　“对象元件库管理”窗口

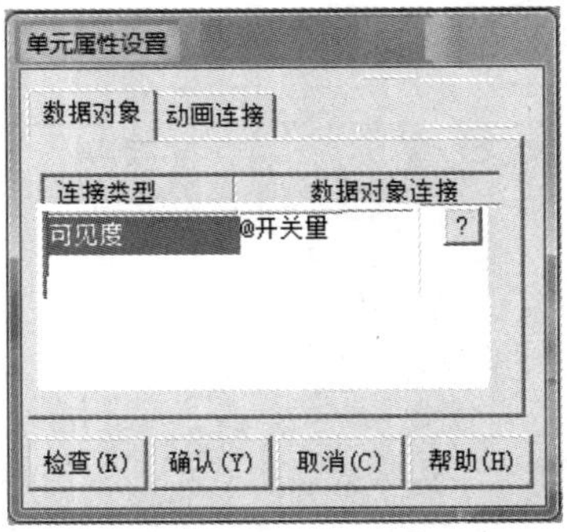

图 5-48　“单元属性设置”窗口

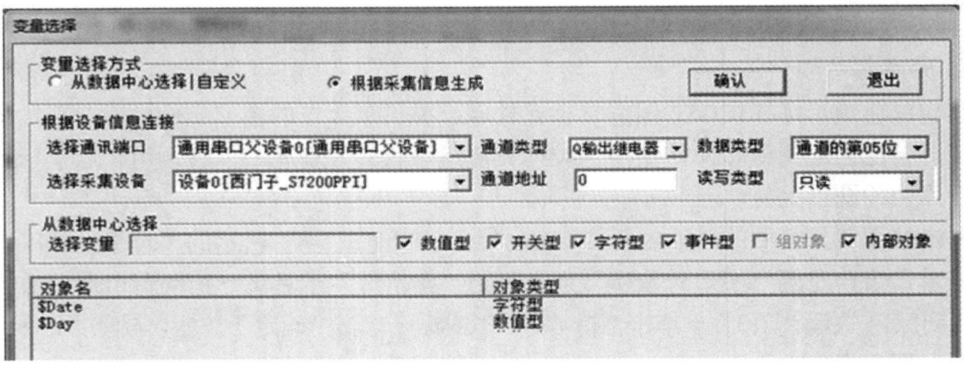

图 5-49　“变量选择”窗口

电动机反转红色指示灯的创建方法、步骤与正转绿色指示灯相同。

5) 设定背景填充颜色

在按钮和指示灯所在的用户窗口空白区域双击鼠标左键，弹出图 5-50(a)所示的“用户窗口属性设置”窗口→单击“基本属性”标签中的“窗口背景”下拉菜单，弹出图 5-50(b)所示的颜色选择→选择“浅蓝色 00FFFF”作为背景色→单击“确认(Y)”按钮，关闭“用户窗口属性设置”窗口。

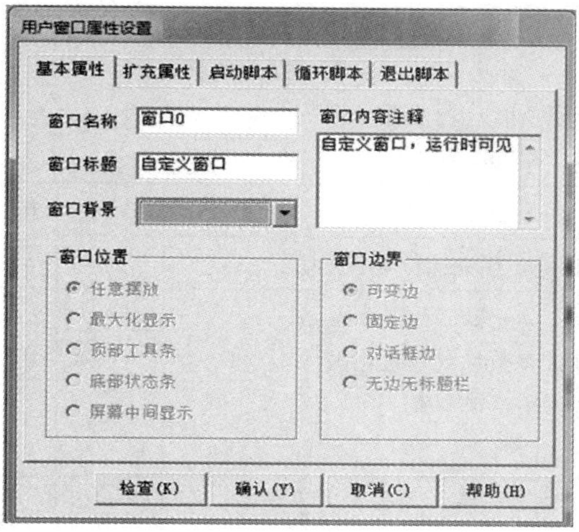

(a) 基本属性

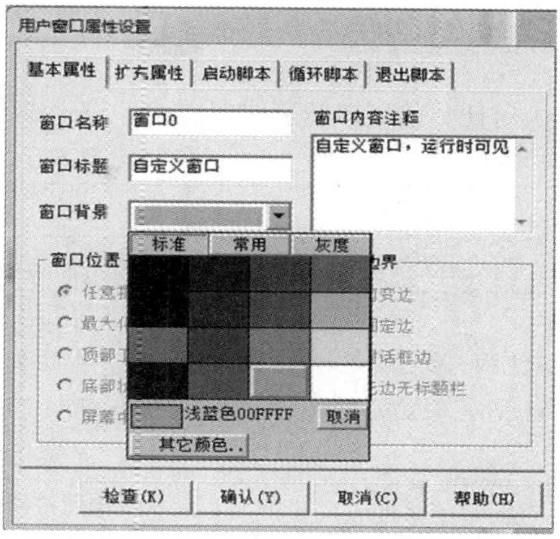

(b) 设置窗口背景颜色

图 5-50　“用户窗口属性设置”窗口

至此，工程的创建、元件的创建和触摸屏背景的设定均已完成，只需保存工程、离线模拟和下载工程。

6) 离线模拟

MCGSE 组态软件具有离线模拟功能，能够在计算机上模拟出触摸屏上运行的效果。单击主界面菜单栏上的“工具”，弹出下拉菜单→单击“下载配置”，在弹出的窗口中单击“模拟运行”→单击“工程下载”，工程就下载到 MCGS 模拟运行环境中并弹出 MCGS 模拟运行环境。待工程下载完成，单击 MCGS 模拟运行环境中的▶图标，就会显示模拟运行界面。

7) 工程下载

将计算机与触摸屏进行通信连接，单击主界面菜单栏上的“工具”，弹出下拉菜单→单击“下载配置”，在弹出的窗口中单击“连机运行”按钮及“连接方式”选项→单击“工程下载”按钮。下载成功后用 PLC 编程电缆连接 PLC 和触摸屏，即可进行触摸屏和 PLC 的联机试验

5. 触摸屏与 PLC 联机调试

连接 PLC 与触摸屏通信电缆并上电，进行触摸屏与 PLC 联机调试，记录调试过程中的现象，并完成表 5-4。

表 5-4　通 电 调 试

操　作	现象	是否正常	分析原因	排除方法
点击“正转”按钮，再点击“停止”按钮				
点击“反转”按钮，再点击“停止”按钮				
先后点击“正转”“反转”按钮，再点击“停止”按钮				

任务评价

对任务的完成情况进行评价，评价细则与标准见表 5-5。

表 5-5 任 务 评 价

评价内容	评 价 标 准	配分	扣分
PLC 程序的编写与输入	PLC 程序编写正确、相关操作是否熟练	20	
新工程的创建方法、过程及背景色的设置	(1) 新工程创建方法、过程是否正确； (2) 触摸屏、PLC 参数设置是否正确； (3) 背景色设置方法是否正确。 以上不熟练酌情扣分	25	
按钮元件的创建方法、过程	按钮元件创建方法、过程、参数设置不正确，不得分	35	
通电调试	不会通电调试或调试失败，不得分	20	
安全文明生产	(1) 要求现场整洁干净，电机、仪表摆放整齐； (2) 遵守安全操作规程，不发生任何安全事故； (3) 违反安全文明生产规程，扣 10～40 分，发生人身和设备安全事故，不及格		

思考练习题

1. “标准按钮”的设置通常包括____________，________________，______________。

2. “指示灯”的设置通常包括____________，________________，________________。

3. 触摸屏背景颜色的设置步骤是____。

4. 用触摸屏控制电气设备的运行，其设计包括____________________________________和____两部分。

项目六

西门子 S7-1200 PLC 的高级应用(二)

任务 1 步进电机的认识与检测

任务描述

随着自动控制系统和计算装置的发展，在普通电机的基础上产生出多种具有特殊性能的小功率电机，例如，步进电机、伺服电机、直线电机等。它们广泛应用于印刷机、机器人、计算机外围设备、航空航天、自动记录仪、钟表等作为执行元件、检测元件和解算元件，这类电机统称为控制电机，是一种微电机。从基本的电磁感应原理来说，控制电机和普通电机并没有本质上的差别，但普通电机着重要求起动和运行状态的力能指标，而控制电机则着重要求高精度和快速响应的特性。步进电机是一种用电脉冲信号进行控制，并将电脉冲信号转换成相应的角位移或线位移的控制电机。

本任务的要求：对步进电机进行检测与日常维护。

职业岗位应知应会目标

(1) 了解步进电机的基本结构。

(2) 懂得步进电机的工作原理。

(3) 学会步进电机的检测与日常维护方法。

相关知识

普通电机是连续旋转的，而步进电机受电脉冲信号的控制是一步一步转动的。步进电机由专用电源供给电脉冲，每输入一个电脉冲信号，电机就转过一个角度，因此，步进电机又称为脉冲电机。它可以直接将数字信号(脉冲信号)转换成角位移或线位移，因此，它很适合作为数字控制系统的执行元件，用于数控机床、工业机器人等场合。

1. 步进电机的结构

图 6-1 所示是常用步进电机的外形，它和普通电机一样，也由定子和转子两大部分组

成。图 6-2 所示是混合式步进电机的结构。

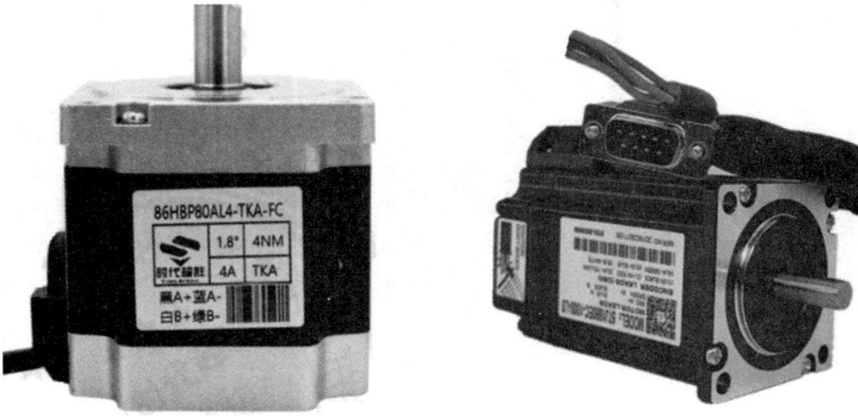

(a) 普通型步进电机　　(b) 带编码器闭环控制步进电机

图 6-1　常用步进电机的外形

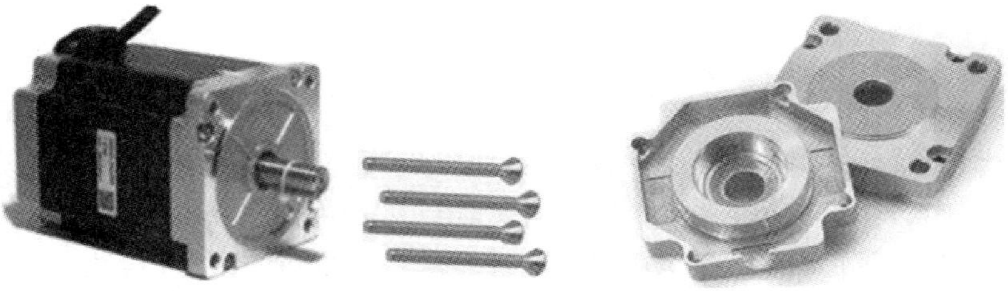

(a) 步进电机　　(b) 固定螺杆　　(c) 前、后端盖

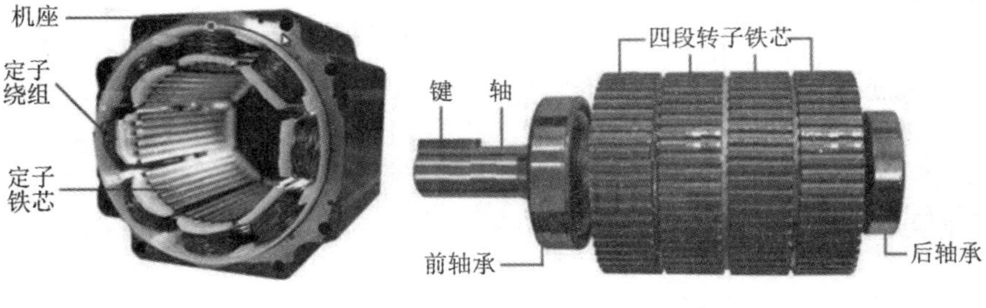

(d) 定子　　(e) 转子

图 6-2　混合式步进电机的结构

2. 步进电机的工作原理

步进电机按运行原理和结构形式可分为反应式、永磁式和混合式(又称为感应子式)三类，生产中应用最多的是混合式步进电机。

1) 反应式步进电机

(1) 反应式步进电机的结构。

图 6-3 所示是三相反应式步进电机的结构简图，定子上均匀分布 6 个极，每个极上都装有控制绕组，绕组连接成“Y”形，其中每两个相对的极组成一相，通电时形成一对磁极，由脉冲电源(环形电脉冲分配器)送来的电脉冲对每相定子绕组轮流励磁。定子极的极弧上开有均匀分布的小齿。转子由硅钢片或软磁材料制成，转子外圆周上也有均匀分布的

小齿，它与定子极弧上的齿距相同。定子极的中心线是齿的中心线或槽的中心线。

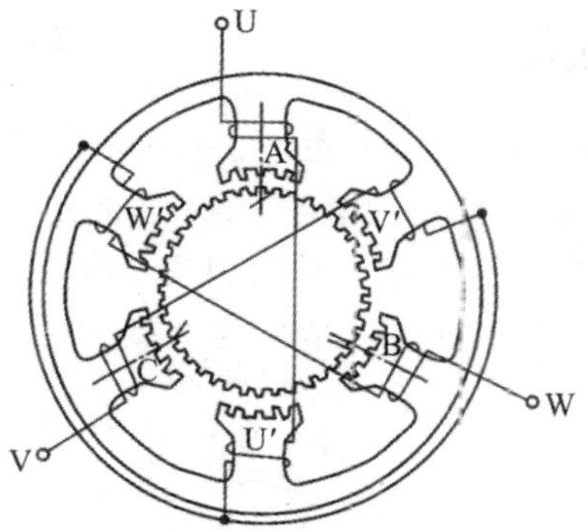

图 6-3　三相反应式步进电机结构简图

(2) 反应式步进电机的工作原理。

图 6-4 所示为一台最简单的三相反应式步进电机的工作原理图。它的定子为装有控制绕组的 6 个极，转子是 4 个均匀分布的齿。当 U 相控制绕组通电时，气隙中产生的磁场沿 U-U′轴线方向，由于磁通总是要沿磁阻最小的路径闭合，因此，在磁力的作用下，使转子齿 1 和齿 3 与轴线 U-U′对齐，如图 6-4(a)所示。此时，转子只受沿 U-U′轴线上的磁力作用而具有自锁能力。如果将 U 相控制绕组断电、V 相通电，同理可知，转子齿 2 和齿 4 将与轴线 V-V′对齐，如图 6-4(b)所示，转子逆时针转过 30° 角。同样的道理，当 V 相控制绕组断电、W 相通电时，转子齿 1 和齿 3 与轴线 W-W′对齐，如图 6-4(c)所示，转子又逆时针转过 30° 角。如此循环往复，并按 U→V→W→U 的顺序通电，步进电机就按逆时针方向一步一步地连续转动，每一步转过 30° 角。

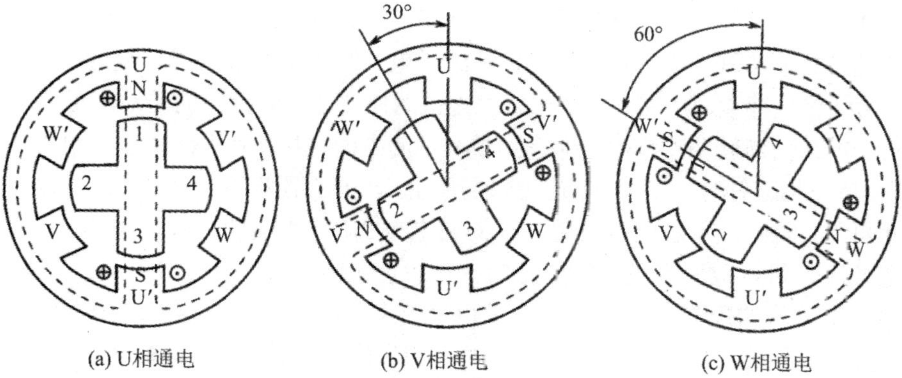

图 6-4　三相反应式步进电机的工作原理

每一步转过的角度称为步距角 θ。从一相通电换接到另一相通电称为一拍；每次只有一个绕组通电称为“单”。因此，这种通电方式称为“三相单三拍”。

注意，步进电机的相数是指电机内部的线圈组数，或者说产生不同 N、S 磁极对的励磁线圈对数。

如果通电顺序改为 U→W→V→U，则步进电机将反向转动。步进电机的转速取决于脉冲频率(控制绕组与电源接通或断开的速度快慢)，频率越高，转速越高。转动方向取决于相序。

三相单三拍运行时，步进电机的控制绕组在断电、通电的间断期间，转子磁极因“失磁”而不能保持自行“锁定”的平衡位置，易出现失步现象；同时，由一相控制绕组断电至另一相控制绕组通电，转子则经历起动加速、减速至新的平衡位置的过程，转子在达到新的平衡位置时，会由于惯性而在平衡点附近产生振荡现象，其运行的稳定性差。因此，常采用三相单、双六拍的控制方式提高稳定性、减少步距角。

单、双六拍的控制方式如图 6-5 所示，它的控制绕组按 U→UV→V→VW→W→WU→U 顺序通电，其特点是三相控制绕组需经 6 次切换才能完成一个循环，通电时，有时是单个绕组接通，有时为两个绕组同时接通，故称为“单、双六拍”。

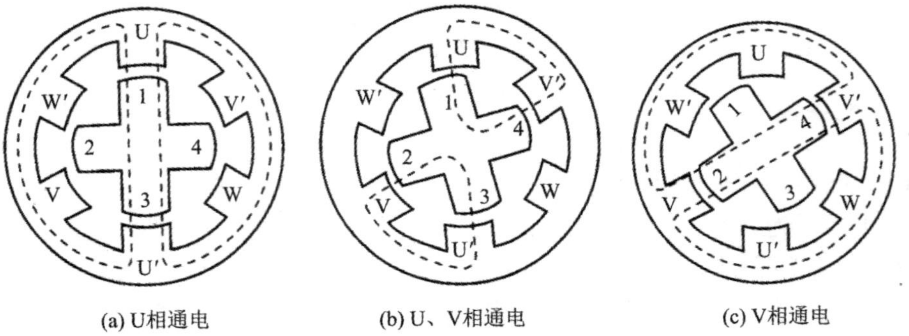

图 6-5　单、双六拍的控制方式

当 U 相控制绕组通电时，与三相单三拍运行情况相同，转子齿 1 和齿 3 与定子轴线 U-U′对齐，如图 6-5(a)所示。当 U、V 相控制绕组同时通电时，转子齿 2 和齿 4 在定子极 V、V′的吸引下沿逆时针方向转动，直到与转子齿 1、3 和定子极 U-U′间的作用力相平衡为止，如图 6-5(b)所示。同理可知，当 U 相控制绕组断电、V 相控制绕组通电时，转子将继续沿逆时针方向转过一个角度，使转子齿 2 和齿 4 与定子轴线 V-V′对齐，如图 6-5(c)所示。单、双六拍通电方式下三相步进电机的步距角 $\theta = 30°/2 = 15°$，比三拍通电方式减少一半。在这种通电方式下，每一拍总有一相绕组持续通电。例如，由 U 相通电变为 U、V 两相通电时，U 相始终保持持续通电状态，V 相磁拉力试图使转子逆时针方向转动，而 U 相磁拉力却起阻止转子继续向前转动的作用，即起到了一定的电磁阻尼作用，所以步进电机工作比较平稳。在三相单三拍运行时，由于没有这种阻尼作用，转子达到新的平衡位置就容易产生振荡。

由此可见，同一台步进电机采用不同的通电方式，有不同的拍数，对应不同的步距角。改变通电顺序，可以改变步进电机的转向。

这种简单结构的反应式步进电机的步距角较大，如应用在数控机床中会影响加工工件的精度。实际使用的三相反应式步进电机的结构如图 6-3 所示，它的转子上均匀分布 40 个齿，定子每个极上均匀分布 5 个齿，定、转子的齿宽和齿距都相同。若采用三相单、双六拍通电方式运行，则其步距角为 1.5°。

由上述分析可知，反应式步进电机的转速与拍数、转子齿数及电源脉冲的频率有关。相数和转子齿数越多，步距角越小，转速越低。增加转子齿数是减小步进电机步距角的一个有效途径，目前所使用的步进电机转子齿数一般很多。对于相同相数的步进电机，可以采用双拍方式或单、双拍方式。因此，同一台步进电机可有两种步距角，如 3°/1.5°、1.5°/0.75°、1.2°/0.6°等。

反应式步进电机结构简单，生产成本低，步距角小。由于反应式步进电机不使用永久磁铁，其定转子磁场强弱与励磁电流成正比，要想增强磁场，就要增加励磁电流，因此，温升很高，散热片也很大，动态性能差，效率低，可靠性差。

2) 永磁式步进电机

(1) 永磁式步进电机的结构。

图 6-6 所示是永磁式步进电机的典型结构，它的定子为装有两相或多相绕组的凸极，转子为有一对极或多对极的星形磁钢，转子极数与定子每相的极数相同。图中定子为两相集中绕组(AO、BO)，每相为两对极，因此，转子也是两对永磁磁极。

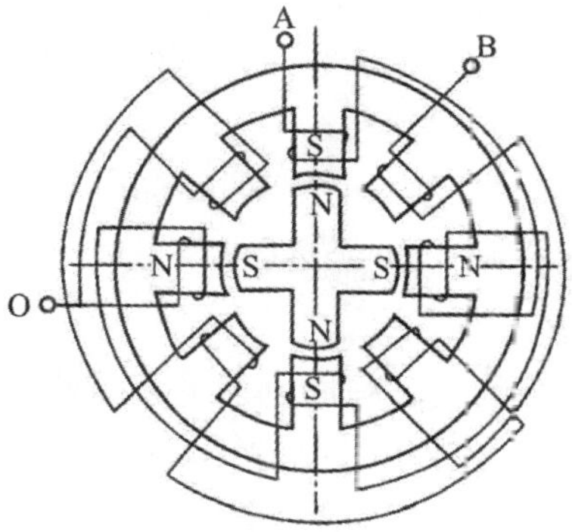

图 6-6　永磁式步进电机的典型结构

(2) 永磁式步进电机的工作原理。

当定子绕组 A 相通入正脉冲，则定子形成上下 S、左右 N 四个磁极，根据磁体异性相吸原理，转子必为上下 N、左右 S，如图 6-6 所示。若 A 相断开、B 相接通，定子极性将顺时针转过 45°，转子按顺时针方向转动，每次转过 45° 角度，也就是步距角为 45°。当定子绕组按 A→B→(−A)→(−B)→A 的顺序轮流通以直流脉冲时，它就会一步一步按顺时针方向连续转动。永磁式步进电机需要电源供给正、负脉冲，否则不能连续运转。

通常在永磁式步进电机的同一个极上绕有两套绕向相向的绕组，这样电源只需供给正脉冲就可以了。

永磁式步进电机的步距角大，起动和运行频率低。但是它消耗的功率比反应式步进电机小，在断电情况下有定位转矩，有较强的内阻尼力矩。

3) 混合式步进电机

混合式步进电机(又称感应子式步进电机)既有反应式步进电机小步距角的特点，又有永磁式步进电机效率高、绕组电感比较小的特点。

(1) 两相混合式步进电机的结构。

图 6-7 为混合式步进电机的结构简图，其中图(a)为轴向剖视图，图(b)为转子结构图，它的定子铁芯与反应式步进电机相同，沿着圆周有若干凸出的极，每个极的极面上有小齿，凸出的极上装有控制绕组，控制绕组与永磁式步进电机类似，采用两相集中绕组，通电时每相为两对磁极。控制绕组的接线如图 6-8 所示，极上线圈能以两个方向通电，形成 A 相和 A− 相，B 相和 B− 相。

转子为轴向磁化的圆柱形永久磁铁，磁铁两端各套有一段由整块钢加工或用硅钢片叠成的转子铁芯，铁芯上沿外圆周开有小齿，其齿距与定子小齿齿距相同，两段转子铁芯上的小齿彼此错过 1/2 齿距，即凹与凸对齐。混合式步进电机的转子是反应式转子与永磁式转子的复合体，其名称由转子的结构得来。

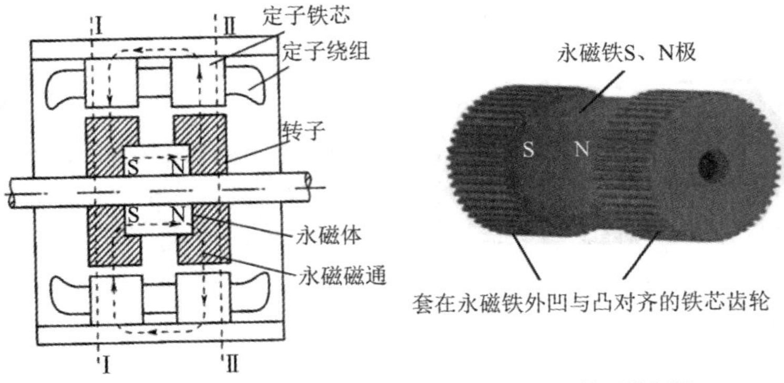

(a) 轴向剖视图　　(b) 转子结构图

图 6-7　混合式步进电机的结构简图

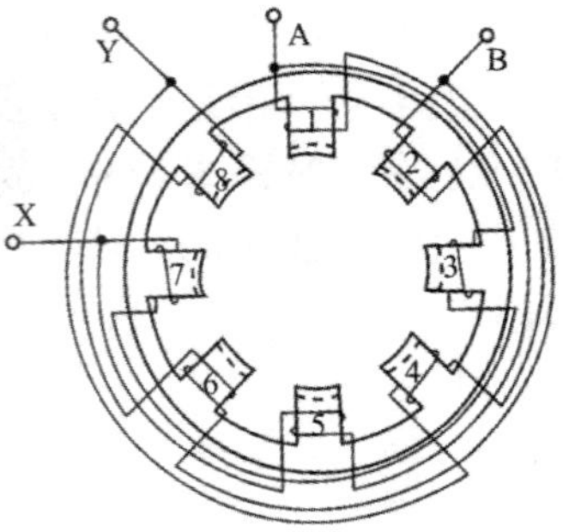

图 6-8　控制绕组接线图

(2) 两相混合式步进电机的工作原理。

转子永久磁铁为 S 极的一端的铁芯圆周上都呈 S 极性，另一端为 N 极的圆周上都呈 N 极性，如图 6-9 所示。当定子 A 相通电时，定子 1、3、5、7 极上的极性为 N、S、N、S，这时转子的稳定平衡位置为图 6-9(a)所示的位置，即定子磁极 1 和 5 上的齿与转子 S 端上的齿对齐，而定子磁极 1′和 5′上的齿与转子 N 端上的槽对齐；定子磁极 3 和 7 上的齿与转子 S 端上的槽对齐，而定子磁极 3′和 7′上的齿与转子 N 端上的齿对齐，如图 6-9(b)所示。此时，B 相 4 个磁极(2、4、6、8 极)上的齿与转子齿都错开 1/4 齿距。

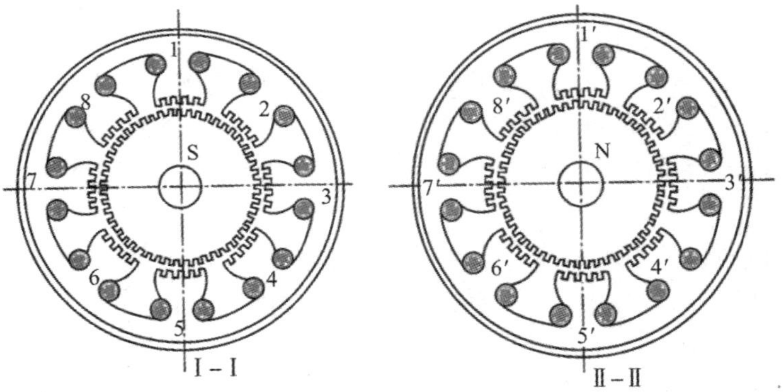

(a) S 极端横截面图　　(b) N 极端横截面图

图 6-9　混合式步进电机两端横截面图

在同一端，定子绕组通电时，其第 1 极与第 3 极的极性相反，转子在同一端极性总是相同的。在第 1 极和第 3 极下，定子、转子小齿的相对位置错开了半个齿距，其受到磁力的作用而转动。由于定子绕组通电时，其同一个极的两端产生的磁极性相同，而转子两端的极性相反，但错开半个齿距，因此当转子偏离平衡位置时，两端所受到磁力的作用方向是一致的。

当定子各相绕组按顺序通以正、负电脉冲时，转子每次将转过一个步距角 θ，其值为

$$\theta = \frac{360^\circ}{2mZ}$$

式中，m 为相数；Z 为转子齿数。

混合式步进电机的优点：步距角小、输出力矩大；有较高的起动和运行频率，动态性

能好；消耗的功率较小；具有定位转矩，兼有反应式和永磁式步进电机的优点。缺点：结构复杂，需要有正、负电脉冲供电，制造成本较高。

3. 步进电机铭牌识读

图 6-10 所示为 86 系列混合式(HB)步进电机的铭牌，它标注了步进电机的主要技术数据。

(1) 步距角。它表示控制系统每发一个步进脉冲信号，步进电机所转动的角度。步进电机出厂时给出的步距角是电机“固有步距角”，如图 6-10 中的 1.8°，它不一定是电机实际工作时的真正步距角，真正的步距角还与使用的步进驱动器有关。

(2) 相数。步进电机的相数是指电机内部的线圈组数，或者说产生不同 N、S 磁极对数的励磁线圈数，常用 m 表示。如图 6-10 中 A+、A− 与 B+、B− 为两相，并用颜色区分。相数也可从接线图中看出，如图 6-11 所示。目前，常用的有二相、三相、五相等步进电机，电机相数不同，其步距角不同，一般二相电机的步距角为 0.9°/1.8°，三相电机的步距角为 0.75°/1.5°、五相电机的步距角为 0.36°/0.72°。在没有细分驱动器时，用户主要靠选择不同相数的步进电机来满足不同使用环境对步距角的要求。如果使用细分驱动器，则“相数”变得没有意义，用户只需在驱动器上改变细分数，就可以改变步距角。

图 6-10　步进电机的铭牌

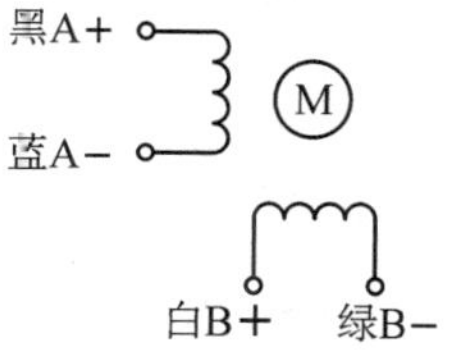

图 6-11　二相步进电机接线图

(3) 电机的额定电流。如图 6-10 中 4 A，指电机正常工作时的额定工作电流。

(4) 保持转矩。保持转矩是指步进电机通电但没有转动时，定子锁住转子的力矩。通常步进电机在低速时的力矩接近保持转矩。由于步进电机的输出力矩随速度的增大而不断衰减，输出功率也随速度的增大而变化，因此，保持转矩是衡量步进电机性能最重要的参数之一。如图 6-10 中“4NM”是指步进电机的保持转矩。通常，在没有特殊说明的情况下，步进电机铭牌上的转矩为保持转矩。

4. 步进电机的检查

(1) 外观检测。用力转动一下转子，观察转子转动是否灵活、有无摩擦声。

(2) 绕组电阻值检测。检测每相绕组的电阻值，正常值为 1.2 Ω 左右。

(3) 绕组绝缘电阻检测。用万用表“200 MΩ”挡检测每相绕组对外壳绝缘电阻，一般在 100 MΩ 左右为正常。

任务实施

1. 材料准备

混合式步进电机 2～3 台及相应的常用电工工具、数字万用表等。

2. 步进电机铭牌识读

识读图 6-12 所示 57 系列混合式步进电机的主要技术数据，填入表 6-1 中。

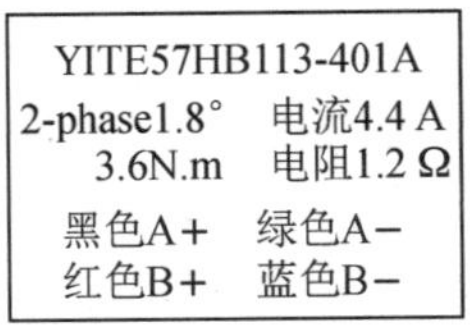

图 6-12 步进电机铭牌识读

表 6-1 步进电机铭牌识读

固有步距角		保持转矩		额定电流		线圈电阻	
相数		标识					

3. 观察步进电机的结构和检测定子电阻

指导教师拆卸一台混合式步进电机，引导学生观察其结构，说明定子、转子的特点及其齿数；用数字万用表测量绕组直流电阻和绝缘电阻，填入表 6-2 中。

表 6-2 混合式步进电机的结构特点与检测

序号	部件名称	特 点			齿数
1	定子				
2	转子				
3	定子检测	绕组电阻		绝缘电阻	

任务评价

对任务的完成情况进行评价，评价细则与标准见表 6-3。

表 6-3 任 务 评 价

评价内容	评 价 标 准					配分	扣分
说明定子、转子特点及确定齿数	(1) 不能说明定子、转子的特点，扣 10 分； (2) 数错定子或转子齿数，错一项，扣 10 分					30	
识别步进电机	不会识别主要技术数据，每项扣 5 分					30	
测量	(1) 不会测量绕组电阻或测量不正确，扣 15 分； (2) 绝缘测量错误或不会测量，扣 15 分					30	
安全文明生产	(1) 要求现场整洁干净，电机、仪表摆放整齐； (2) 遵守安全操作规程，不发生任何安全事故； (3) 违反安全文明生产规程，扣 10～40 分，发生人身和设备安全事故，不及格					10	
定额时间	180 min，每超时 5 min，扣 5 分						
开始时间		结束时间		实际时间		成绩	

思考练习题

1. 填空题

(1) 步进电机由______和________两大部分组成，但步进电机用__________进行控制，是_________转动的，每输入一个电脉冲信号，电机就转过一个角度，因此，步进电机又称为_________。它适合作为________系统的执行元件，可用于数控机床、工业机器人等场合。

(2) 步进电机每一步转过的角度 θ 称为__________；绕组从一相通电换接到另一相通电称为_________，每次只有一个绕组通电称为_______，有两个绕组同时通电称为_______，改变通电顺序，可以改变步进电机的________。

(3) 反应式步进电机的转速与________、_______及电源脉冲的频率有关。相数和转子齿数越多，步距角_______，转速_______。

2. 判断题

(1) 永磁式步进电机的转子为星形磁钢，转子极数与定子每相的极数相同。　(　　)

(2) 混合式步进电机的转子是反应式转子与永磁式转子的复合体，因此，混合式步进电机效率高。　(　　)

(3) 步进电机需要有正、负电脉冲供电，制造成本较低。　(　　)

(4) 控制步进电机的脉冲频率可精确调速，控制步进电机的脉冲数可精确定位。　(　　)

任务2　步进电机控制系统的设计与调试

任务描述

生产中常用步进电机驱动器给步进电机提供脉冲信号。

本任务的要求：由 PLC 向步进电机驱动器发出指令控制步进电机以一定的速度和步距角正、反向运行。

职业岗位应知应会目标

(1) 熟悉步进电机驱动器的接口功能，能设置相关功能。

(2) 能设计简单的用 PLC 和步进电机驱动器控制步进电机的工作程序。

(3) 能按工艺要求完成步进电机控制系统的安装、接线与调试。

相关知识

步进电机受电脉冲信号控制，它需要专用电源供给电脉冲，这种电源称为步进驱动器。

它是一种能使步进电机运转的功率放大器，能把控制器(通常是 PLC)发来的脉冲信号转化为步进电机的角位移或线位移，电机的转速与脉冲频率(每秒钟发出的脉冲个数)成正比。因此，控制脉冲频率可以精确调速，控制脉冲数就可以精确定位。步进电机驱动系统框图如图 6-13 所示，控制器向步进驱动器发出毫安级的脉冲信号和方向信号，步进驱动器先进行环形分配和细分，再进行功率放大，变成安培级的脉冲信号发送到步进电机，步进电机就能按一定的速度和方向运行。方向信号变为负时，电机将反向运行。可见，步进驱动器最重要的功能是环形分配和功率放大。

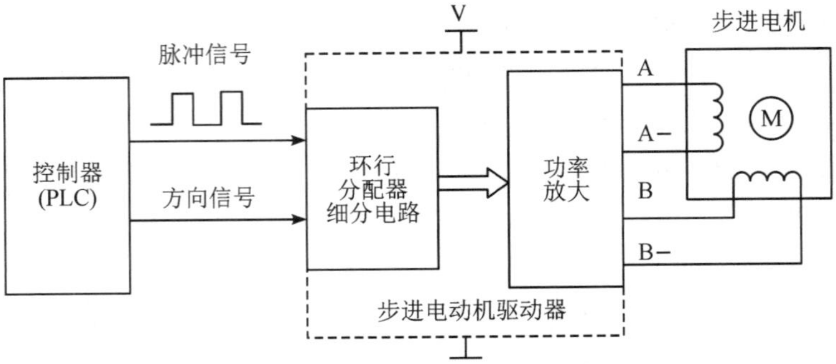

图 6-13　步进电机驱动系统框图

1. 步进驱动器

图 6-14 所示是 DMA860H 型步进驱动器的外形，其接口功能说明如下。

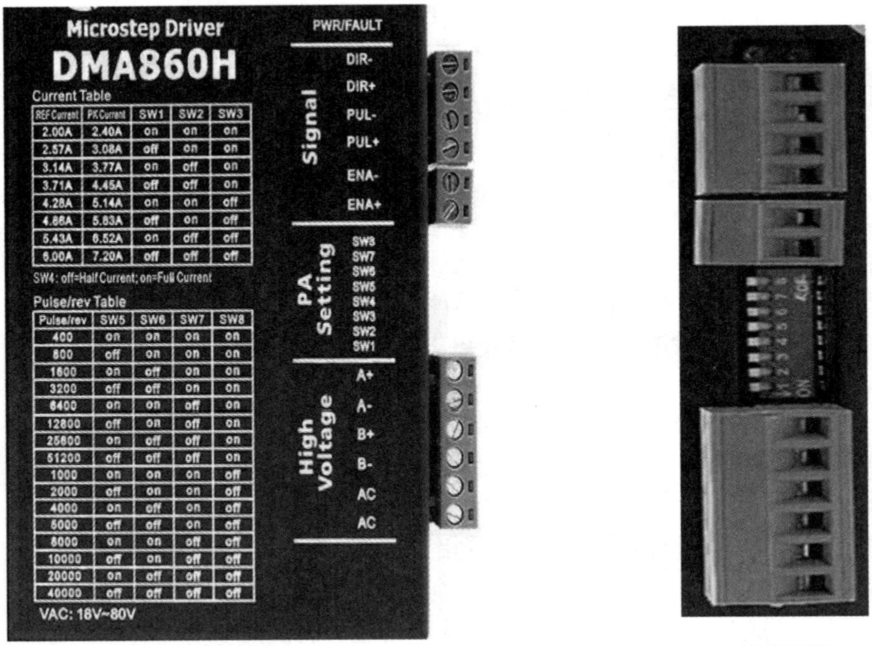

(a) 正面图　　　　(b) 接线侧图

图 6-14　DMA860H 型步进驱动器的外形

1) 控制信号接口

控制信号接口功能见表 6-4。

表 6-4　控制信号接口功能

名称	功　　能
PUL+ PUL−	脉冲控制信号的正、负端，PUL+ 为高电平 +5 V，PUL−为低电平 0 V，如采用 +12 V 或 +24 V 需串联电阻，分别为 1 kΩ、2 kΩ
DIR+ DIR−	方向控制信号的正、负端，DIR+ 为高电平 +5 V，DIR−为低电平 0 V。为保证电机可靠换向，方向信号应先于脉冲信号至少 5 μs。电机的初始运动方向与电机的接线有关，互换任意一相绕组(如 A+、A−交换或者 B+、B− 交换)可以改变电机初始运动的方向
ENA+ ENA−	使能信号，一般不用此功能时，该信号端悬空不接线。使能信号的意义是输入信号用于使能或禁止。ENA+ 接 +5 V，ENA− 接低电平时，驱动器将切断电机各相的电流使电机处于自由状态，此时步进脉冲不被响应

2) 电力接口

电力接口功能见表 6-5。

表 6-5　电力接口功能

名称	功　　能
GND(AC) +V(AC)	GND 为直流电源地，+V 直流电源正极，一般采用 +24 V DC 左右供电，但 +20～+40 V DC 间的任何值均可。GND(AC)/+V(AC)表示交直流通用，可接交流电也可接直流电，不分正、负极。交流可采用 18～80 V，使用 200 W 以上电机时，采用 60 V AC，电压越高，高速力矩越大
A+、A−	电机 A 相线圈
B+、B−	电机 B 相线圈

3) 状态指示

绿色 LED 为电源指示灯，当驱动器接通电源时，该 LED 常亮；当驱动器切断电源时，该 LED 熄灭。红色 LED 为故障指示灯，当出现过流或过压故障时，该指示灯以 3 s 为周期循环闪烁；当故障被用户清除时，红色 LED 常灭。

4) DMA860H 型步进驱动器控制信号接口电路

DMA860H 型步进驱动器采用差分式接口电路，可进行单端共阴极或共阳极等连接。图 6-15(a)所示是 DMA860H 型步进驱动器输入接口低电平有效共阳极接法电路图，图 6-15(b)是其高电平有效共阴极接法电路图。有的步进驱动器只能是其中的一种接法，具体情况要查看说明书。

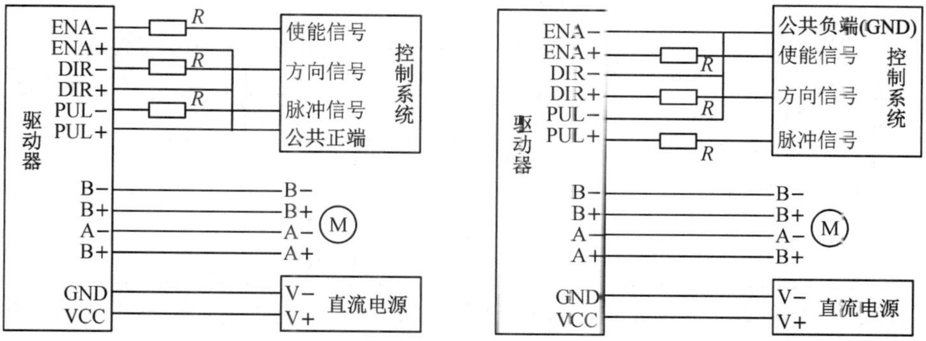

(a) 输入接口低电平有效共阳极接法　　(b) 输入接口高电平有效共阴极接法

图 6-15　DMA860H 型步进驱动器输入接口电路图

注意：上述图中 R 为降压限流电阻，当控制系统输出电压为 5 V 时，R 不用接入电路，应短接。当控制系统输出电压为 12 V 时，R 为 1 kΩ，功率至少为 1/4 W；为 24 V 时，R 为 2 kΩ，功率至少为 1/2 W。R 必须串接在控制信号端，不可接入公共端。

控制系统(控制器)采用晶体管输出脉冲信号，因此，大多数控制器(如 PLC)只能输出一种电平，或高电平或低电平。

例如，西门子 PLC 的输出只有高电平(PNP 型)，则它和驱动器只能采用共阴极的连接方式，如图 6-16 所示。三菱 FX 系列 PLC 一般为低电平输出，可与驱动器采用共阳极的连接方式。三菱 FX3U 有高电平和低电平两种输出，既可采用共阳极的连接方式又可采用共阴极的连接方式。

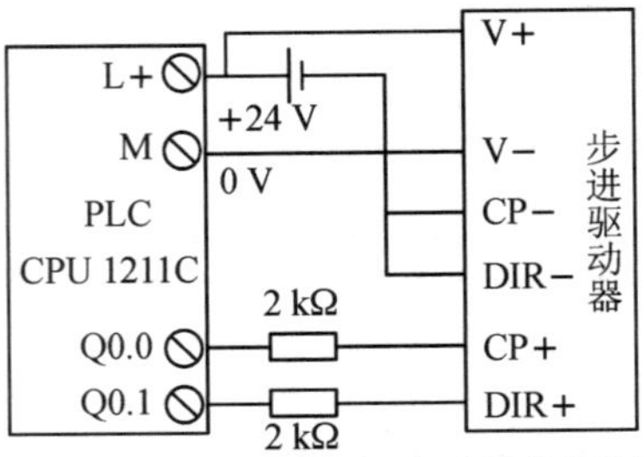

图 6-16 西门子 PLC 输出与驱动器共阴极连接图

5) 拨码开关的设置

DMA860H 型驱动器采用八位拨码开关设定细分精度、动态电流、静止半流以及实现电机参数和内部调节参数的自整定。拨码开关功能如图 6-17 所示，拨码开关向下为 on，向上为 off。

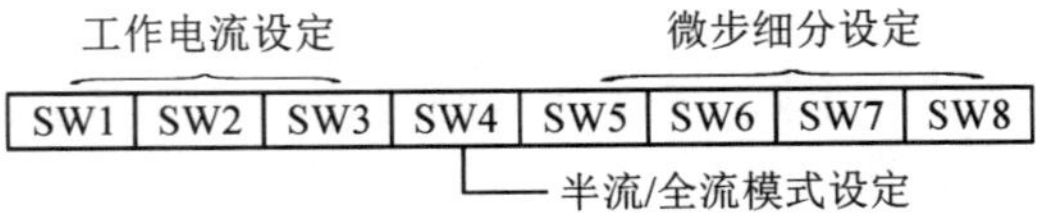

图 6-17 拨码开关功能

(1) 工作电流(动态电流)设定。工作电流设定见表 6-6。

表 6-6 工作电流设定/A

输出峰值电流/A	输出参考电流/A	SW1	SW2	SW3	备 注
2.40	2.00	on	on	on	电流设置越大，力矩会相应提高，但电机与驱动器的发热量也会相应增加
3.08	2.57	off	on	on	
3.77	3.14	on	off	on	
4.45	3.71	off	off	on	
5.14	4.28	on	on	off	
5.83	4.86	off	on	off	
6.52	5.43	on	off	off	
7.20	6.00	off	off	off	

(2) 静态电流设定。静态电流可用 SW4 拨码开关设定，off 表示静态电流设为动态电流的一半，on 表示静态电流与动态电流相同。一般用途的应将 SW4 设成 off，使电机和驱动器的发热减少，可靠性提高。脉冲串停止后约 0.4 s 电流自动减至一半左右，为实际值的 60%，

发热量理论上减至正常运行时的 36%。

(3) 微步细分设置。驱动器细分设置见表 6-7。

表 6-7　驱动器细分设置

步/转	SW5	SW6	SW7	SW8	微步细分说明
400	on	on	on	on	例如，设置 800 步/转，表示转一圈需要 800 个脉冲，同等脉冲下，细分越高转动越慢
800	off	on	on	on	
1600	on	off	on	on	
3200	off	off	on	on	
6400	on	on	off	on	
12 800	off	on	off	on	
25 600	on	off	off	on	
51 200	off	off	off	on	
1000	on	on	on	off	
2000	off	on	on	off	
4000	on	off	on	off	
5000	off	off	on	off	
8000	on	on	off	off	
10 000	off	on	off	off	
20 000	on	off	off	off	
40 000	off	off	off	off	

(4) 参数自整定功能。SW4 在 1 s 内变化一次，驱动器可自动完成电机参数和内部调节参数的自整定；在电机、供电电压等条件发生变化时需进行一次自整定，否则电机可能会运行不正常。注意，此时不能输入脉冲，方向信号也不应变化。

参数自整定操作方法：SW4 由 on 拨到 off，然后在 1 s 内再由 off 拨回到 on；或者 SW4 由 off 拨到 on，然后在 1 s 内再由 on 拨回到 off。

2. 设备安装

1) 步进电机的安装

步进电机采用法兰通孔安装，可防止振动等，如图 6-18 所示。

(a) 86 系列步进电机　(b) 86 系列步进电机安装法兰　(c) 固定螺丝垫片顺序

图 6-18　步进电机的安装

(1) 安装方向可横向、朝上、朝下均可。不论哪种方向，都应注意转轴的悬挂负载、轴向负载问题。

(2) 不要让电缆线与安装面接触，造成不必要的压力，并影响散热。

(3) 步进电机的可靠工作温度为 80℃以内，应注意通风散热。

2) 驱动器的安装

(1) 驱动器的可靠工作温度为 60℃以内，不可安置在其他发热设备旁，要避免粉尘、腐蚀性气体，禁止有可燃气体和导电粉尘。

(2) 驱动器可竖着侧面安装，使散热齿形成较强的空气对流。

(3) 为保证驱动器的温度在可靠工作温度范围内，必要时应安装散热风扇，强制散热。

3) 步进电机与滚珠丝杆滑台模组的安装

步进电机与丝杆的连接中，联轴器连接是比较常见的一种连接方式。联轴器是一种可以将两个轴连接在一起的机械元件。将丝杆与联轴器的一端相连接，步进电机与联轴器的另一端相连接，如图 6-19 所示。该方式可以最大程度保证传动的精度和稳定性。

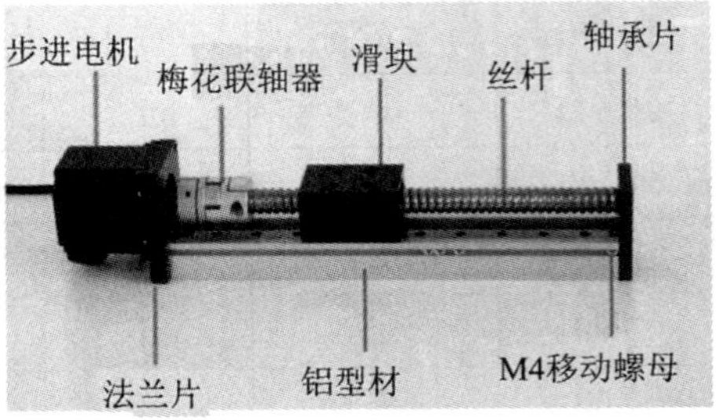

图 6-19 步进电机与滚珠丝杆滑台模组的安装

3. S7-1200 PLC 运动控制指令介绍

1) MC_Power 使能指令

在使用运动控制指令之前，必须先启用轴，并且在轴运行期间，此指令必须处于开启状态，因此 MC_Power 指令是必须使用的指令，该指令的作用是启用轴或禁用轴。其详细介绍见表 6-8。

表 6-8 使能/禁用轴指令 MC_Power

指令框	参数	参 数 含 义
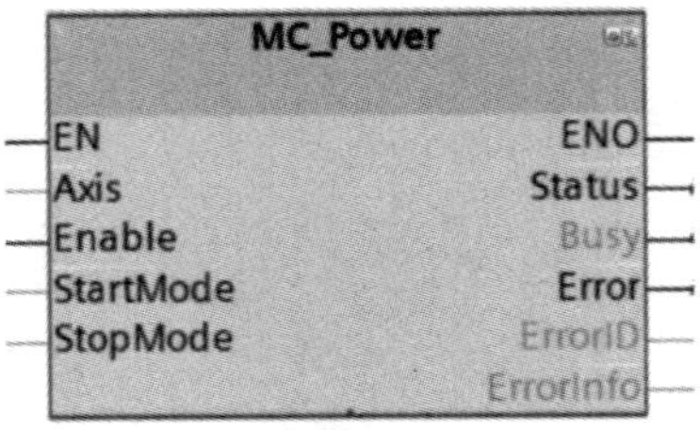	EN	使能
	Axis	已配置好的工艺对象名称
	Enable	为 1 时，轴起动；为 0 时，轴停止(不是上升沿)
	StartMode	轴起动模式。为 0 时，启用位置不受控的定位轴；为 1 时，启用位置受控的定位轴(使用带 PTO 驱动器的定位轴时忽略该参数)
	StopMode	轴停止模式，有三种模式
	Status	轴使能状态。FALSE 表示轴既不会执行运动控制命令也不会接受任何新命令；TRUE 表示轴已就绪，可以执行运动控制命令
	Busy	用于标记 MC_Power 指令是否处于活动状态
	Error	用于标记 MC_Power 指令是否出现错误
	ErrorID	在 MC_Power 指令出现错误时显示错误 ID 码
	ErrorInfo	在 MC_Power 指令出现错误时显示错误信息

MC_Power 使能指令中，StopMode 的三种轴停止模式的详细说明如图 6-20 所示。

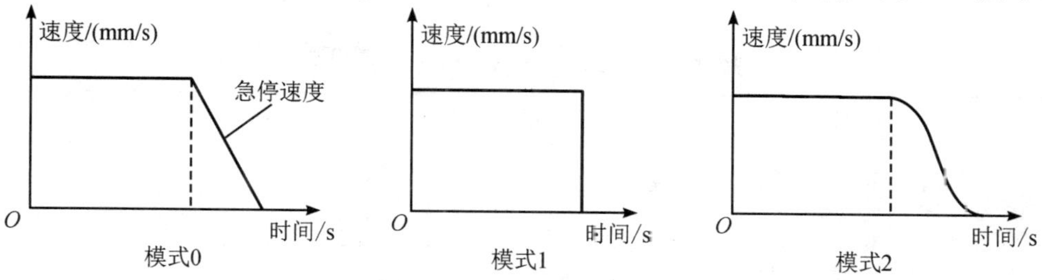

图 6-20　三种轴停止模式

模式 0：紧急停止，根据轴工艺对象参数中的“急停”速度或时间来停止轴。

模式 1：立即停止，PLC 立即停止发脉冲。

模式 2：带有加速度变化率控制的紧急停止，减速曲线更加平滑。

2) *以既定速度运行轴指令 MC_MoveVelocity*

执行以既定速度运行轴指令，不需要建立参考点，只需定义方向和速度即可。当 Execute 端检测到上升沿信号时，启用该指令，轴按照既定速度和方向运行。MC_MoveVelocity 详细介绍见表 6-9。

表 6-9　以预定速度运行轴指令 MC_MoveVelocity

指 令 框	参 数	参 数 含 义
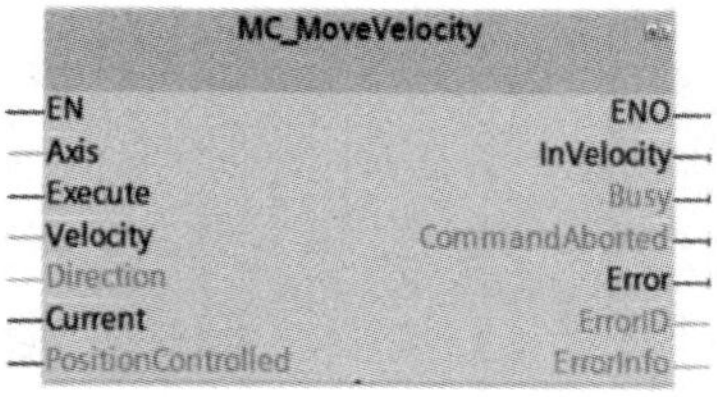	EN	使能
	Axis	已配置好的工艺对象名称
	Execute	上升沿使能
	Velocity	既定速度
	Direction	运行方向
	Current	保持当前速度。FALSE 表示禁用“保持当前速度”；TRUE 表示激活“保持当前速度”
	PositionControlled	0 表示速度控制；1 表示位置控制
	InVelocity	0 表示达到 Velocity 指定的速度；1 表示轴在起动时，以当前速度进行移动
	Done	1 表示已达到目标位置
	Busy	1 表示正在执行任务
	CommandAborted	1 表示任务在执行期间被另一任务中止

MC_MoveVelocity 指令中 Direction 参数的详细说明：

Direction = 0 时，旋转方向取决于参数“Velocity”值的符号；

Direction = 1 时，正方向旋转；

Direction = 2 时，负方向旋转。

3) *停止轴运行 MC_Halt 指令*

停止轴运行 MC_Halt 指令用于停止当前指定的所有运动并以组态的减速度停止轴。

当 Execute 端检测到上升沿信号时，轴会按照已配置的减速曲线停车。其详细介绍见表 6-10。

表 6-10　停止轴运行 MC_Halt 指令

指 令 框	参 数	参 数 含 义
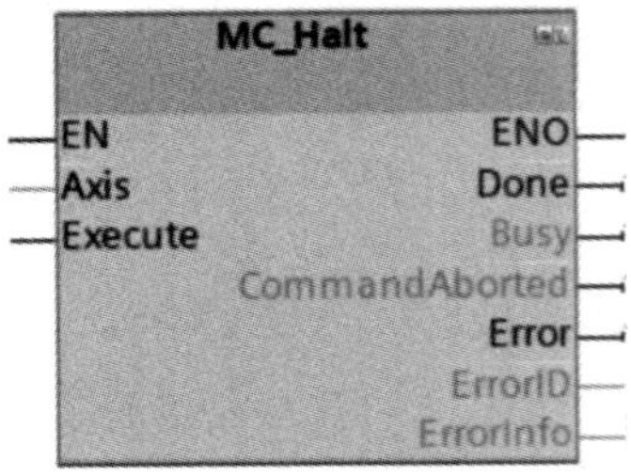	EN	使能
	Axis	已配置好的工艺对象名称
	Execute	上升沿使能
	Done	1 表示速度达到零
	Busy	1 表示正在执行任务
	CommandAborted	1 表示任务在执行期间被另一任务中止

使用运动控制指令时，在指令栏的“工艺”→“Motion Control”中找到相应指令，如图 4-21 所示，将指令拖至程序编辑界面的相应位置，并在弹出的“调用选项”对话框中单击“确定”按钮。

图 6-21　运动控制指令

4. 应用

有一套步进驱动系统，步进电机的步距角为 1.8°，电流为 2.2 A，丝杆螺距为 10 mm。用西门子 S7-1200 PLC 和 DMA860H 型步进驱动器对步进电机的速度进行控制。控制要求如下：

(1) 步进电机的步距角为 0.9°，静态电流为动态电流的一半。请对驱动器进行设置。

(2) 当按下按钮 SB1 时丝杆滑台以 100 mm/s 的速度正向运行，当按下按钮 SB2 时丝杆滑台以同样的速度反向运行，当按下停止按钮 SB3 时丝杆滑台停止运行。

(3) 画出控制系统接线图，并设计 PLC 控制程序。

解 (1) 步进驱动器的设置。步距角为 0.9°，则转动一圈需要为 400 步，即 400 步/转。查表 6-7 驱动器细分设置知，SW5～SW8 全设置为 on；工作电流为 2.2 A，查表 6-6 工作电流设定设置知，SW1～SW3 全设置为 on；静态电流 SW4 设置为 off。

(2) 控制系统的接线图如图 6-22 所示，按下按钮 SB1 时，PLC 通过 Q0.0 端口向驱动器发送脉冲信号，步进电机起动运行为规定的正方向，若方向不正确，可交换 A、A− 或 B、B− 的接线；按下按钮 SB2 时，PLC 通过 Q0.1 端口向驱动器发送换向信号，使电机反转。按下停止按钮 SB3 时 PLC 停止发送脉冲信号，电机停止运行。

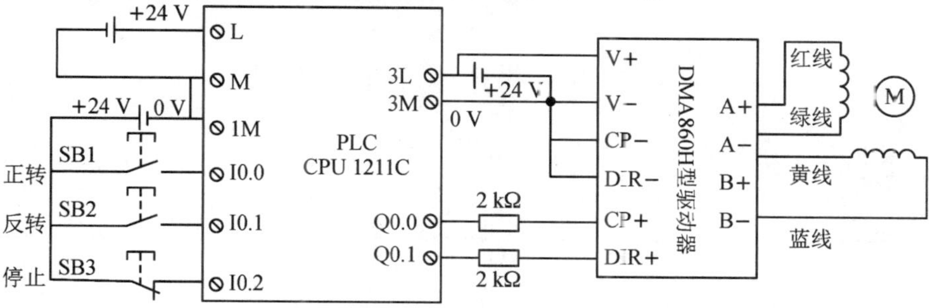

图 6-22 控制系统的接线图

(3) 硬件组态设计。

① 新建项目，添加 CPU。打开博途软件，新建项目“步进控制”，添加新设备“CPU1214C DC/DC/DC”。

② 启用脉冲发生器。如图 6-23 所示，在设备视图中，选中“属性”→“常规”→“脉冲发生器(PTO/PWM)”→“PTO1/PWM1”，勾选“启用该脉冲发生器”。

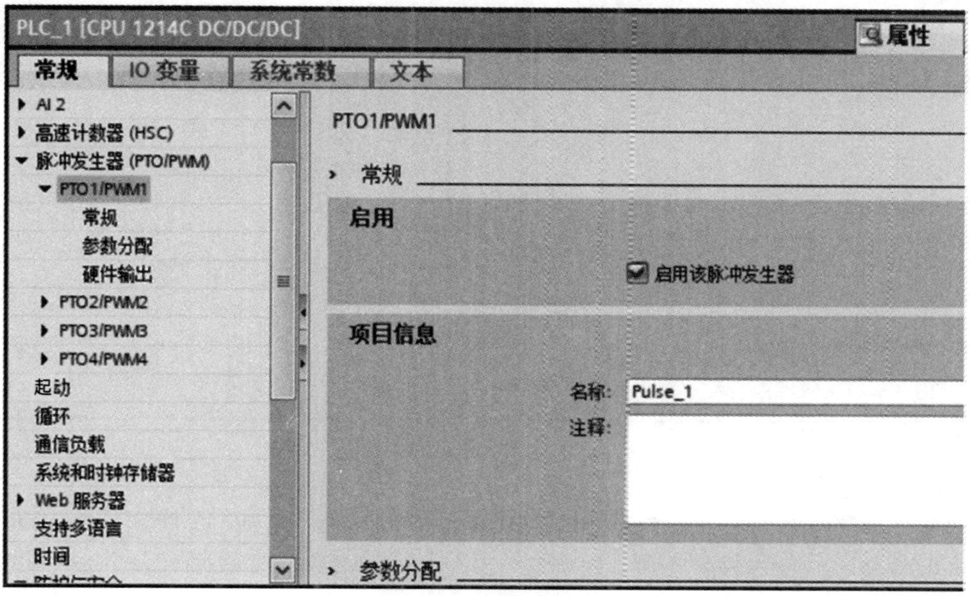

图 6-23 启用脉冲发生器

③ 选择脉冲发生器的类型。如图 6-24 所示，在设备视图中，选中“属性”→“常规”→“脉冲发生器(PTO/PWM)”→“PTO1/PWM1”→“参数分配”，选择“信号类型”为“PTO(脉冲 A 和方向 B)”。

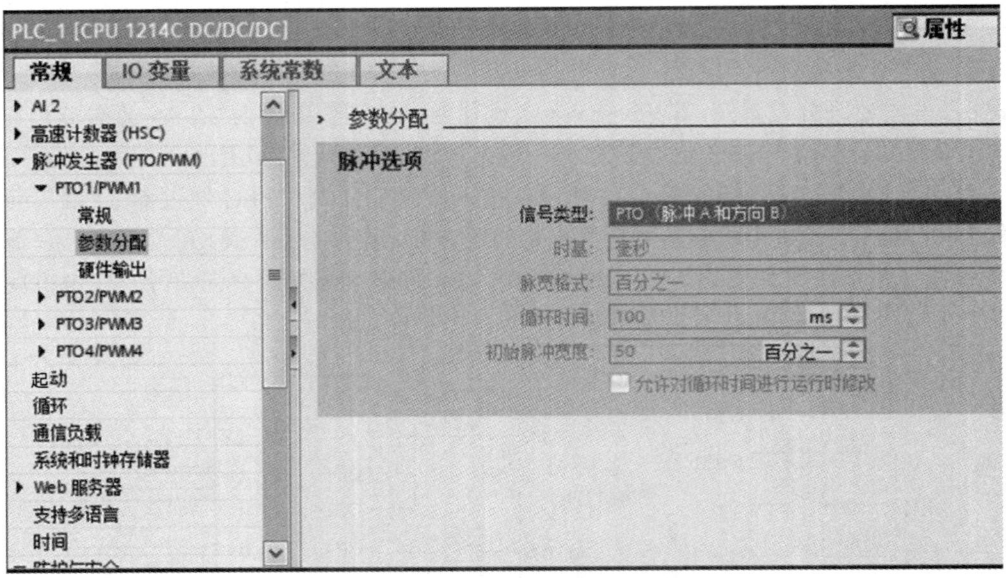

图 6-24　选择脉冲发生器的信号类型

④ 组态硬件输出。如图 6-25 所示，在设备视图中，选中“属性”→“常规”→“脉冲发生器(PTO/PWM)”→“PTO1/PWM1”→“硬件输出”，选择“脉冲输出”为“Q0.0”，勾选“启用方向输出”，选择“方向输出”为“Q0.1”。

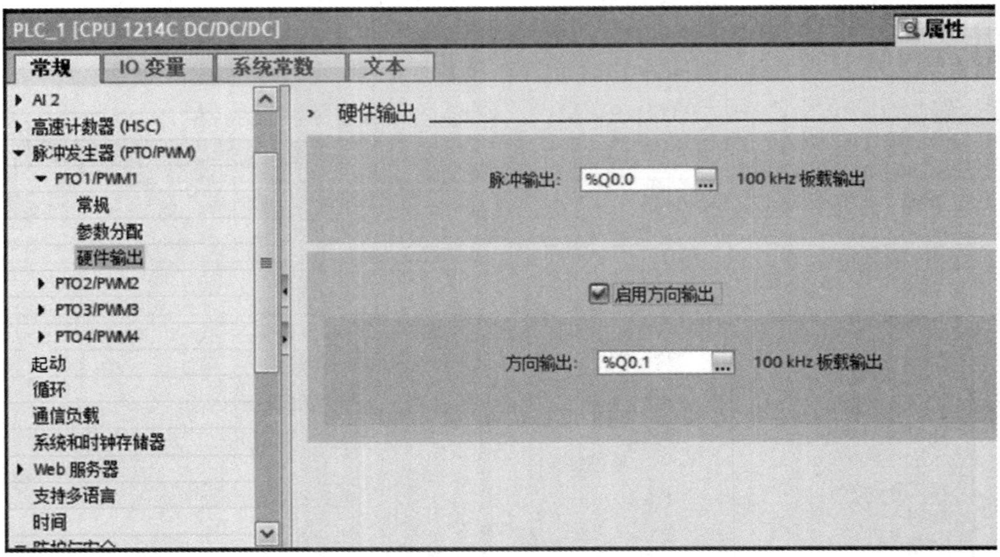

图 6-25　硬件输出

(4) 工艺对象“轴”组态。

“轴”表示驱动的工艺对象，是用户程序与驱动的接口。“轴”工艺对象从用户程序收到运动控制命令，在运行时执行并监视执行状态。运动控制中，必须要对“轴”工艺对象进行组态才能应用控制指令块。以下主要介绍“轴”工艺参数组态。

① 插入新对象。在项目树中，选择“步进控制”→“工艺对象”→“新增对象”，双击“新增对象”，弹出如图 6-26 所示的界面，自定义轴名称“轴_1”，选择“运动控制”→“TO_PositioningAxis”，单击“确定”按钮。

图 6-26　插入新对象

② 组态常规参数。如图 6-27 所示，在“功能图”选项卡中，选择“基本参数”→“常规”，在“驱动器”项目中选择“PTO”选项，测量单位根据实际情况选择，本例选用“mm”作单位。

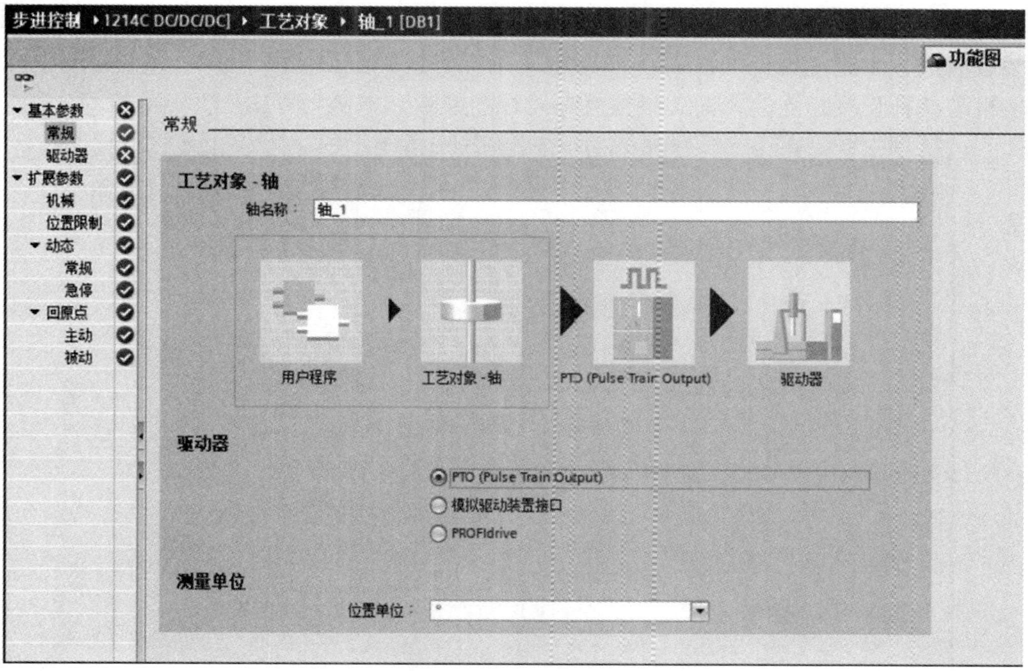

图 6-27　组态常规参数

③ 组态驱动器参数。如图 6-28 所示，在“功能图”选项卡中，选择“基本参数”→

“驱动器”，选择脉冲发生器为“Pulse_1”，其对应的信号输出、脉冲输出和方向输出都在硬件组态时已经定义了，此处不再做修改。

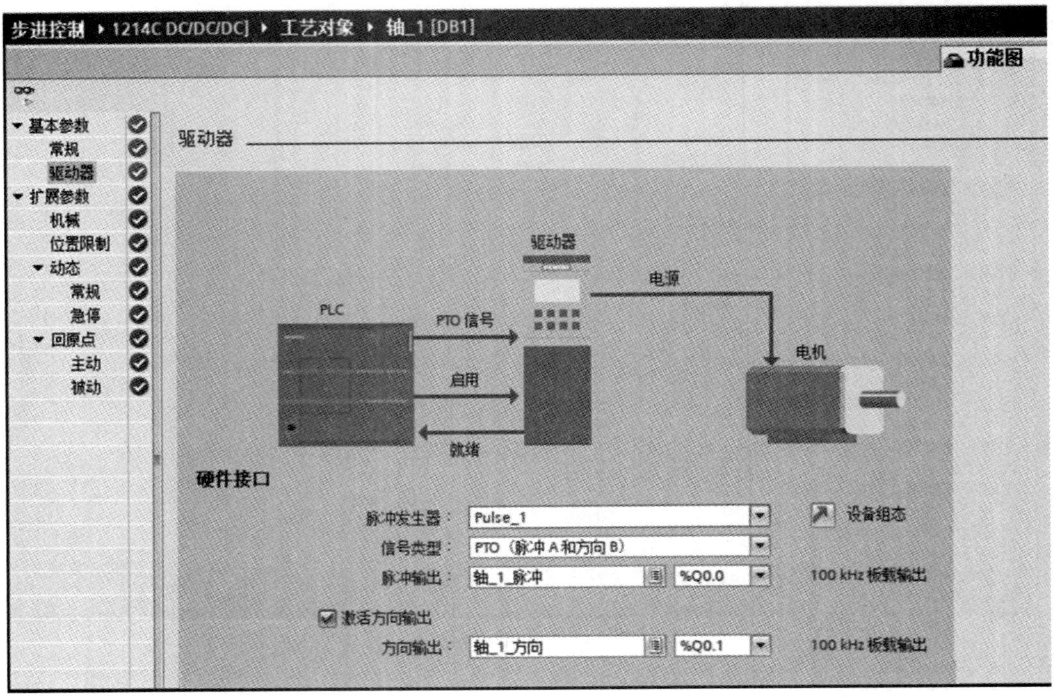

图 6-28 组态驱动器参数

④ 组态机械参数。如图 6-29 所示，在“功能图”选项卡中，选择“扩展参数”→“机械”，设置“电机每转的脉冲数”为“400”(因为步距角为 0.9°，所以 400 个脉冲转一圈)，此参数取决于步进电机光电编码器的参数。“电机每转的负载位移”取决于机械结构，如步进电机与丝杆直接相连接，则此参数就是丝杆的螺距，本例为“10”。

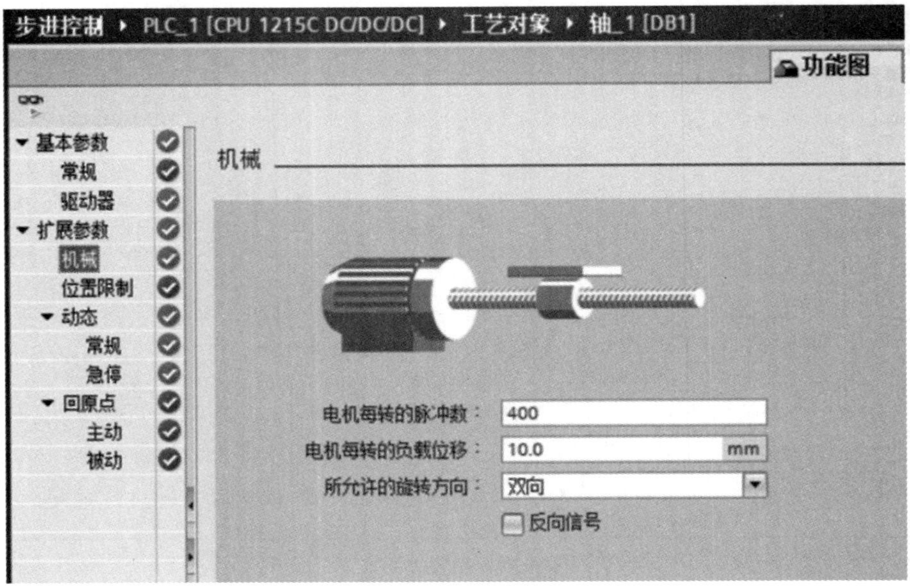

图 6-29 组态机械参数

(5) 编写程序。梯形图程序如图 6-30 所示。

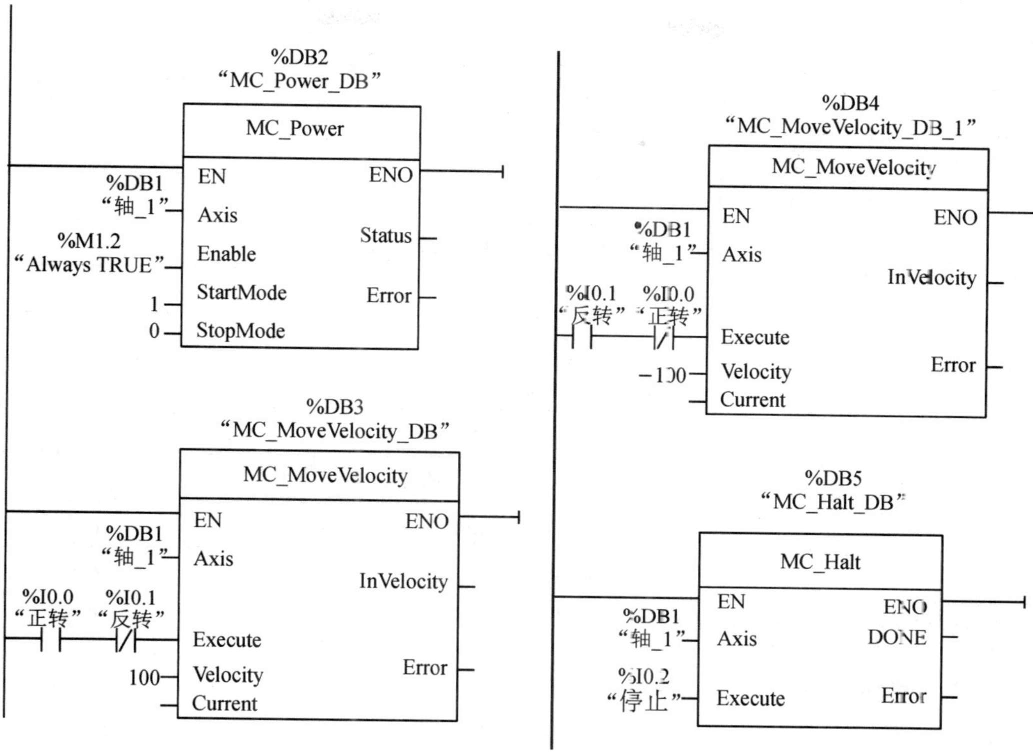

图 6-30　梯形图程序

任务实施

1. 工作任务

有一套步进驱动系统，86HB 系列步进电机的技术数据：1.8°、4 A、红 A+、绿 A−，黄 B+、蓝 B−，4.2 N·m。丝杆螺距为 10 mm，用西门子 S7-1200 PLC 和 DMA860H 型步进驱动器对步进电机的速度和步距角进行控制。

工作任务要求如下：

(1) 步进电机的步距角为 0.45°，静态电流为动态电流的一半。请对驱动器进行设置。

(2) 当按下按钮 SB1 时以 50 mm/s 速度正向移动，当按下按钮 SB2 时以同样的速度反向移动，当按下停止按钮 SB3 时停止运行。

(3) 写出按钮 SB 与 PLC 控制接点的对应关系：SB1-I0.0，SB2-I0.1，SB3-I0.2。

(4) 画出系统接线图并设计 PLC 控制程序。

(5) 按工艺要求进行安装、接线、通电试验。

2. 材料准备

按表 6-11 准备电路安装所需要的工具、仪表、电器元件等材料，并进行质量检测。

表 6-11　实训器材明细表

名　称	型号	规　　格	数　量
步进电机	86HB 系列	两相、4 A、1.8°、4.2 N·m	1
断路器	DZ47-63	220 V、额定电流 25 A	1
PLC	S7-1200	西门子	1
驱动器	DMA860H		1
直流电源	WEHO 系列	多组独立输出、5 V 10 A、24 V 6 A	1
按钮	LA4-3H	保护式三联按钮	1
法兰	86HB 系列		1
控制板	500 mm × 450 mm × 20 mm		1
仪表	数字万用表、转速表		1
电工通用工具	验电笔、螺钉旋具、尖嘴钳、活扳手、剥线钳等		1
控制电路导线	塑料软铜线 BVR0.75 mm^2(黑色或自定)		若干
按钮线	塑料软铜线 BVR1.5 mm^2(黄绿双色线)		若干
其他辅材	各种规格紧固件、线轧头、导轨　线号管、固定螺钉等		若干

3. 驱动器的识别

观察 DMA860H 型驱动器，说明它的作用、接口功能与拨码开关功能，填入表 6-12 中。

表 6-12　驱动器的识别

名称	功 能 说 明
控制信号接口	
电力接口	
拨码开关	
驱动器的作用：	

4. 设备安装

(1) 按图 6-31 所示位置图安装电器元件、线槽等，排列整齐匀称、安装牢固。

(2) 采用侧式安装驱动器，注意散热。

(3) 先固定步进电机的安装法兰，后安装步进电机。

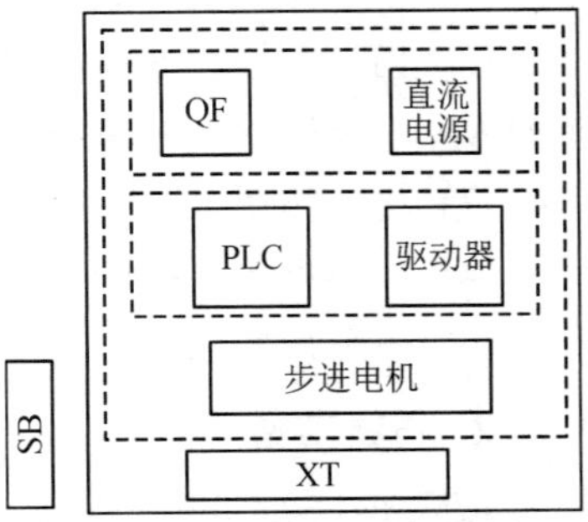

图 6-31　电器元件安装图

5. 画图与接线

(1) 参考图 6-22 画出接线图，交给指导教师确认后方可接线。提示：材料准备中没有电阻，只能采用 5 V 直流电源对控制信号部分供电。

(2) 设置驱动器相关项目。

6. 自检与通电调试

根据教师确认的接线图逐点检查接线，经教师确认正确后在教师的指导下通电调试。

提示：控制信号采用 5 V 直流供电，电源接口采用 24 V 直流供电。

任务评价

对任务的完成情况进行评价，评价细则与标准见表 6-13。

表 6-13　任 务 评 价

<table>
<tr><th>评价内容</th><th colspan="5">评 价 标 准</th><th>配分</th><th>扣分</th></tr>
<tr><td>材料准备</td><td colspan="5">器材短缺、型号、规格不符合要求，每件扣 2 分</td><td>5</td><td></td></tr>
<tr><td>驱动器的识别</td><td colspan="5">错或漏写相关功能或作用，每项扣 5 分</td><td>25</td><td></td></tr>
<tr><td>电器安装</td><td colspan="5">(1) 元器件布置不合理、不整齐，每个扣 2 分；
(2) 元器件安装不牢固，不正确，每个扣 4 分；
(3) 损坏元器件，该项不得分</td><td>20</td><td></td></tr>
<tr><td>电路图绘制</td><td colspan="5">(1) 不会画电路图，扣 20 分；
(2) 电路图有部分错误，教师指导后能修改，扣 5 分</td><td>25</td><td></td></tr>
<tr><td>接线与通电调试</td><td colspan="5">(1) 接线错误，每错一处扣 4 分，扣完为止；
(2) 布线不符合工艺要求，接点松动、露铜过长、压绝缘层、没套线号管，软线没压接线耳(螺栓连接除外)，每处扣 2 分；
(3) 损伤导线绝缘层或线芯，每根扣 5 分；
(4) 不会通电调试，扣 10 分</td><td>20</td><td></td></tr>
<tr><td>工具仪表使用</td><td colspan="5">(1) 工具、仪表使用不规范，每次酌情扣 1～3 分；
(2) 损坏工具、仪表，扣 5 分</td><td>5</td><td></td></tr>
<tr><td>安全文明生产</td><td colspan="5">(1) 现场清理整洁，干净；工具摆放整齐，废品分类清理；
(2) 遵守安全操作规程，无任何安全事故发生。
如违反安全文明生产要求，酌情扣 5～40 分；情节严重者，本次操作记零分或取消本次实训资格</td><td></td><td></td></tr>
<tr><td>定额时间</td><td colspan="5">180 min，每超过 5 min，扣 5 分</td><td></td><td></td></tr>
<tr><td>开始时间</td><td></td><td>结束时间</td><td></td><td>实际时间</td><td></td><td>成绩</td><td></td></tr>
</table>

思考练习题

1. 控制器(如 PLC)向步进驱动器发出毫安级的________信号和_________信号，步进驱动器放大后，变成_______脉冲信号发送到步进电机，步进电机就按一定的速度和方向运行。

2. 步进驱动器的功能接口为__________________和____________________。

3. 步进电机的控制系统(控制器如 PLC)因要输出脉冲信号，采用__________输出，西门子 PLC 输出只有____电平(PNP 型)，它和驱动器只能采用共_____极的连接方式。

任务 3　基于 S7 通信的两台异地电机同时起动和停止

任务描述

PLC 的通信包括 PLC 与 PLC 之间的通信、PLC 与上位机之间的通信、PLC 与其他智能设备之间的通信，PLC 与 PLC 通信的实质就是计算机的通信。

本任务的要求：使用 S7-1200 PLC 以太网通信的方式实现两台 S7-1200 PLC 之间的 S7 通信。具体控制要求：本地和远程两台电机，按下本地起动按钮或远程起动按钮，两台电机同时起动；按下本地停止按钮或远程停止按钮，两台电机同时停止运行。

职业岗位应知应会目标

(1) 了解 S7-1200 以太网通信。

(2) 掌握两台 S7-1200 PLC 之间 S7 通信的步骤和方法。

相关知识

1. S7-1200 PLC 以太网通信简介

S7-1200 PLC 的 CPU 模块内置有以太网口，这个接口有两种网络连接方法：直接连接和网络连接。

(1) 直接连接。当一个 S7-1200 PLC 与一个编程设备，或者一个触摸屏，或者一个 PLC 通信时，即只有两个设备之间需要实现通信，只需要直接连接，如图 6-32 所示。直接连接不需要交换机，用网线直接连接两个设备即可。

(2) 网络连接。当两个或两个以上的设备需要实现通信时，需要用到网络连接，即将所有通信设备用网线连接到交换机上，如图 6-33 所示。

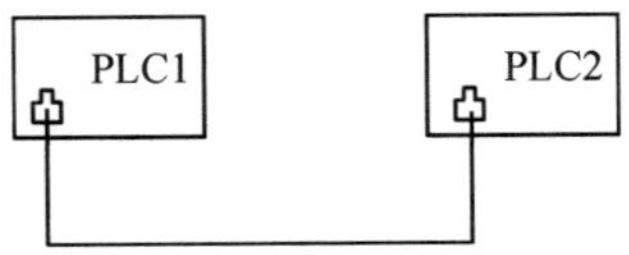

图 6-32　直接连接

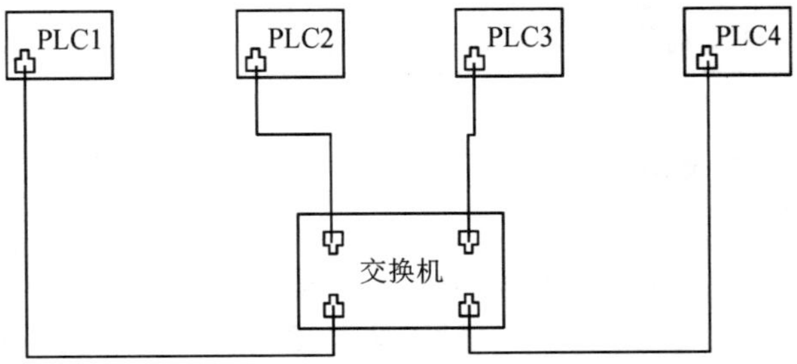

图 6-33　网络连接

2. S7 通信

S7 通信是西门子公司产品的专用保密协议，不用于与第三方产品(如三菱产品)通信，是非实时通信。在工程实践中，西门子 PLC 之间的非实时通信采用 S7 通信。

3. S7 通信指令块

S7 通信指令块分为 PUT 指令块和 GET 指令块，如图 6-34 所示，指令块左侧参数为输入参数，右侧参数为输出参数。

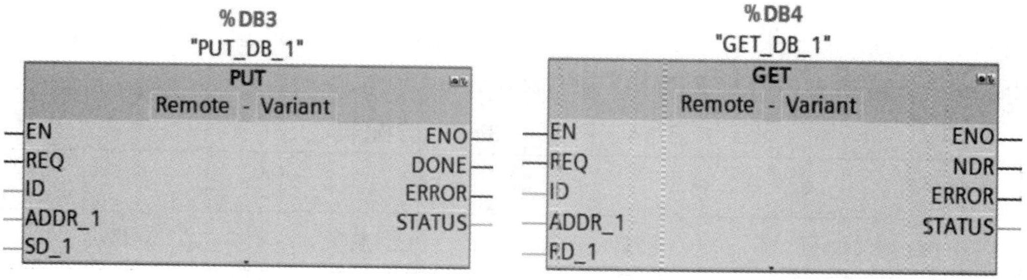

(a) PUT 指令块　　(b) GET 指令块

图 6-34　S7 通信指令块

说明：单击 PUT 或 GET 指令块下方的三角形，可增加 ADDR、SD 和 RD 接口的数量。

1) PUT 指令块

EN：使能端。EN 端为 1，则执行 PUT 指令块。

REQ：在上升沿时激活数据传送功能，通常用“时钟存储字节”的上升沿激活传送功能。

ID：S7 连接号。

ADDR_1：指向伙伴 CPU 上用于写入数据的区域的指针。指针访问某个数据块时，必须始终指定该数据块。例如：P#DB10.DBX5.0 字节 10。

SD_1：指向本地 CPU 上包含要发送数据的区域的指针。

ENO：使能输入端。“1”表示该指令块调用成功，“0”表示该指令块调用错误。

DONE：状态参数。“0”表示作业未起动，或者仍在执行之中；“1”表示作业已执行，且无任何错误。

ERROR：是否出错。“0”表示无错误；“1”表示有错误。

STATUS：故障代码。

2) GET 指令块

EN：使能端。EN 为 1，则执行 GET 指令块。

REQ：在上升沿时激活数据传送功能，通常用“时钟存储字节”的上升沿激活传送功能。

ID：S7 连接号。

ADDR_1：指向伙伴 CPU 上待读取区域的指针。指针访问某个数据块时，必须始终指定该数据块。例如：P#DB10.DBX5.0 字节 10。

RD_1：指向本地 CPU 上用于输入已读数据的区域的指针。

ENO：使能输入端。“1”表示该指令块调用成功，“0”表示该指令块调用错误。

NDR：新数据就绪。“0”表示请求尚未起动或仍在运行；“1”表示已成功完成任务。

ERROR：是否出错。“0”表示无错误；“1”表示有错误。

STATUS：故障代码。

任务实施

1. 设计安装电气控制系统

1) I/O 分配

根据本任务控制要求及 PLC 输入/输出点分配原则，进行 I/O 地址分配。PLC_1 的 I/O 分配表如表 6-14 所示，PLC_2 的 I/O 分配表如表 6-15 所示。

6-14　PLC_1 的 I/O 分配表

输　入		输　出	
PLC 接口	元器件	PLC 接口	元器件
I0.0	起动按钮 SB1	Q0.0	本地电动机
M2.0	起动		
I0.1	停止按钮 SB2		
M2.1	停止		

说明：M2.0 和 M2.1 的功能与 I0.0 和 I0.1 的功能一样。

表 6-15　PLC_2 的 I/O 分配表

输　入		输　出	
PLC 接口	元器件	PLC 接口	元器件
I1.0	起动按钮 SB3	Q1.0	远程电动机
M1.0	起动		
I1.1	停止按钮 SB4		
M1.1	停止		

说明：M1.0 和 M1.1 的功能与 I1.0 和 I1.1 的功能一样。

PLC_1 和 PLC_2 之间的数据交换如图 6-35 所示。

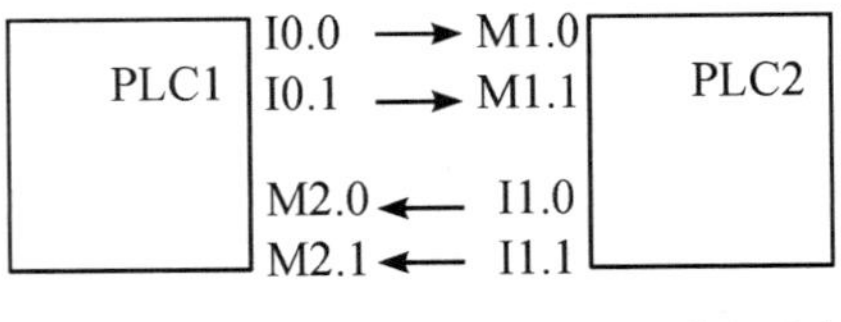

图 6-35　PLC_1 和 PLC_2 之间的数据交换

2) 电气接线图设计

设计电气原理图如图 6-36 所示。以太网口由网线连接。

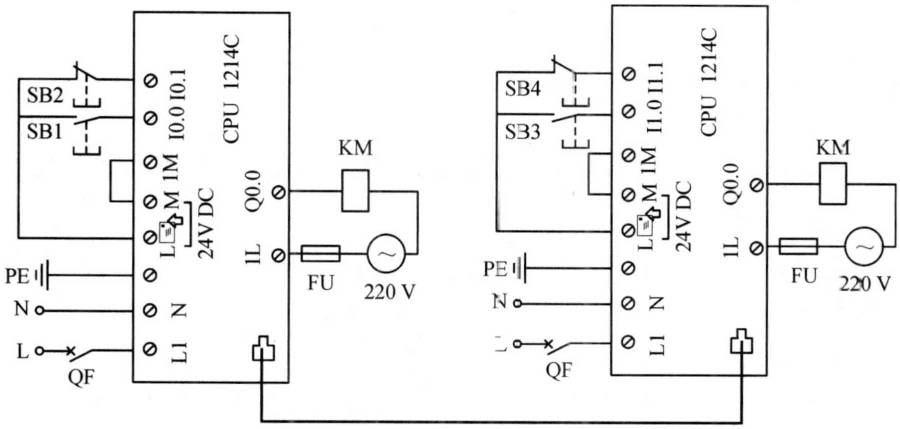

图 6-36 电气原理图

3) 组态

(1) 新建项目。打开 TIA Portal V16，新建项目，命名为“项目 27”，再单击“项目视图”按钮，切换到项目视图。

(2) 硬件配置。在项目视图的项目树中，双击“添加新设备”，添加 CPU 模块“CPU 1214C”两次，得到 PLC_1 和 PLC_2，如图 6-37 所示。

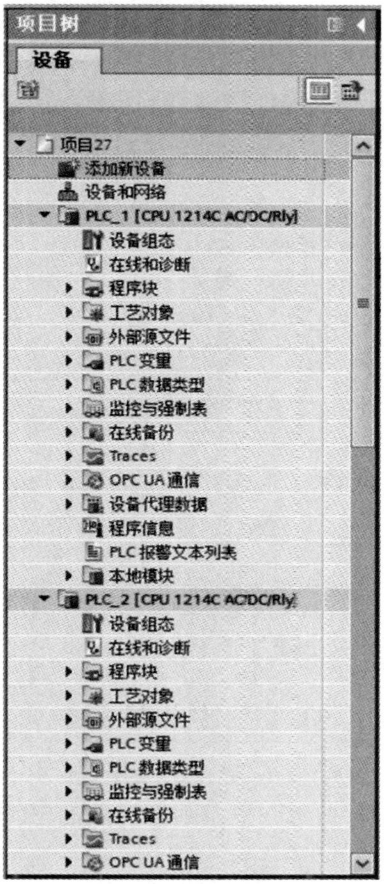

图 6-37 添加新设备

(3) PLC_1 属性配置。双击项目树中 PLC_1 下的“设备组态”→单击“设备视图”中机架上的 CPU→单击“属性”按钮，在属性界面中进行以下设置：

① 以太网地址。如图 6-38 所示，在子网中选择“PN/IE_1”接口，并在 IP 协议中设置 IP 地址为 192.168.0.1。

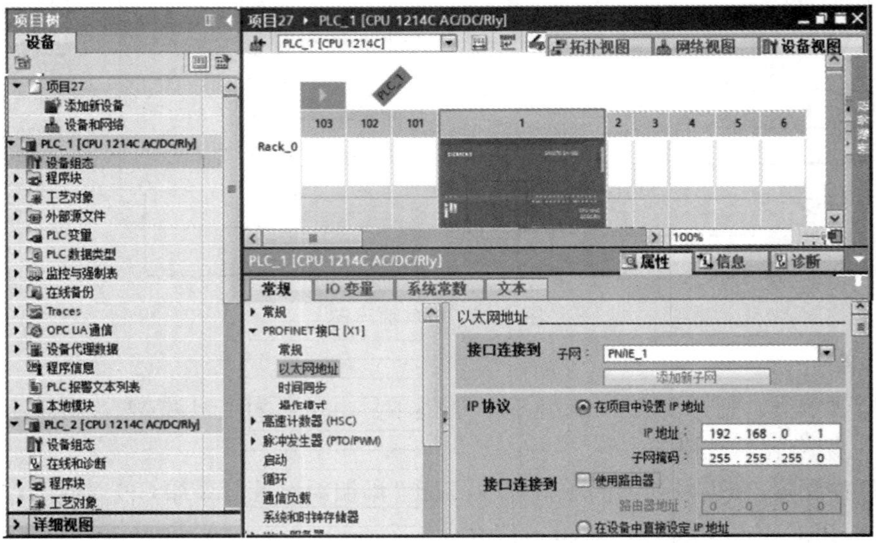

图 6-38　属性设置(一)

② 在“系统和时钟存储器”中勾选“启用时钟存储器字节”，如图 6-39 所示。

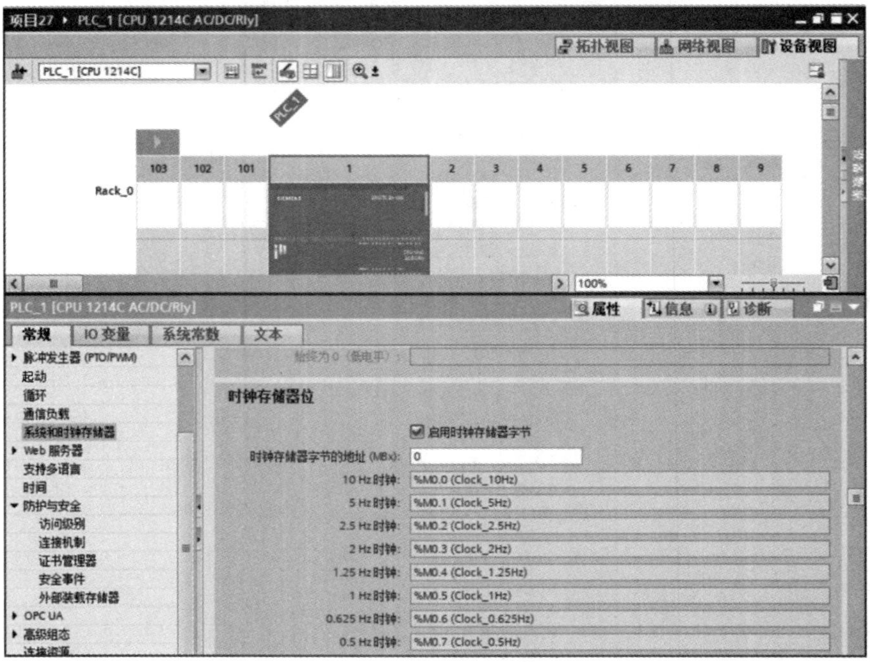

图 6-39　属性设置(二)

③ 在“连接机制”中勾选“允许来自远程对象的 PUT/GET 通信访问”，如图 6-40 所示。

用同样的方法对 PLC_2 进行属性配置，PLC_2 的 IP 地址设置为 192.168.0.2。

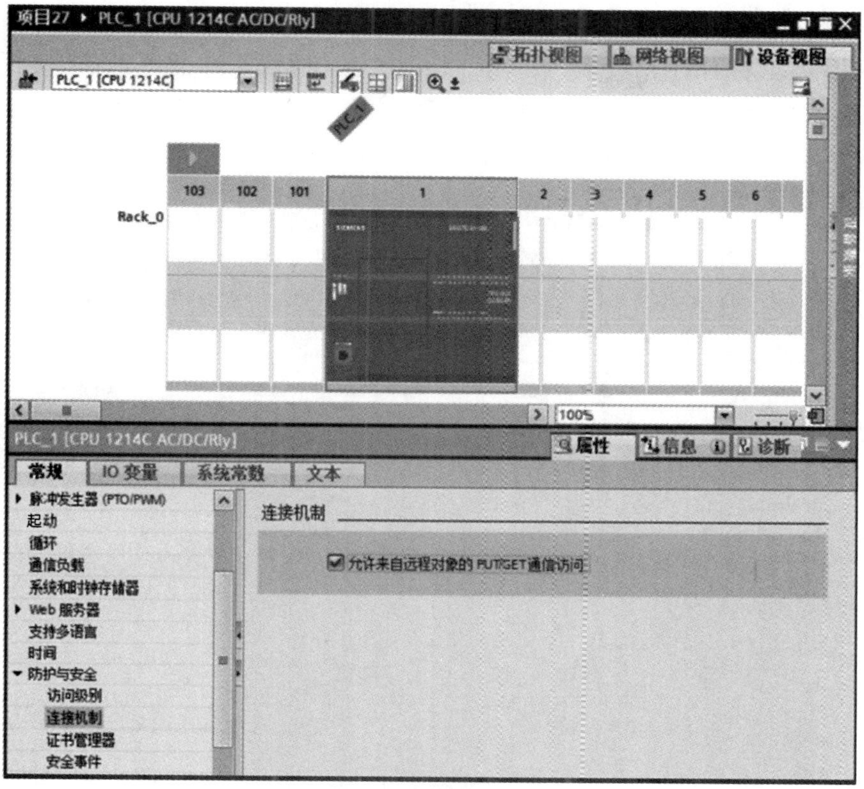

图 6-40　属性设置(三)

(4) S7 连接。如图 6-41 所示，单击①处的“连接”→在②处的下拉框中选择“S7 连接”→鼠标左键点击③处的绿色方框，并按住鼠标左键拖至④处绿色方框。在属性界面中，单击“常规”可查看本地 PLC 和伙伴 PLC；在“本地 ID”中可查看两个 PLC 的连接号。

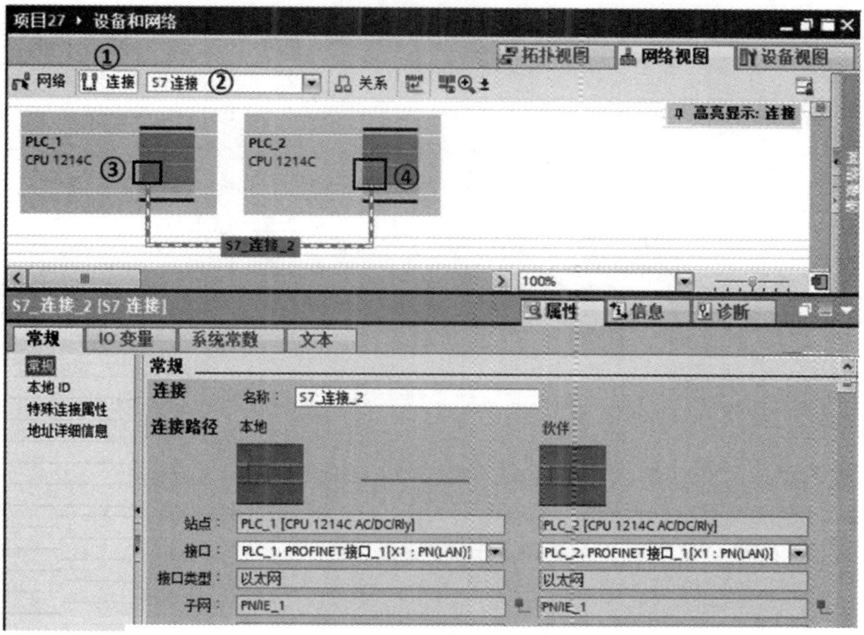

图 6-41　S7 连接

4) 编写程序

(1) 调用 PUT 和 GET 函数块。在 PLC_1 的 Main 主程序编辑框里，将右侧指令栏中的“S7 通信”下的 PUT 和 GET 指令块拖到主程序的相应位置，并点击两个指令块最下方的三角形，增加接口数量，如图 6-42 所示。

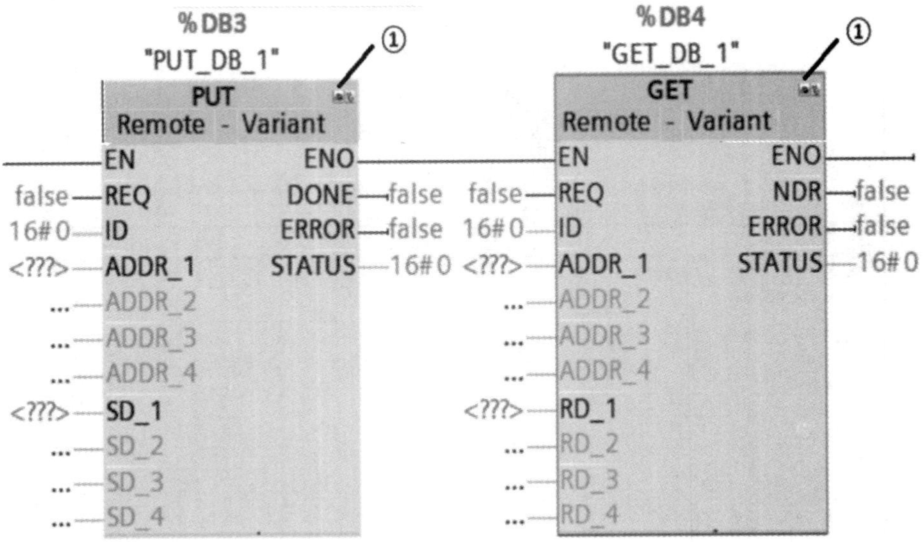

图 6-42　调用 PUT 和 GET 指令块

单击图 6-42 所示的 PUT 和 GET 指令块中①所指图标，在属性框中，选中“组态”→“连接参数”，选择伙伴为“PLC_2”，勾选“主动建立连接”，如图 6-43 所示。再选中“组态”→“块参数”，配置相应的块参数，如图 6-44 所示。

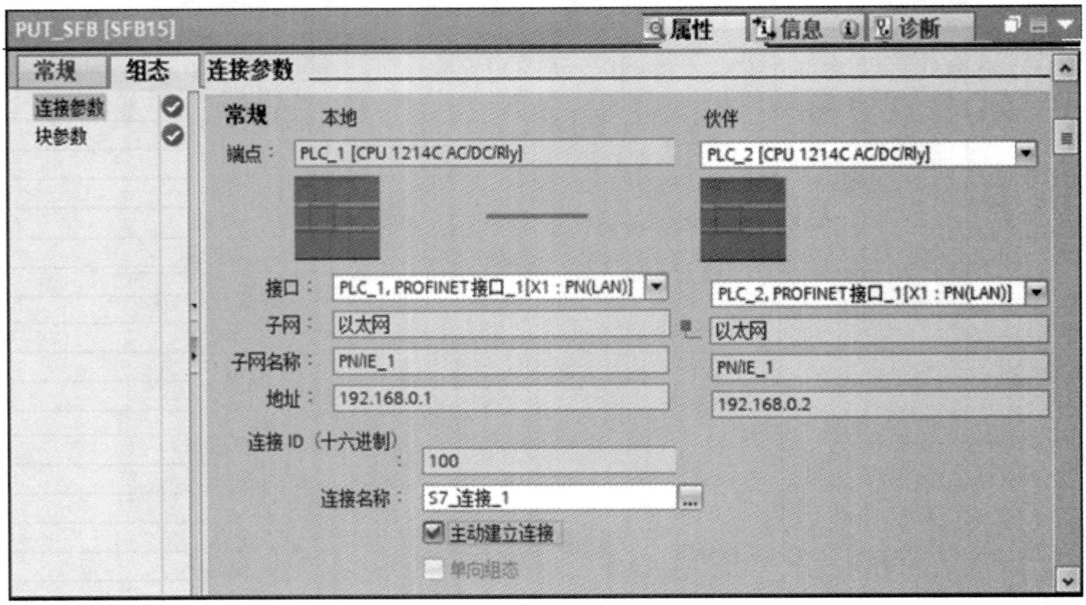

图 6-43　配置连接参数

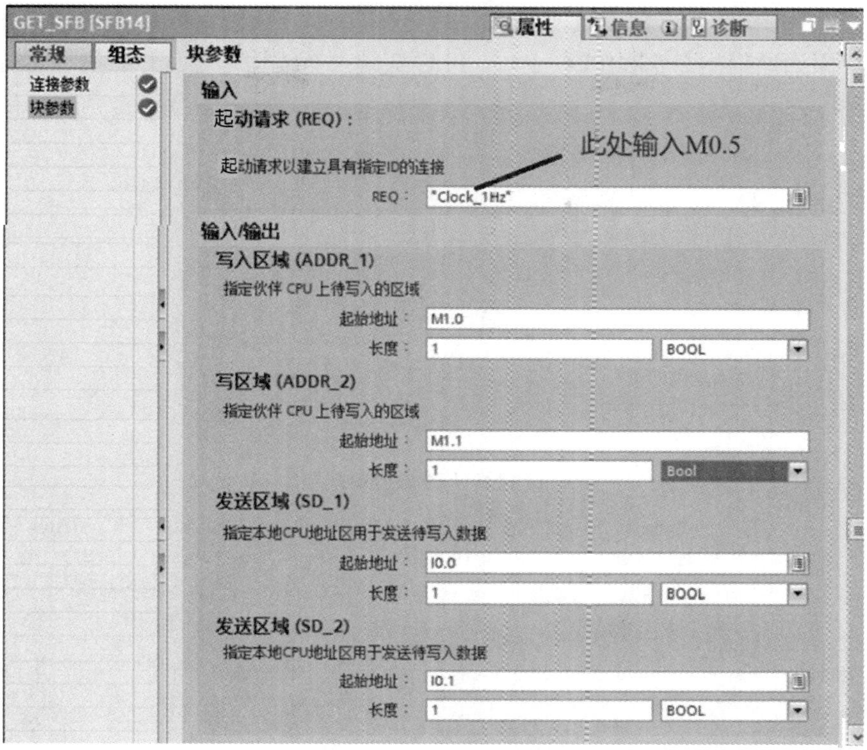

(a) PUT 指令块参数

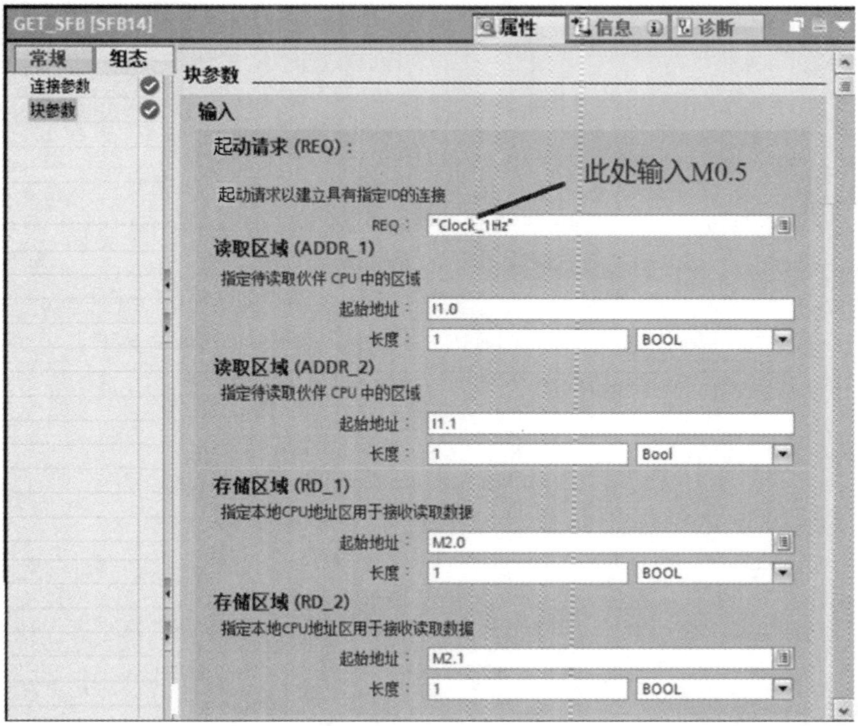

(b) GET 指令块参数

图 6-44　配置块参数

(2) 编写梯形图程序。PLC_1 的梯形图程序如图 6-45 所示，PLC_2 的梯形图程序如图 6-46 所示。因为通信指令都在 PLC_1 端，PLC_2 端没有编写通信程序，所以这种通信方式为单边通信。

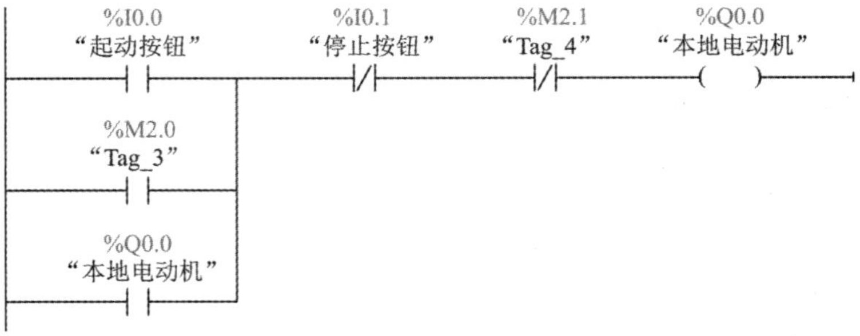

(a) PLC_1 的梯形图程序

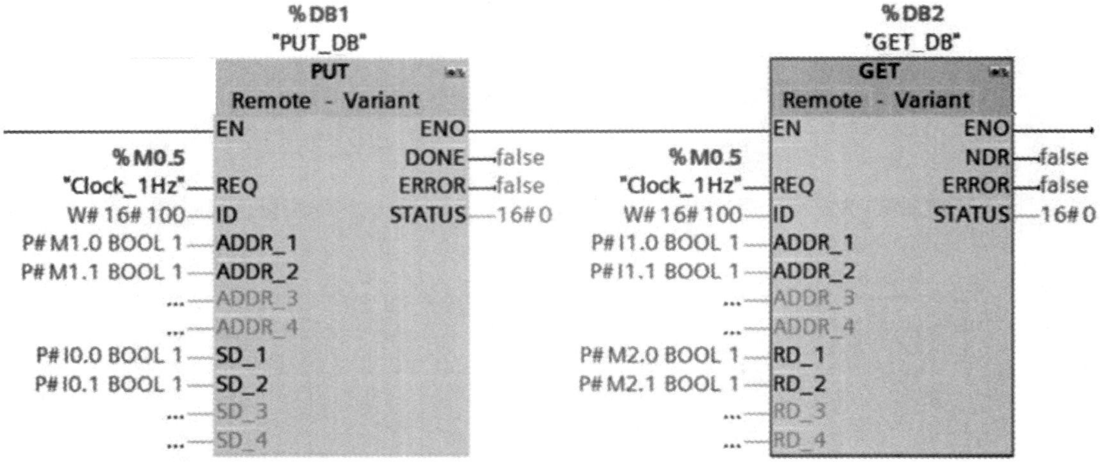

(b) PLC_1 的梯形图程序(续)

图 6-45　PLC_1 的梯形图程序

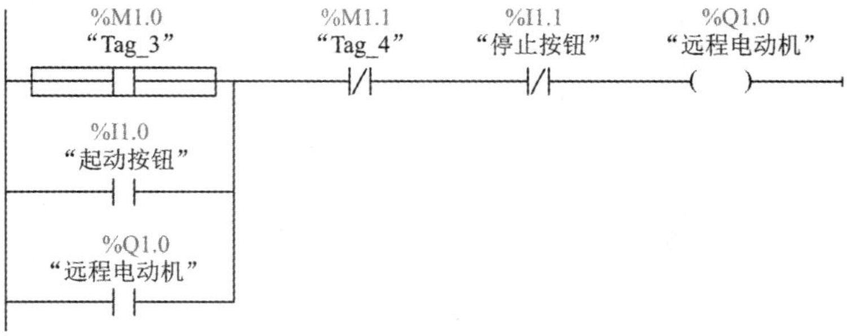

图 6-46　PLC_2 的梯形图程序

任务评价

对任务的完成情况进行评价，评价标准见表 6-16。

表 6-16　任 务 评 价

评价内容	评 价 标 准	配分	扣分
设计安装电气控制系统	(1) 不会设计电气控制系统的主电路，扣 10 分； (2) 不会设计电气控制系统的 PLC 控制部分，扣 20 分； (3) 不会安装电气控制系统，扣 15 分	30	
编写 PLC 程序	(1) 编写 PLC 程序不规范，扣 20 分； (2) 不能按要求编写 PLC 程序，扣 30 分	50	
调试系统	不会调试或未记录调试现象，扣 10 分	20	
安全文明生产	如违反安全文明生产要求，酌情扣 10～40 分；情节严重者，可判本次技能操作训练为零分或取消本次实训资格		

思考练习题

采用 S7-1200 PLC 以太网通信的方式实现两台 S7-1200 PLC 之间的 S7 通信。具体要求：本地和远程两台电机，按下本地或远程正/反转起动按钮，两台电机同时正/反转运行；按下本地或远程停止按钮，两台电机同时停止运行。

参 考 文 献

[1] 奚茂龙，向晓汉. S7-1200 PLC 编程及应用技术[M]. 北京：机械工业出版社，2022.
[2] 侍寿永. S7-1200 PLC 编程及应用教程[M]. 2 版，北京：机械工业出版社，2021.
[3] 李可成，等. 西门子 S7-1200 PLC 设计与应用[M]. 武汉：华中科技大学出版社，2022.
[4] 郭淳芳，王光波. 可编程控制技术[M]. 哈尔滨：哈尔滨工程大学出版社，2023.
[5] 西门子股份公司. 西门子 S7-1200 PLC 使用手册.